新工科建设之路·人工智能系列教材

计算机博弈案例教程

王静文　李　媛　曲绍波　王　博　刘　颖　编著

電子工業出版社
Publishing House of Electronics Industry
北京·BEIJING

内 容 简 介

本书主要讲述计算机博弈及其实现的过程。第 1 章介绍计算机博弈的一些基本情况。第 2 章介绍极大极小算法，并以井字棋为例实现。第 3 章介绍 Alpha-Beta 算法，并以亚马逊棋为例实现。第 4 章介绍期望极大极小算法，并以爱恩斯坦棋为例实现。第 5 章介绍 UCT 算法，并以海克斯棋为例实现。第 6 章介绍强化学习在计算机博弈游戏中的应用，并以不围棋为例实现。第 7 章介绍西洋跳棋的算法，重点介绍可下位置的生成算法。第 8 章介绍非完备信息博弈游戏的实现方法，并以军棋为例实现。书中的案例全部采用目前使用量较大的 C++ 语言来描述，并在表达中尽可能使读者易于转换为其他语言。附录 A 介绍目前中国大学生计算机博弈大赛部分项目的规则，方便需要的读者作为参考。本书提供部分源代码，登录华信教育资源网（www.hxedu.com.cn）注册后免费下载。

本书适合作为中国大学生计算机博弈大赛和其他计算机博弈比赛参考用书，也可以作为应用数学、计算机科学、人工智能等专业相关课程的教材。

图书在版编目（CIP）数据

计算机博弈案例教程 / 王静文等编著. —北京：电子工业出版社，2023.1
ISBN 978-7-121-44715-0

Ⅰ. ①计… Ⅱ. ①王… Ⅲ. ①人工智能－高等学校－教材 Ⅳ. ①TP18

中国版本图书馆 CIP 数据核字（2022）第 242298 号

责任编辑：冉　哲
印　　刷：北京七彩京通数码快印有限公司
装　　订：北京七彩京通数码快印有限公司
出版发行：电子工业出版社
　　　　　北京市海淀区万寿路 173 信箱　邮编 100036
开　　本：787×1 092　1/16　印张：14　字数：358 千字
版　　次：2023 年 1 月第 1 版
印　　次：2023 年 12 月第 3 次印刷
定　　价：55.00 元

凡所购买电子工业出版社图书有缺损问题，请向购买书店调换。若书店售缺，请与本社发行部联系，联系及邮购电话：（010）88254888，88258888。

质量投诉请发邮件至 zlts@phei.com.cn，盗版侵权举报请发邮件至 dbqq@phei.com.cn。

本书咨询联系方式：ran@phei.com.cn。

前　言

编写本书的目的

本书讨论计算机博弈程序(软件)的分析、设计和实现方法与过程。编写本书的目的是对计算机博弈竞赛的一些项目进行分析、实现，并引导学生独立完成相关程序的设计，为有兴趣参与计算机博弈程序设计的读者提供参考。

预备知识要求

本书主要讲述计算机博弈程序的实现过程，读者需有基本的计算机语言知识，并能够编写简单的应用程序。对所学的语言并无特定的要求，例如，C、C++或 Java 等均可作为具体实现的语言。本书中关于搜索和估值方面的内容均有相关的代码，并且在表达上力求使读者易于将相关代码转换为自己所熟悉的语言，同时从简单的示例开始讲解，逐步加深，便于学习。

学习方法

对于学生来说，重要的是如何学会自己动手完成相关代码的编写，而不是从书上或网上照抄代码。本书在撰写过程中以分析、设计为主，以代码实现为辅，通过对代码的分析，从算法的原理出发，将结构、流程、伪码相结合，引导学生独立完成相关代码的编写。同时，本书注重算法的效率，对效率从理论到实践进行讲解。

本书使用软件工程的方法分析、设计相关程序，使读者能从全局观念出发来设计程序，在实践中体会从全局出发、以工程方法设计程序的重要性。

各章内容

第 1 章介绍计算机博弈的一些基本情况。第 2 章介绍极大极小算法，并以井字棋为例实现。第 3 章介绍 Alpha-Beta 算法，并以亚马逊棋为例实现。第 4 章介绍期望极大极小算法，并以爱恩斯坦棋为例实现。第 5 章介绍 UCT 算法，并以海克斯棋为例实现。第 6 章介绍强化学习在计算机博弈游戏中的应用，并以不围棋为例实现。第 7 章介绍西洋跳棋的算法，重点介绍可下位置的生成算法。第 8 章介绍非完备信息博弈游戏的实现方法，并以军棋为例实现。书中的案例全部采用目前使用量较大的 C++语言来描述，并在表达中尽可能使读者易于转换为其他语言。附录 A 介绍目前中国大学生计算机博弈大赛部分项目的规则，方便需要的读者作为参考。本书提供部分源代码，登录华信教育资源网（www.hxedu.com.cn）注册后免费下载。

本书适合作为中国大学生计算机博弈大赛和其他计算机博弈比赛参考用书，也可以作为应用数学、计算机科学、人工智能等专业相关课程的教材。

致谢

本书在撰写过程中得到了很多人的支持和帮助，沈阳工业大学曲绍波编写了本书第 8 章军棋部分的相关内容，李媛、王博和刘颖承担了算法设计、校对等工作，为本书所涉及的内容提供了具体的实现，使得本书更加完善。感谢张家铭为书中西洋跳棋程序的实现提供了基础软件，同时感谢参与试读的学生，他们在学习期间抽出宝贵的时间来阅读本书，给出了很多宝贵的意见，对提升本书的易读性、易用性有很大帮助。

无论作者有多少发现错误的技巧，总会有一些错误漏网，而读者往往最能发现错误。如果读者发现任何错误，敬请提出纠正建议，不胜感激。作者邮箱：wangjingwen007@126.com。

王静文

目　录

第1章 概　述

1.1 人工智能简介

人工智能(Artificial Intelligence，AI)是一个新兴的科学与工程领域，最早出现在第二次世界大战结束时，1956年出现了人工智能这个名词[1]。

人工智能是计算机科学的一个分支，它力图了解智能的实质，并生产出一种新的、能以类似于人类智能的方式做出反应的智能机器，该领域的研究包括机器人、语言识别、图像识别、自然语言处理和专家系统等。

尼尔逊教授对人工智能下了这样一个定义:“人工智能是关于知识的科学——怎样表示知识以及怎样获得知识并使用知识的科学”。而温斯顿教授认为:“人工智能就是研究如何使计算机去做过去只有人才能做的智能工作”。这些说法反映了人工智能学科的基本思想和基本内容，即人工智能就是研究人类智能活动的规律，构造具有一定智能的人工系统，研究如何让计算机去完成以往需要人的智力才能胜任的工作，也就是研究如何应用计算机的软/硬件来模拟人类某些智能行为的基本理论、方法和技术。人工智能也可以定义为:“人工智能是研究和模拟人的智能、智能行为的一门学科。其主要任务是建立智能信息处理理论，进而设计出可以展现某些近似于人类智能行为的计算系统”[2]。

随着人工智能的发展，人工智能技术得到了广泛的应用，指纹识别、人像识别、导航系统、语音识别等技术已经深入大众的日常生活。

1.2 计算机博弈

计算机博弈(也称机器博弈)是人工智能研究的一个重要领域，也被称为人工智能领域最具有挑战性的研究方向之一。计算机博弈是机器智能、兵棋推演、智能决策系统等人工智能领域重要的科研基础。

自人工智能出现以后，人们就开始了计算机博弈方向的研究，并以此进一步推动人工智能的发展。许多人工智能所用的算法与技术都起源于计算机博弈。表1-1展示了计算机博弈的重要历史事件。

表1-1 计算机博弈的重要历史事件

时　间	软　件	备　注
1966年	Mac Hack 6	麻省理工学院开发的第一个人机对弈游戏
1989年	Deep Thought(深思，国际象棋)	卡内基•梅隆大学学生许雄锋开发
1994年	Fritz(Intel，国际象棋)	卡斯帕罗夫4∶1胜
1996年	DeepBlue(IBM，国际象棋)	卡斯帕罗夫胜
1997年	DeepBlue(IBM，国际象棋)	卡斯帕罗夫2.5∶3.5负
2016年	AlphaGo(Google，围棋)	李世石1∶4负
2017年	AlphaZero(Google，围棋)	柯洁0∶3负
2019年	Suphx(MS，麻将)	非完备信息游戏获得成功
2019年	Pluribus(FaceBook，德州扑克)	击败人类顶尖专业选手

1.3 计算机博弈竞赛

计算机博弈将人工智能与计算机游戏结合起来，吸引了广大计算机博弈爱好者参与，各类竞赛也得到逐步发展。1970 年，在美国纽约举办了第一届计算机国际象棋锦标赛。1974 年，国际计算机博弈协会（ICGA）在瑞典斯德哥尔摩举办了第一届国际计算机博弈锦标赛[3]，至今已经举办了 25 届，并由单一的国际象棋项目逐步发展成包含国际象棋、奥斯陆棋、中国跳棋、麻将、将棋等在内的 10 多个项目。2008 年，在中国北京举办了第十三届国际计算机博弈锦标赛，吸引了国内外 85 支代表队参加，北京理工大学、东北大学等派出了代表队参加比赛。

随着计算机博弈逐步进入我国，计算机博弈也逐渐得到国内爱好者的关注，中国人工智能学会于 2006 年举办了首届中国计算机博弈锦标赛[4]，国内东北大学、清华大学、北京理工大学、浪潮集团等参加了该届比赛，美国、法国等国家也派出了代表队参加比赛，这届计算机博弈锦标赛的项目主要是中国象棋。赛后，当时排名第一的中国象棋国际特级大师许银川和“齐天大圣”进行了两场人机大战，最后以平局结束。

计算机博弈对设备要求简单，只需一台可编程的计算机就可以开展，编程的项目为计算机游戏，因此，逐步吸引了大学生的参与。在中国人工智能学会成立 30 年之际，在北京科技大学举办了第一届中国大学生计算机博弈大赛[5]，该赛事和中国计算机博弈锦标赛一起进行。来自国内 24 所大学的 91 支代表队共 200 余人参与了第一届中国大学生计算机博弈大赛。这次比赛共有 8 个项目。经过 10 余年的发展，中国大学生计算机博弈大赛已举办了 12 届，参赛队伍也由 91 支发展到目前的 300 多支，比赛项目也由原来的 8 个项目发展到如今包含中国象棋、围棋、亚马逊棋、海克斯棋等在内的 19 个项目。辽宁省、安徽省等省也开始举办省大学生计算机博弈竞赛，为我国计算机博弈和人工智能人才培养打下了良好基础。

第2章 井 字 棋

2.1 井字棋简介

井字棋又称为TicTacToe，是计算机博弈游戏中最为简单的一种游戏。以井字棋作为学习计算机博弈的开始，更容易掌握计算机博弈游戏开发的基本过程[6]。

井字棋的游戏规则如下：

(1)两个玩家，一个画圈(记作O)，一个画叉(记作X)，一般先手画叉，双方轮流在3×3的格子中画上各自的符号。

(2)最先在横向、竖向或斜向上连成一线的一方获胜。

图2-1为下棋过程示例。

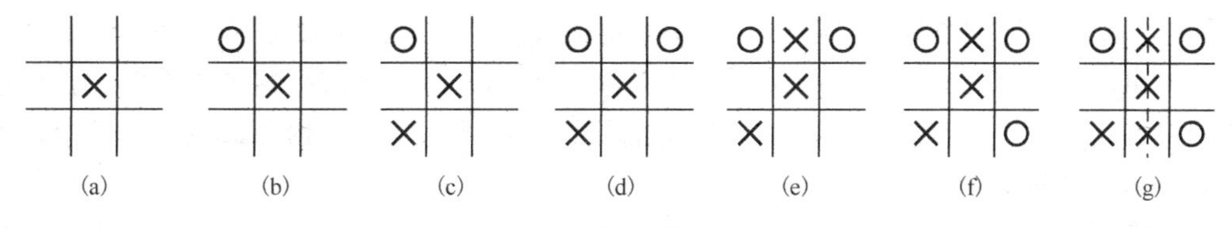

图2-1 井字棋下棋过程示例

图2-1(g)中，X方在中间一列连成了一线，最终X方获胜。

2.2 博弈树和极大极小算法

计算机博弈游戏的核心内容包括可行走法的生成、最佳走法的搜索和局面评估等几部分，基本搜索算法包括极大极小算法、UCT算法等。极大极小算法是许多博弈游戏搜索算法的基础，在极大极小算法的基础上衍生出了许多不同的变种算法，如Alpha-Beta算法、迭代加深算法等。

本章主要介绍极大极小算法和负极大极小算法，并通过井字棋游戏介绍极大极小算法的实现方法。

2.2.1 博弈树

博弈树(Game Tree)是一种特殊的树，通常用来表示双方轮流下棋的状态，树中的根节点通常用来表示当前游戏的局面，一条边指向在当前局面下可能出现的一种走法，图2-2是井字棋游戏初始状态下的博弈树。

图2-2的博弈树考虑了游戏过程中的对称性问题，即角上的4个位置在初始状态下是等价的，同样，边上的4个位置在初始状态下也是等价的，因此，在初始时，井字棋的可下位置为3个。

博弈树本质是从根部向下递归产生的一棵包含所有可能的对弈过程的搜索树，也称为完全博弈树。博弈树类似于在状态图中寻求一个从初始状态通向终结状态的方法，只是状态图搜索仅有一个主体参加，仅由单方面做出路径的选择，而博弈树的搜索则由具有对立关系的双方参加，一方只能做出一半的选择，而另一半的目的是使对方远离其竭力靠近的目标。

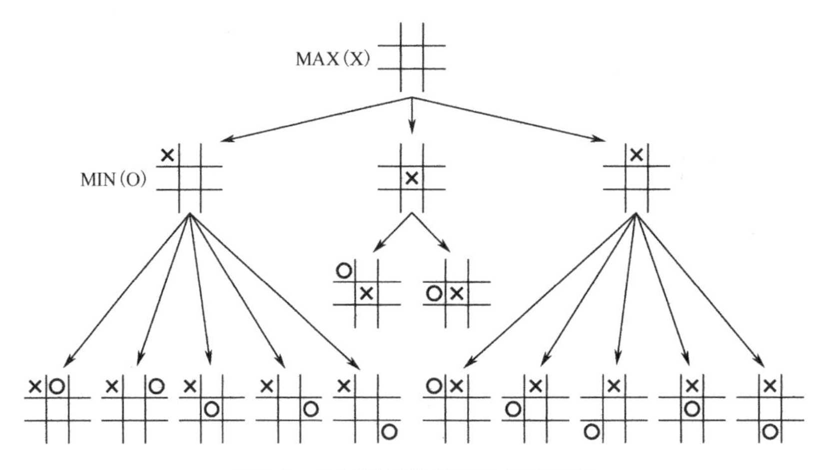

图 2-2　井字棋初始状态下的博弈树

图 2-2 中，在根节点处要选择可行走法中价值最大的位置 MAX(X)，而在下一层节点处是对方下棋，要选择可行走法中价值最小的位置 MIN(O)，整个博弈树依次交替，直到达到游戏的最终状态。在具体博弈游戏中，搜索最佳算法很难达到博弈状态结束，通常根据搜索深度来决定博弈树的状态。

在博弈树中每个节点下的子节点数称为分支因子(Branching Factor)。由于博弈树中各个节点的分支因子可能各不相同，因此，通常使用平均分支因子来衡量博弈游戏的复杂度。例如，在国际象棋中将每个合法走法算作一个节点，那么，平均分支因子约为 35，也就是说，每步走棋大约有 35 种走法。同理，围棋的平均分支因子为 250。平均分支因子的大小确定了该游戏的复杂程度。

博弈游戏的复杂程度通常可以通过状态空间复杂度和博弈树复杂度来衡量。状态空间复杂度(信息集总数目)是指从游戏最开始的状态可以变化出的符合规则的状态的数量。博弈树复杂度是指从开始到结束有多少种下棋可能。

常见游戏的状态空间复杂度和博弈树复杂度见表 2-1。

表 2-1　常见游戏的状态空间复杂度和博弈树复杂度

游　　戏	状态空间复杂度	博弈树复杂度
井字棋	10^4	10^5
国际跳棋	10^{21}	10^{31}
国际象棋	10^{46}	10^{123}
中国象棋	10^{48}	10^{150}
五子棋	10^{105}	10^{70}
围棋	10^{172}	10^{360}

在博弈树中，向下搜索的层次数称为深度(Depth)。搜索深度决定了博弈过程中对当前局面评估的准确性。在博弈过程中，需要尽量进行深层次的搜索，而博弈过程又会受到时间的限制，因此，搜索算法的优化成为计算机博弈游戏设计中的一个重要环节。

2.2.2　极大极小算法

极大极小算法是计算机博弈游戏开发中的基本算法之一，常用于完备信息类计算机博弈游戏的开发。极大极小算法类似于深度优先搜索算法。图 2-3 是一个典型的极大极小算法示意图。

图 2-3 中，节点 *A* 表示当前局面，节点 *B* 和节点 *C* 表示当前局面下的可下位置，节点 *D* 和节点 *E* 表示经过节点 *B* 下棋后的可下位置，其余类推。当达到搜索深度或棋局结束时，结束博弈树的生成，然后开始对当前局面进行评估，最后利用递归方法来获得在当前局面下的最佳走法。其递归过程为：节点 *D*(极大层)取节点 *H* 和节点 *I* 的最大值，节点 *E*、节点 *F* 和节点 *G* 的计算过程相同，节点 *B*(极小层)取节点 *D* 和节点 *E* 的最小值，节点 *C* 和节点 *B* 取法相同，最终节点 *A*(极大层)取节点 *B* 和节点 *C* 的最大值，因此，在当前局面下，最终的走法取节点 *C*。

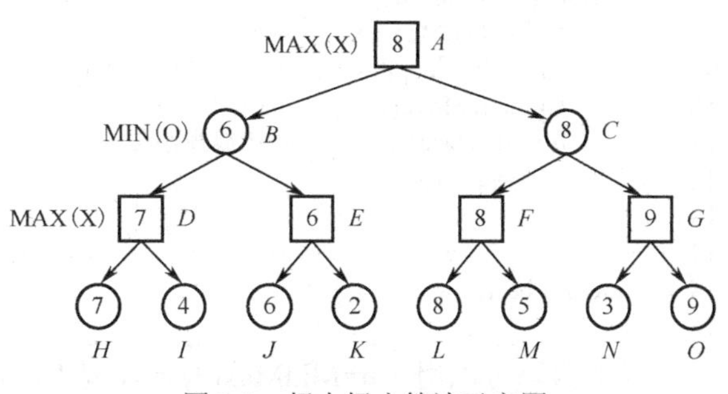

图 2-3　极大极小算法示意图

图 2-3 的极大极小算法被分成两部分：取极大值部分和取极小值部分，即极大算法和极小算法。极大极小算法的伪码[7]如下：

```
1  int MinMax(int depth) {
2      if (SideToMove() == WHITE) {   //白方是最大者
3          return Max(depth);
4      } else {                       //黑方是最小者
5          return Min(depth);
6      }
7  }
```

在极大极小算法的伪码中，当前局面的估值总是根据白方(根据不同游戏确定的先手方)来确定的。若估值函数是根据当前下棋方来确定最终估值的，只需要针对 Max(depth)进行处理即可。如何处理可以根据具体游戏或程序设计方法来确定。在后续井字棋游戏的实现中，估值函数是根据当前下棋方来确定返回值的。

极大算法的伪码如下：

```
1  int Max(int depth) {
2      int best = -INFINITY;
3      if (depth <= 0 || isFull()) {  //结束条件
4          return Evaluate();
5      }
6      GenerateLegalMoves();      //生成所有可下位置
7      while (MovesLeft()) {
8          MakeNextMove();        //下棋
9          val = Min(depth - 1);  //递归调用极小函数
10         UnmakeMove();          //还原棋盘
11         if (val > best) {      //获得最大值
12             best = val;
13         }
14     }
15     return best;
16 }
```

在极大算法的伪码中递归调用了极小算法，极小算法的伪码如下：

```
1  int Min(int depth) {
2      int best = INFINITY;
3      if (depth <= 0 || isFull()) {  //结束条件
4          return Evaluate();
5      }
6      GenerateLegalMoves();      //生成所有可下位置
```

```
7      while (MovesLeft()) {
8          MakeNextMove();        //下棋
9          val = Max(depth - 1);  //递归调用极大算法
10         UnmakeMove();          //还原棋盘
11         if (val < best) {      //获得最小值
12             best = val;
13         }
14     }
15     return best;
16 }
```

以上伪码可以用 val=MinMax(3)方式调用，以该方式调用得到的值是搜索深度为 3 层时当前局面的最大估值。

2.3 负极大极小算法

1975 年，Knuth 和 Moore 提出了一种消除 MAX 节点和 MIN 节点区别的简化版极大极小算法，即负极大极小算法[8]。在极大极小算法中，在极大层获取该层的极大值，在极小层则获取该层的极小值，若在极小层获取估值时取负值，则极小层被转换成极大层，这就形成了负极大极小算法，每步的递归过程也得到了统一。负极大极小算法的伪码如下：

```
1  int NegaMax(int depth) {
2      int best = -INFINITY;
3      if (depth <= 0 || isFull()) {
4          return Evaluate();
5      }
6      GenerateLegalMoves();
7      while (MovesLeft()) {
8          MakeNextMove();
9          val = -NegaMax(depth - 1);        //注意这里有个负号
10         UnmakeMove();
11         if (val > best) {
12             best = val;
13         }
14     }
15     return best;
16 }
```

负极大极小算法中，语句 val = -NegaMax(depth - 1);将极小算法转换成极大算法，由此将极大极小算法的两个函数合并成一个函数，简化了程序设计。

2.4 井字棋的估值函数

估值函数的作用是准确评估当前局面的价值，也就是将游戏知识用数值进行处理，例如，在中国象棋中“车”的价值通常要大于“马”的价值，而计算机无法理解“车”的价值大于“马”的价值，这些价值要通过具体数值来表示，若将“车”的价值设为 100，“马”的价值设为 50，这样便可以用计算机来处理了。

井字棋的估值函数通过双方可以获胜的路径总数的差值来获得，计算的方法如下：

$$E(n) = M(n) - O(n) \tag{2-1}$$

式中，$E(n)$为在状态 n 下的总价值（双方路径总数的差值）。$M(n)$为我方在状态 n 下可以获胜的路径总数。$O(n)$为对方在状态 n 下可以获胜的路径总数。

图 2-4 为井字棋估值函数计算原理示意图。其中，图(a)表示当前状态。图(b)表示当前状态下“X”可能存在的获胜路径。图(c)表示当前状态下“O”可能存在的获胜路径。虚线表示可能获胜的路径。在计算过程中，当计算到某一方时，可以将位置为空的点作为当前计算方的位置。因此，可以计算得到当前状态下的估值为

$$E(n) = M(n) - O(n) = 8 - 4 = 4 \tag{2-2}$$

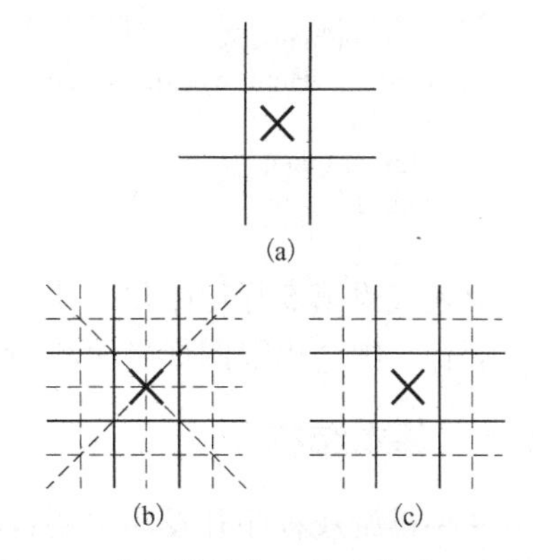

图 2-4　井字棋估值函数计算原理示意图

2.5　井字棋的实现

井字棋游戏编程以实现其中的相关算法为主，图形界面以能清晰显示游戏结果为目标，编程环境采用 Code::Blocks。Code::Blocks 能方便地实现 C 或 C++程序，可以通过其官网下载。图形处理采用 EGE 库，可以通过其官网下载。EGE 库在 Code::Blocks 中的使用方法在其官网中有详细介绍。EGE 库能满足一般计算机博弈程序图形显示的要求，同时也能通过鼠标进行图形界面的操作。在本示例以及后续示例中，图形显示部分都以独立的形式处理，若读者选用其他编程环境，只需适当修改图形显示和鼠标操作内容即可。

通过菜单命令 File→New→Project 可以创建井字棋所需项目，在弹出的对话框中选择 Console application 项，如图 2-5 所示。由于 EGE 库需要 C++语言支持，因此，编程语言选择 C++。其他设置可选择默认选项。需要处理图形界面时，加入相关头文件<Graphics.h>即可。

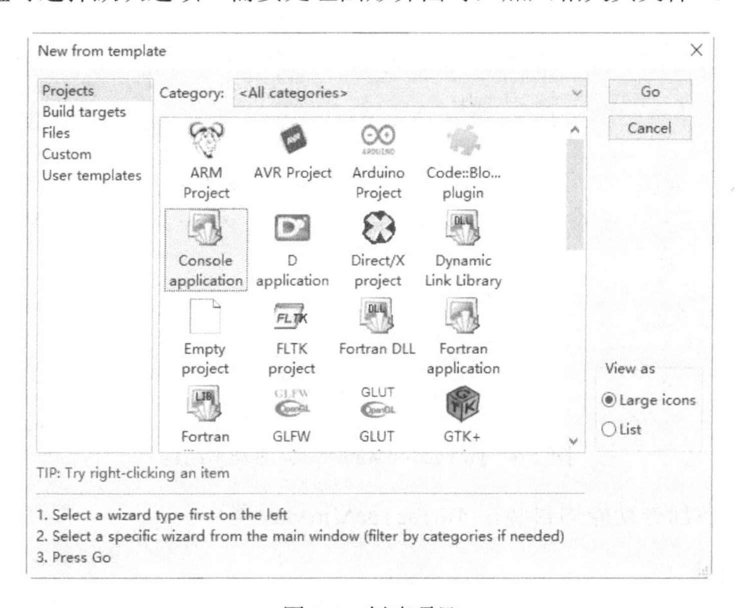

图 2-5　创建项目

在主函数内可以通过以下代码测试是否可以正常使用控制台和图形界面：

```
1  #include<iostream>
2  #include<graphics.h>
3  using namespace std;
4  int main(){
5      initgraph(800,800);
```

```
6       system("pause");
7       cout << "Hello world!" << endl;
8       getchar();
9       closegraph();
10      return 0;
11  }
```

上述代码第 5 行初始化了绘图窗口。使用 initgraph()需要包含 graphics.h 头文件。若程序正常运行，则会出现图形界面和控制台窗口。

2.5.1 基本结构

井字棋游戏程序开发的主要目的是介绍计算机博弈程序的组成和基本实现方法，具体内容包括人人对战、人机对战和机人对战三部分。人人对战主要介绍如何通过 EGE 库操作鼠标获得下棋位置以及绘制图形，实现鼠标操作和图形绘制功能，方便在后续部分使用这些功能。人机对战和机人对战主要完成简单的 AI，并熟悉如何通过极大极小算法来获得计算机下棋位置，其中包括走法生成、极大极小算法和局面评估等内容。

本示例采用 C++语言来描述，TicTacToeMinMax 类的基本结构如图 2-6 所示。

TicTacToeMinMax	
- board[3][3]	: int
- playSide	: int
- side	: int
- maxDepth	: int
- depth	: int
- bestMove	: POSITION
+ TicTacToeMinMax ()	
+ init ()	: void
+ isXWin ()	: bool
+ isOWin ()	: bool
+ isFull ()	: bool
+ displayBoard ()	: bool
+ drawX (int x, int y)	: void
+ drawO (int x, int y)	: void
+ drawBoard ()	: void
+ genMovePositions ()	: vector<POSITION>
+ maxSearch (int depth, int side)	: int
+ minSearch (int depth, int side)	: int
+ negaMax (int depth, int side)	: int
+ value ()	: int
+ getPositionByMouse ()	: int
+ manToMan ()	: void
+ computerToComputer ()	: void
+ computerToMan ()	: void
+ manToComputer ()	: void
+ negaMaxToNegaMax ()	: int

图 2-6 TicTacToeMinMax 类的基本结构

整个游戏的各部分功能均封装在 TicTacToeMinMax 类中。

2.5.2 人人对战

人人对战主要通过操作鼠标下棋，并在图形界面上显示下棋结果。棋盘通常可以使用二维数组表示。图形显示的主要作用是将棋盘状态通过图形的方式显示出来。各种图形库的基本坐标系大多以屏幕左上角为原点，向右为 *X* 轴正向，向下为 *Y* 轴正向，其与数组中的行、列关系如图 2-7 所示。

图 2-7 中的二维数组表示井字棋的棋盘状态，其中，0 表示当前位置为空，1 表示当前位置为“X”方，“-1”表示当前位置为“O”方。二维数组中的行对应的是 *Y* 方向，二维数组

中的列对应的是X方向。

在操作鼠标选择下棋位置时，还需要将通过鼠标单击获得的位置与表示棋盘的数组相对应，并通过绘制棋盘表示出来。图 2-8 为绘图时图形界面中各数据的示意图。图中(x,y)为在鼠标操作中通过鼠标单击获得的坐标位置。假设棋盘数组中的索引（下标）为(i,j)，那么(i,j)与鼠标单击位置(x,y)的关系如下：

$$i = (y - \text{MARGIN}) / \text{STEP}$$

$$j = (x - \text{MARGIN}) / \text{STEP}$$

注意，i和y相对应，j和x相对应。

人人对战主要下棋过程的流程如图 2-9 所示。

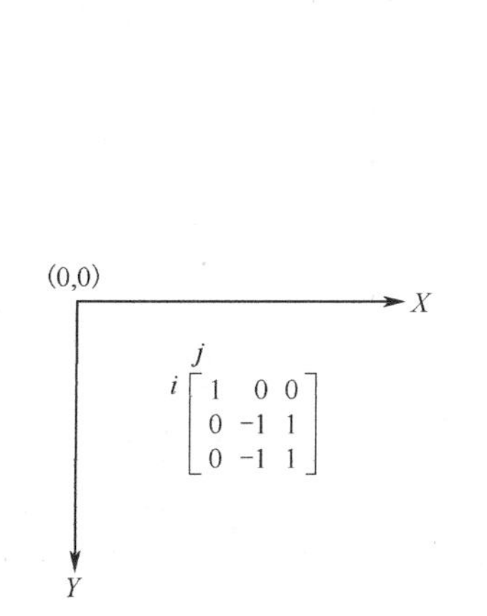

图 2-7　图形显示和二维数组关系

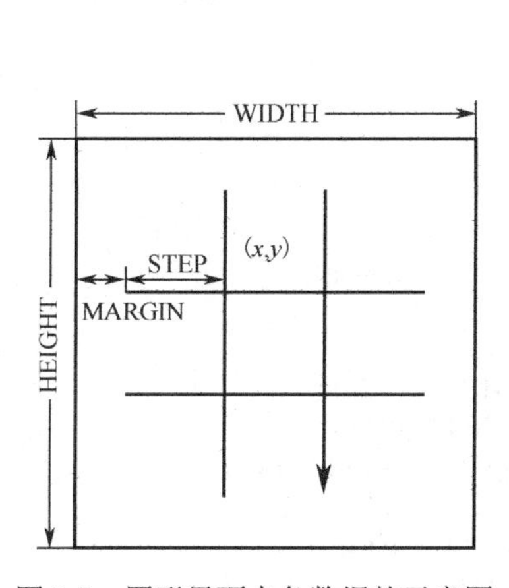

图 2-8　图形界面中各数据的示意图

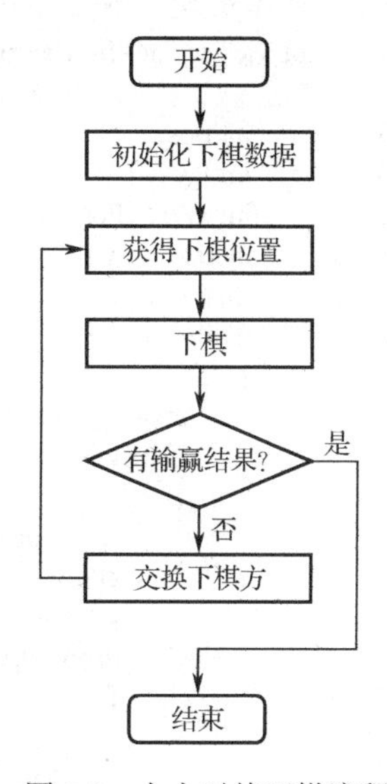

图 2-9　人人对战下棋流程

为了编程方便，同时使程序更为易读，在程序中定义了一些常量，具体如下：

```
1  const int WIDTH = 800;                          //窗口的宽度
2  const int HEIGHT = 800;                         //窗口的高度
3  const int MARGIN = 50;                          //窗口绘图区域的预留边
4  const int STEP = (WIDTH - 2*MARGIN) / 3;        //每格的大小
5  const int X = 1;                                //下棋方“X”
6  const int O = -1;                               //下棋方“O”
7  const int EMPTY = 0;                            //棋盘位置的空状态
```

程序中涉及的一些主要变量如下：

```
1  int board[3][3];                                //棋盘
2  int playSide;                                   //当前下棋方
3  int depth;                                      //搜索深度（在极大极小算法中使用）
4  POSITION bestMove;                              //记录最佳落子位置
```

上述主要变量通过初始化函数进行初始化，初始化内容包括：初始化下棋方，设置搜索深度，将棋盘数组初始化为空状态。初始化函数如下：

```
1  void TicTacToeMinMax::init()
2  {
3      int i,j;
4      playSide = X;
5      side = playSide;
6      maxDepth = 5;
```

```
7        depth = maxDepth;
8        for(i=0;i<3;i++)
9        {
10           for(j=0;j<3;j++)
11           {
12               board[i][j] = EMPTY;
13           }
14       }
15   }
```

构造函数可以直接调用初始化函数来初始化各成员变量。

在人人对战中，首先通过鼠标位置获得下棋位置，然后通过计算将其转换为数组中的索引。具体实现方法如下：

```
1    int TicTacToeMinMax::getPositionByMouse()
2    {
3        int pos;
4        int x,y;
5        int xPos,yPos;
6        mouse_msg msg;
7        flushmouse();
8        while(true)
9        {
10           msg = getmouse();
11           if(msg.is_left() && msg.is_down())
12           {
13               mousepos(&x,&y);
14               xPos = (x - MARGIN)/STEP;
15               yPos = (y - MARGIN)/STEP;
16               if(board[yPos][xPos] == EMPTY)
17               {
18                   pos = yPos * 3 + xPos;
19                   flushmouse();
20                   return pos;
21               }
22           }
23       }
24   }
```

getPositionByMouse()的主要作用是合法地获得下棋位置，并将其转换为数组中的索引。这部分代码在具体使用中可以根据不同的编程环境进行适当的修改。上述代码第 6 行的 mouse_msg 是 EGE 库中处理鼠标消息的结构体，第 10 行的 getmouse()是 EGE 库中获得鼠标消息的函数，第 11 行判断鼠标当前的操作，第 13 行为进行鼠标操作时当前鼠标所在的位置，第 7 行和第 19 行清空鼠标消息缓存区。

另外，第 18 行使用一个整型数据来处理鼠标位置，该数据将返回给主函数，通过计算 yPos=pos/3 和 xPos=pos%3 来还原下棋位置。要注意 xPos 和 yPos 与棋盘数组的对应关系，其原理见图 2-7。

在人人对战中，当其中一方获胜或棋盘已经下满时，游戏结束。棋盘是否下满可以通过是否还有下棋位置来判断。这些函数在人机对战过程中的作用相同。

判断棋盘是否下满函数如下：

```
1    bool TicTacToeMinMax::isFull()
2    {
3        int i,j;
```

```
4        for(i=0;i<3;i++)
5        {
6            for(j=0;j<3;j++)
7            {
8                if(board[i][j] == EMPTY)
9                {
10                   return false;
11               }
12           }
13       }
14       return true;
15   }
```

判断输赢可以通过一个函数来实现，也可以分别针对“X”方和“O”方进行判断。在本例中采用分别判断的方法。判断一方是否获胜的方法：对行、列和两个对角线分别进行判断，若在行、列或对角线上的元素值的和相加等于 3，则表示对应位置的棋子均属于“X”方，若在行、列或对角线上的元素值的和相加等于-3，则表示对应位置的棋子均属于“O”方。

判断“X”方是否获胜的函数如下：

```
1    bool TicTacToeMinMax::isXWin()
2    {
3        int i;
4        for(i=0;i<3;i++)
5        {
6            if(board[i][0]+board[i][1]+board[i][2] == 3)
7            {
8                return true;
9            }
10           if(board[0][i]+board[1][i]+board[2][i] == 3)
11           {
12               return true;
13           }
14       }
15       if(board[0][0]+board[1][1]+board[2][2] == 3)
16       {
17           return true;
18       }
19       if(board[0][2]+board[1][1]+board[2][0] == 3)
20       {
21           return true;
22       }
23       return false;
24   }
```

判断“O”方是否获胜的函数如下：

```
1    bool TicTacToeMinMax::isOWin()
2    {
3        int i;
4        for(i=0;i<3;i++)
5        {
6            if(board[i][0]+board[i][1]+board[i][2] == -3)
7            {
8                return true;
9            }
10           if(board[0][i]+board[1][i]+board[2][i] == -3)
11           {
12               return true;
```

```
13              }
14          }
15          if(board[0][0]+board[1][1]+board[2][2] == -3)
16          {
17              return true;
18          }
19          if(board[0][2]+board[1][1]+board[2][0] == -3)
20          {
21              return true;
22          }
23          return false;
24      }
```

在下棋过程中还需要将该过程以某种方式显示出来，可以使用控制台，也可以使用图形界面。用控制台显示下棋过程通常用于检查程序，而实际显示则建议采用可视化图形界面。本例中使用了两种方式来显示下棋过程。用控制台显示下棋过程的代码如下：

```
1   void TicTacToeMinMax::displayBoard()
2   {
3       int i,j;
4       for(i=0;i<3;i++)
5       {
6           for(j=0;j<3;j++)
7           {
8               if(board[i][j] == X)
9               {
10                  printf("X ");
11              }
12              else if(board[i][j] == O)
13              {
14                  printf("O ");
15              }
16              else
17              {
18                  printf("- ");
19              }
20          }
21          printf("\n");
22      }
23  }
```

用控制台显示棋盘只需要按照数组情况在控制台中根据数组值按一定的方式显示出来即可，用图形界面显示棋盘则需要考虑图形数据和棋盘数据之间的关系，具体转换方式可以参考图 2-7。用图形界面显示棋盘的代码如下：

```
1   void TicTacToeMinMax::drawBoard()
2   {
3       cleardevice();
4       setlinewidth(5);
5       line(MARGIN, MARGIN + STEP, MARGIN + 3*STEP, MARGIN + STEP);
6       line(MARGIN, MARGIN + 2*STEP, MARGIN + 3*STEP, MARGIN + 2*STEP);
7       line(MARGIN + STEP, MARGIN, MARGIN + STEP, MARGIN + 3*STEP);
8       line(MARGIN + 2*STEP, MARGIN, MARGIN + 2*STEP, MARGIN + 3*STEP);
9       int i,j;
10      for(i=0;i<3;i++)
11      {
12          for(j=0;j<3;j++)
13          {
```

```
14                  if(board[i][j] == X)
15                  {
16                      drawX(i,j);
17                  }
18                  else if(board[i][j] == O)
19                  {
20                      drawO(i,j);
21                  }
22              }
23          }
24          setrendermode(RENDER_AUTO);
25      }
```

上述代码第 4 行设置线条宽度，第 5~8 行绘制棋盘格子，第 10~23 行根据当前棋盘数据绘制图形，第 24 行设置渲染方式。渲染方式有两种：一种为自动渲染，本例中使用的方式为自动渲染；还有一种为手动渲染，参数设置为 RENDER_MANUAL。在程序中还使用了函数 drawX 和 drawO 来分别绘制棋子“X”和棋子“O”。

绘制棋子“X”的函数如下：

```
1   void TicTacToeMinMax::drawX(int x,int y)
2   {
3       line(y * STEP + MARGIN + 10, x * STEP + MARGIN + 10, \
4           (y + 1) * STEP + MARGIN - 10, (x + 1) * STEP + MARGIN -10);
5       line((y+1) * STEP + MARGIN - 10, x * STEP + MARGIN + 10 , \
6           y * STEP + MARGIN + 10, (x + 1) * STEP + MARGIN - 10);
7   }
```

绘制棋子“O”的函数如下：

```
1   void TicTacToeMinMax::drawO(int x,int y)
2   {
3       circle(MARGIN + (y + 0.5) * STEP,MARGIN + (x + 0.5) * STEP,STEP/2 - 10);
4   }
```

通过以上函数，结合下棋过程就可以实现人人对战函数，具体代码如下：

```
1   void TicTacToeMinMax::manToMan()
2   {
3       init();
4       int x, y;
5       bool finish = false;
6       cleardevice();
7       drawBoard();
8       while (true)
9       {
10          int pos = getPositionByMouse();
11          x = pos / 3;
12          y = pos % 3;
13          board[x][y] = playSide;
14          drawBoard();
15          if(playSide == X && isXWin())
16          {
17              finish = true;
18              printf("X win!\n");
19          }
20          if(playSide == O && isOWin())
21          {
22              finish = true;
23              printf("O win!\n");
```

```
24            }
25            if(isFull())
26            {
27                finish = true;
28                printf("draw!\n");
29            }
30            if(finish)
31            {
32                break;
33            }
34            playSide = -playSide;
35        }
36    }
```

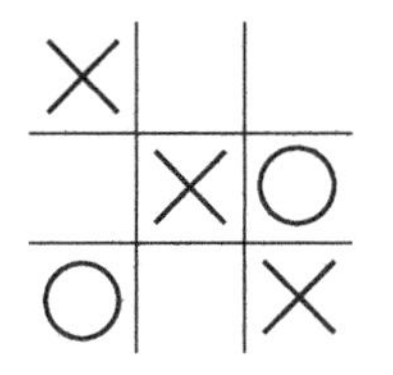

图 2-10　一局下棋过程

上述代码第 3 行初始化下棋数据，包括棋盘、下棋方等，第 10 行通过 getPositionByMouse()函数来获得下棋的合法位置，第 11 行和第 12 行将获得的整型数值转换为数组索引，第 15~29 行判断下棋结束的条件，第 34 行交换下棋方。第 8 行的作用是让程序反复运行直到符合下棋结束条件时结束运行。

一局下棋过程的图形显示结果如图 2-10 所示。

2.5.3　机机对战

机机对战主要处理计算机选择下棋位置的问题，在本例中通过极大极小算法和负极大极小算法来获得可下位置。

极大极小算法包括两部分：极大搜索函数和极小搜索函数。极大搜索函数的具体代码如下：

```
1    int TicTacToeMinMax::maxSearch(int depth,int side)
2    {
3        int maxValue = -1000;
4        int val;
5        vector<POSITION> vecPositions = genMovePositions();
6        int i;
7        if(depth == 0 || isFull())
8        {
9            return value();
10       }
11       for(i=0;i<(int)vecPositions.size();i++)
12       {
13           board[vecPositions[i].x][vecPositions[i].y] = side;
14           val = minSearch(depth - 1,-side);
15           board[vecPositions[i].x][vecPositions[i].y] = EMPTY;
16           if(val > maxValue)
17           {
18               maxValue = val;
19               if(depth == maxDepth)
20               {
21                   bestMove.x = vecPositions[i].x;
22                   bestMove.y = vecPositions[i].y;
23               }
24           }
25       }
26       return maxValue;
27   }
```

上述代码第 5 行使用向量存储所有可下位置。其中，可下位置使用结构体来处理。结构体的形式如下：

```
struct POSITION
{
    int x;
    int y;
};
```

使用 POSITION 结构体的目的是方便将可下位置存储到向量中。

第 7~10 行的作用是判断程序结束的条件，当搜索深度达到规定的深度、产生输赢结果或棋盘已经下满时程序结束，并返回对应的价值。第 11~25 行遍历当前状态下的所有可下位置，并递归调用 minSearch(depth - 1,-side)。第 16~18 行计算极大值。第 21、22 行记录获得最大值的位置，使用了结构体变量。

极小搜索函数的具体代码如下：

```
1   int TicTacToeMinMax::minSearch(int depth,int side)
2   {
3       int minValue = 1000;
4       int val;
5       vector<POSITION> vecPositions = genMovePositions();
6       int i;
7       if(depth == 0 || isFull())
8       {
9           return value();
10      }
11      for(i=0;i<(int)vecPositions.size();i++)
12      {
13          board[vecPositions[i].x][vecPositions[i].y] = side;
14          val = maxSearch(depth - 1,-side);
15          board[vecPositions[i].x][vecPositions[i].y] = EMPTY;
16          if(val < minValue)
17          {
18              minValue = val;
19          }
20      }
21      return minValue;
22  }
```

极小搜索函数与极大搜索函数的实现内容基本相似，主要区别是在第 14 行中递归调用了极大搜索函数，同时在极小搜索函数中不需要记录可下位置。

在极大极小算法中还使用了走法生成函数和估值函数。走法生成函数的作用是找到所有可下位置，并将可下位置存放到向量中。走法生成函数的具体代码如下：

```
1   vector<POSITION> TicTacToeMinMax::genMovePositions()
2   {
3       vector<POSITION> movePositions;
4       POSITION pos;
5       int i,j;
6       for(i=0;i<3;i++)
7       {
8           for(j=0;j<3;j++)
9           {
10              if(board[i][j] == EMPTY)
11              {
12                  pos.x = i;
```

```
13                      pos.y = j;
14                      movePositions.push_back(pos);
15                  }
16              }
17          }
18          return movePositions;
19  }
```

对局面的评估通过估值函数来实现，采用式(2-1)的计算方法，计算的原理见图 2-4。具体代码如下：

```
1   int TicTacToeMinMax::value()
2   {
3       int i;
4       int xValue = 0;
5       int oValue = 0;
6       //计算“X”方估值
7       for(i=0;i<3;i++)
8       {
9           if((board[i][0] == X || board[i][0] == EMPTY) && (board[i][1] == X || \
10              board[i][1] == EMPTY) && (board[i][2] == X || board[i][2] == EMPTY))
11          {
12              xValue++;
13          }
14          if((board[0][i] == X || board[0][i] == EMPTY) && (board[1][i] == X || \
15              board[1][i] == EMPTY) && (board[2][i] == X || board[2][i] == EMPTY))
16          {
17              xValue++;
18          }
19      }
20      if((board[0][0] == X || board[0][0] == EMPTY) && (board[1][1] == X || \
21          board[1][1] == EMPTY) && (board[2][2] == X || board[2][2] == EMPTY))
22      {
23          xValue++;
24      }
25      if((board[2][0] == X || board[2][0] == EMPTY) && (board[1][1] == X || \
26          board[1][1] == EMPTY) && (board[0][2] == X || board[0][2] == EMPTY))
27      {
28          xValue++;
29      }
30      //计算“O”方估值
31      for(i=0;i<3;i++)
32      {
33          if((board[i][0] == O || board[i][0] == EMPTY) && (board[i][1] == O || \
34              board[i][1] == EMPTY) && (board[i][2] == O || board[i][2] == EMPTY))
35          {
36              oValue++;
37          }
38          if((board[0][i] == O || board[0][i] == EMPTY) && (board[1][i] == O || \
39              board[1][i] == EMPTY) && (board[2][i] == O || board[2][i] == EMPTY))
40          {
41              oValue++;
42          }
43      }
44      if((board[0][0] == O || board[0][0] == EMPTY) && (board[1][1] == O || \
45          board[1][1] == EMPTY) && (board[2][2] == O || board[2][2] == EMPTY))
46      {
```

```
47          oValue++;
48      }
49      if((board[2][0] == O || board[2][0] == EMPTY) && (board[1][1] == O || \
50          board[1][1] == EMPTY) && (board[0][2] == O || board[0][2] == EMPTY))
51      {
52          oValue++;
53      }
54      if(playSide == X)
55      {
56          return xValue - oValue;
57      }
58      return oValue - xValue;
59  }
```

估值函数分别计算“X”方的估值和“O”方的估值，并根据下棋方返回对应的结果。在本例中使用了可能赢棋的路径总数进行估值，也可以根据井字棋的特点另行设计相应的估值。

机机对战主要使用极大极小算法确定下棋位置进行下棋操作，在满足下棋结束条件时结束运行。机机对战函数如下：

```
1   void TicTacToeMinMax::computerToComputer()
2   {
3       init();
4       int val;
5       cleardevice();
6       drawBoard();
7       while(true)
8       {
9           val = maxSearch(maxDepth,playSide);
10          board[bestMove.x][bestMove.y] = playSide;
11          if(isXWin())
12          {
13              printf("X win!\n");
14              drawBoard();
15              break;
16          }
17          if(isOWin())
18          {
19              printf("O win!\n");
20              drawBoard();
21              break;
22          }
23          if(isFull())
24          {
25              printf("Draw!\n");
26              drawBoard();
27              break;
28          }
29          drawBoard();
30          playSide = -playSide;
31      }
32  }
```

上述代码第 7 行用于循环执行下棋过程。第 9 行调用极大搜索函数，获得通过极大搜索函数计算得到的下棋位置并在第 10 行执行下棋操作。第 11~28 行判断下棋过程是否结束，若符合下棋结束条件则结束运行。第 30 行交换下棋方。通过该函数，可以实现计算机自行下棋。

2.5.4 人机对战

人人对战和机机对战两部分主要介绍如何获得可下位置和计算机如何选择下棋位置，人机对战部分将这两部分相结合。人机对战功能分为人先手和人后手两部分，即人机对战函数和机人对战函数，其实现方法类似。人机对战函数的代码如下：

```
1   void TicTacToeMinMax::manToComputer()
2   {
3       init();
4       int val;
5       cleardevice();
6       drawBoard();
7       while(true)
8       {
9           if(playSide == O)
10          {
11              val = maxSearch(maxDepth,playSide);
12              board[bestMove.x][bestMove.y] = playSide;
13              if(isOWin())
14              {
15                  printf("O win!\n");
16                  drawBoard();
17                  break;
18              }
19              if(isFull())
20              {
21                  printf("Draw!\n");
22                  drawBoard();
23                  break;
24              }
25              drawBoard();
26              playSide = -playSide;
27          }
28          else if(playSide == X)
29          {
30              int pos = getPositionByMouse();
31              board[pos/3][pos%3] = playSide;
32              if(isXWin())
33              {
34                  printf("X win!\n");
35                  drawBoard();
36                  break;
37              }
38              if(isFull())
39              {
40                  printf("Draw!\n");
42                  drawBoard();
43                  break;
44              }
45              drawBoard();
46              playSide = -playSide;
47          }
48      }
49  }
```

上述代码第9~27行是计算机下棋部分，第11行和第12行获得计算机下棋的位置并下棋，第30行和第31行是人下棋部分，即通过鼠标单击选择下棋位置并下棋。在一方下棋后需要判断下棋过程是否结束，若没有结束则交换下棋方。函数中使用的估值函数、判断输赢函数、判断棋盘是否下满函数等使用的是前面两节中对应的函数。

机人对战函数与人机对战函数类似，具体代码如下：

```
1   void TicTacToeMinMax::computerToMan()
2   {
3       init();
4       int val;
5       cleardevice();
6       drawBoard();
7       while(true)
8       {
9           if(playSide == X)
10          {
11              val = maxSearch(maxDepth,playSide);
12              board[bestMove.x][bestMove.y] = playSide;
13              if(isXWin())
14              {
15                  printf("X win!\n");
16                  drawBoard();
17                  break;
18              }
19              if(isFull())
20              {
21                  printf("Draw!\n");
22                  drawBoard();
23                  break;
24              }
25              drawBoard();
26              playSide = -playSide;
27          }
28          else
29          {
30              int pos = getPositionByMouse();
31              board[pos/3][pos%3] = playSide;
32              if(isOWin())
33              {
34                  printf("O win!\n");
35                  drawBoard();
36                  break;
37              }
38              if(isFull())
39              {
40                  printf("Draw!\n");
42                  drawBoard();
43                  break;
44              }
45              drawBoard();
46              playSide = -playSide;
47          }
48      }
49  }
```

机人对战的先手是计算机。上述代码第11行和第12行实现计算机选择下棋位置并下棋，第 30 行和第 31 行实现人通过鼠标单击选择下棋位置并下棋。

2.5.5 负极大极小算法的实现

负极大极小算法的作用是将极大极小算法的间接递归调用改成直接递归调用，在极小部分的计算中，由于对估值采用了负估值，因此在极小部分的估值计算中也是计算该部分的最大值，方便了程序设计。负极大极小函数如下：

```
1  int TicTacToeMinMax::negaMax(int depth,int side)
2  {
3      int maxValue = -1000;
4      int val;
5      vector<POSITION> vecPositions = genMovePositions();
6      int i;
7      if(depth == 0 || isFull())
8      {
9          return value();
10     }
11     for(i=0;i<(int)vecPositions.size();i++)
12     {
13         board[vecPositions[i].x][vecPositions[i].y] = side;
14         val = -negaMax(depth - 1, -side);
15         board[vecPositions[i].x][vecPositions[i].y] = EMPTY;
16         if(val > maxValue)
17         {
18             maxValue = val;
19             if(depth == maxDepth)
20             {
21                 bestMove.x = vecPositions[i].x;
22                 bestMove.y = vecPositions[i].y;
23             }
24         }
25     }
26     return maxValue;
27 }
```

上述代码第 14 行是负极大极小算法的递归调用，这也是其与极大极小算法不同的地方，其他部分与极大极小算法相同。

负极大极小算法获得下棋位置的方法与极大极小算法获得下棋位置的方法相同，代码如下：

```
1  void TicTacToeMinMax::negaMaxToNegaMax()
2  {
3      init();
4      int val;
5      cleardevice();
6      drawBoard();
7      while(true)
8      {
9          val = negaMax(maxDepth,playSide);
10         board[bestMove.x][bestMove.y] = playSide;
11         if(isXWin())
12         {
13             printf("X win!\n");
14             drawBoard();
15             break;
16         }
17         if(isOWin())
```

```
18            {
19                printf("O win!\n");
20                drawBoard();
21                break;
22            }
23            if(isFull())
24            {
25                printf("Draw!\n");
26                drawBoard();
27                break;
28            }
29            drawBoard();
30            playSide = -playSide;
31        }
32    }
```

2.6 程序测试

通过主函数来完成程序测试，各部分的选择通过控制台的输入来进行。主函数如下：

```
1   #include"TicTacToeMinMax.h"
2   int main()
3   {
4       initgraph(WIDTH,HEIGHT);
5       setcaption("TicTacToe");
6       TicTacToeMinMax ticMax;
7       int select;
8       while(true)
9       {
10          printf("0. Quit.\n");
11          printf("1. Man vs man.\n");
12          printf("2. Man vs computer.\n");
13          printf("3. Computer vs man.\n");
14          printf("4. Computer vs computer.\n");
15          printf("5. negaMax vs negaMax.\n");
16          printf("Please input select : ");
17          scanf("%d",&select);
18          switch(select)
19          {
20          case 0:
21              break;
22          case 1:
23              ticMax.manToMan();
24              break;
25          case 2:
26              ticMax.manToComputer();
27              break;
28          case 3:
29              ticMax.computerToMan();
30              break;
31          case 4:
32              ticMax.computerToComputer();
33              break;
34          case 5:
35              ticMax.negaMaxToNegaMax();
36              break;
```

```
37          default:
38              break;
39          }
40      }
41      getchar();
42      closegraph();
43      return 0;
44  }
```

在程序编写过程中还可以根据情况对程序各部分的功能进行单独测试，确保各部分均能正确运行，例如，对估值函数、搜索函数等进行单独测试，可以通过构造一些典型的棋局状态来进行测试。针对估值函数进行测试的代码如下：

```
1   void TicTacToeMinMax::checkValue()
2   {
3       init();
4       printf("value = %d\n",value());
5       board[1][1] = X;
6       printf("value = %d\n",value());
7       rawBoard();
8       board[2][1] = O;
9       printf("value = %d\n",value());
10      rawBoard();
11      board[1][0] = X;
12      printf("value = %d\n",value());
13      drawBoard();
14  }
```

上述代码第 4 行测试棋盘为空时的估值，第 6 行测试当中间位置被“X”方占领时的估值，后续的测试方法类似。采用这种方法进行测试比较简单，并能有效地检查所写的函数是否正确。

第3章 亚马逊棋

3.1 亚马逊棋简介

亚马逊棋[9]属于两人对弈确定性的棋盘类游戏，为零和游戏(游戏双方在游戏结束时肯定会分出胜负)，于1988年由阿根廷的 Walter Zamkauskas 发明。1992年，西班牙的游戏杂志上发布了相应的游戏规则。1993年，由 Michael Keller 推荐，亚马逊棋被引入名为 kNight Of The Square Table 的邮政游戏俱乐部[10]，从此得到推广。1994年，阿根廷和美国各出一个队进行比赛，比赛共为6场，比赛结果为3比3，平手。1998年，日本静冈大学计算机博弈研究学院的 Hiroyuki Iida 发起了亚马逊棋的计算机挑战赛，当时的获胜软件名为 Yamazon，程序的设计者是 Hiroshi Yamashita。2000年和2001年的国际计算机博弈锦标赛都开展了亚马逊棋的比赛，亚马逊棋也由此被推向全世界。亚马逊棋目前已成为国际计算机博弈锦标赛常规比赛项目。自我国开展计算机博弈竞赛以来，亚马逊棋一直是常规比赛项目。2011年起开始的中国大学生计算机博弈大赛也将其列为比赛项目，是比赛参与者较多的项目之一。

在国际计算机博弈锦标赛上成绩较好的软件分别为美国加州州立大学 Northridge 分校开发的 Invader、瑞士巴塞尔大学的 Jens Lieberum 开发的 Amazong 和加拿大埃尔伯塔大学 Michael Buro 开发的 Amsbot 等。各学者从不同的角度对亚马逊棋的搜索算法和估值函数进行了大量研究。2000年，E. Berlekamp 的分析文章中提出了亚马逊棋属于组合博弈的思想，搜索下一个位置的搜索量为2^n。而后，Michael Buro 证明了亚马逊棋的解类似于 NP 完全问题，并且提出了复合概率剪枝算法，复合概率剪枝算法对 α-β 剪枝算法进行了较大的改进，极大提升了剪枝的效率，较大提高了搜索的深度。在目前一些优秀的 AI(Artificial Intelligence，人工智能)博弈程序中，很多软件采用了该算法。而 Invader 所采用的算法中包含了多种技术，从2003年采用的极大极小算法到现在采用的蒙特卡洛方法(Monte-Carlo Method)、UCT 算法等，均有效提高了搜索的效率与搜索的深度，同时在下棋过程中采用了可变深度搜索算法，在棋局的不同阶段采用不同的搜索深度，搜索的深度通过搜索的时间进行控制，且终局采用终局数据库，有效提高了终局的搜索速度，是目前成绩最好的亚马逊棋软件。

亚马逊棋棋盘的大小为 $n \times n$，目前比赛的棋盘大小为10×10。10×10比赛用棋盘如图3-1所示。图中，用白棋表示红方，用黑棋表示蓝方。

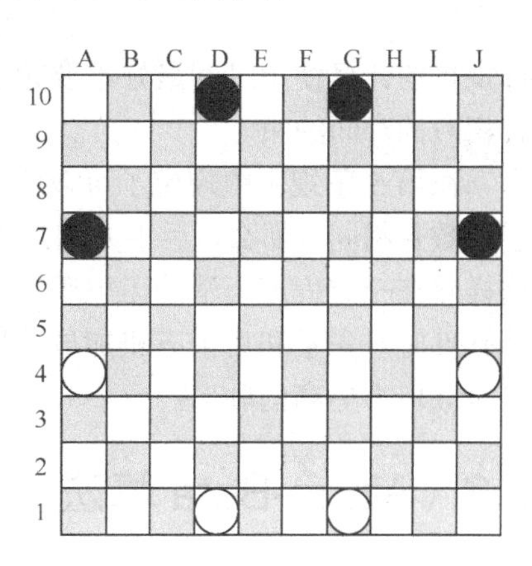

图3-1 亚马逊棋10×10比赛用棋盘

亚马逊棋是一种高雅的并且规则非常简单的游戏。Berlekamp 从组合博弈理论出发提出了亚马逊棋具有的以下特点：

- 是一种双人游戏或人机对弈游戏。
- 可下位置有限且有固定的规则。
- 对每个游戏者来说，一个有限的可下位置可能引导出不同的下一个可下位置。
- 下棋双方轮流下棋。
- 下棋过程在有限的步数中完成。

● 属于信息完备博弈问题。

● 是一种无偏博弈。

在图 3-1 所示的棋盘中，左侧为数字标记，上方为字母标记，即行用数字表示，列用字母表示，例如，图中顶部左侧的黑棋的位置可以表示为 D10。这种表示方法用来表示棋子所在的位置非常直观。假设列也用数字表示，D10 就改为 410，这种表示方法不能很好地体现出下棋的确切位置，要完整记录一盘棋的下棋过程也相当不方便。目前，大多数类似棋局的记录都采用字母结合数字的表示方法，如围棋、国际象棋等。

亚马逊棋的规则如下：

1）在 10×10 的棋盘上，红方（白棋）在 A4、D1、G1 和 J4 位置上摆放 4 个红方皇后，蓝方（黑棋）在 A7、D10、G10 和 J7 位置上摆放 4 个蓝方皇后。

2）皇后的走法与国际象棋皇后的走法规则相同。

3）由红方开始游戏，每轮下棋由两步组成：

a）移动皇后的位置，规则和国际象棋皇后走棋的规则相同；

b）落子后以当前皇后的位置为基点设置障碍，障碍摆放点的位置和皇后可摆放点的位置相同（两者使用的规则相同）。

4）皇后和障碍所在的路径上不得有其他皇后或障碍。

5）可以完成最后一步的一方为赢家。

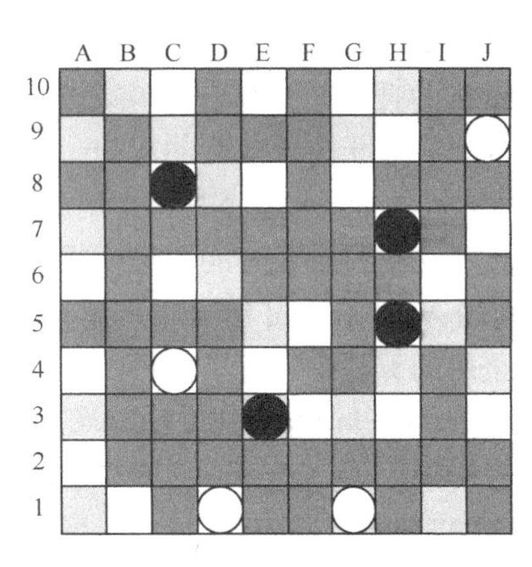

图 3-2　亚马逊棋的终局状态示例

图 3-2 是一个终局状态示例，其中，深色格为设置的障碍，此时白棋已经没有可下位置，黑棋完成最后一步成为赢家。

皇后的走法规则：在无障碍条件下，皇后的可下位置为其上、下、左、右、左上、左下、右上和右下方向上的任何可到达的棋盘上的位置，设置障碍的方法与皇后的走法规则相同。

中国大学生计算机博弈大赛对比赛时间做了进一步的规定，目前采用的方法是包干计时，对弈各方用时不超过 20 分钟，超时判负，这就对程序的搜索算法提出了更高的要求。对于亚马逊棋，一盘棋的下棋步数最多为 92 步，每方各 46 步，这样每步棋的平均用时为 26 秒。全盘考虑，每步棋的计算使用时间最好不要超过 20 秒，否则很容易超时。在国际计算机博弈锦标赛中也有相应的时间约束。

在第 5 条规则中规定了可以完成最后一步的一方为赢家，假如双方下棋过程中占领的格子的数目相同，那么，后手方总是占领最后一个格子，即完成最后一步，此时，后手方获胜，这样就在一定程度上消除了先手方的优势，使整个下棋过程更为公平。一些博弈爱好者在设计软件时对先手和后手下棋加以区别，先手下棋时更注意进攻，而后手下棋时以防守为主，以争取取得更高的胜率。

3.2　Alpha-Beta 算法

极大极小算法虽然简单，但对于分支因子较高的棋种，随着搜索深度的增加，搜索量也会急剧增大，从而限制了搜索深度，最终将影响程序的棋力。

亚马逊棋具有极大的分支因子，若使用 10×10 棋盘，在开局时，理论上分支因子就达到了 2176，在前 10 步时，平均分支因子也可能超过 1000。根据亚马逊棋的比赛时间限制，如果采用极大极小搜索算法，在开局阶段当搜索深度达到 3 时，每步的搜索时间将超过 5 分钟。而要完成亚马逊棋的全部棋局，单方下棋步数为 40 步左右，以平均分支因子为 1000 计算，当搜索深度达到 3 时，所需要搜索的节点数已经达到 10 亿个，因此，采用极大极小算法已经不能满足亚马逊棋的最佳落子位置的搜索要求。

Alpha-Beta 算法以极大极小算法为基础，对极大极小算法中的无用节点进行剪枝，极大提高了搜索效率。如果设计得当，Alpha-Beta 算法的剪枝效率可以达到 80%~90%，这样可以有效提高搜索深度，从而达到提高程序棋力的目标[11]。

极大极小算法需要对所有的叶子节点进行评估，通过递归搜索获得最佳落子位置。在图 3-3 中展示的是采用极大极小算法进行搜索时达到底层时的状态。

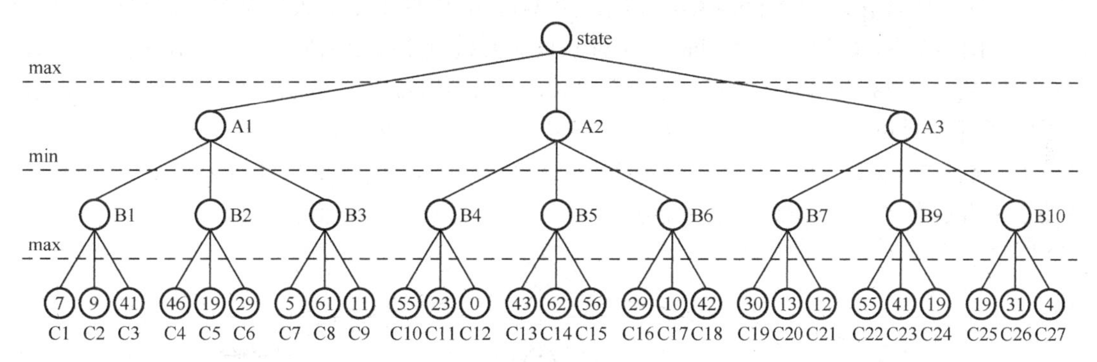

图 3-3　极大极小算法示意图

图 3-3 中的状态通过递归搜索后获得的运算结果如图 3-4 所示。

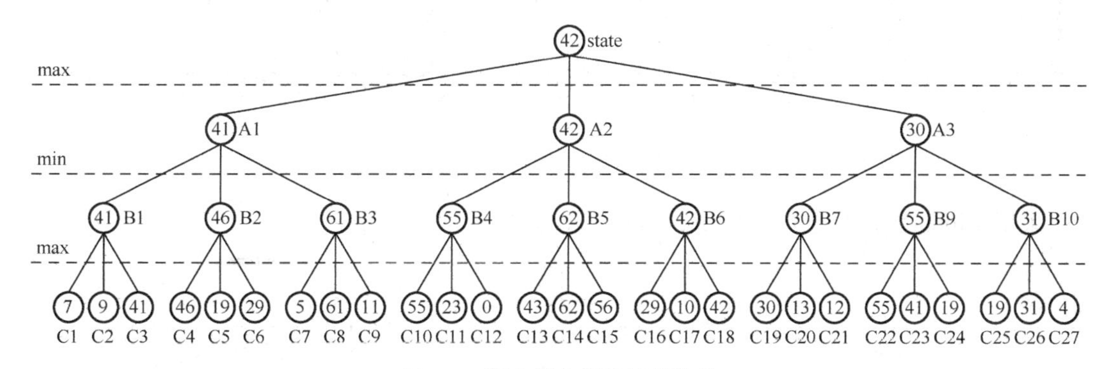

图 3-4　极大极小算法运算结果

在图 3-4 中，极大极小算法需要对所有的 C 层节点进行估值，而估值计算是搜索过程中用时最长的部分。图 3-4 的计算过程：先对 C1、C2 和 C3 进行评估，选取最大值得到 B1，再计算 C4、C5 和 C6，选取最大值得到 B2，其余类推。对 B1、B2 和 B3 则选取最小值，然后返回给 A1。在这个过程中，不少节点的估值计算是多余的。分析 B1 和 B2，在计算 C4 获得结果 46 时传递给 B2，此时 B2 已经大于 B1 了，那么，再计算 C5 和 C6 已经没有意义，其原因是 C5 和 C6 只有大于 C4 才有效，因此，可以对这类节点进行剪枝。采用剪枝的极大极小算法则称为 Alpha-Beta 算法。采用 Alpha-Beta 算法剪枝得到的结果如图 3-5 所示。

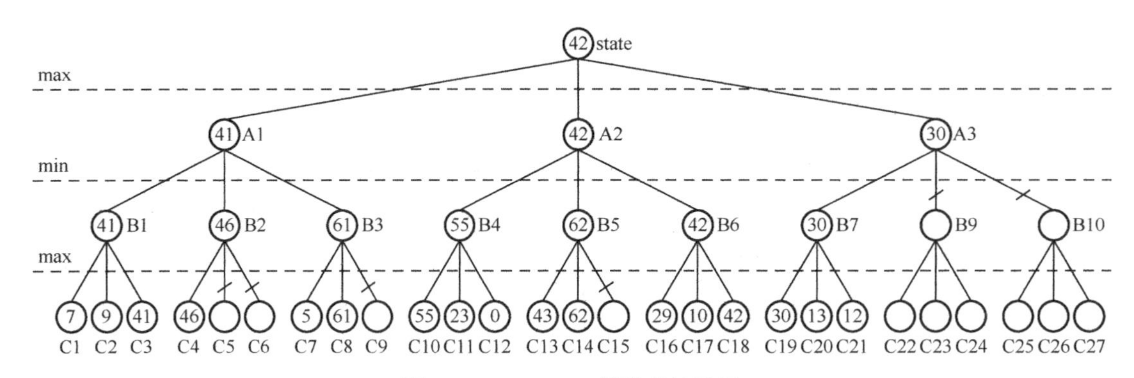

图 3-5　Alpha-Beta 算法剪枝结果

Alpha-Beta 算法的基本思路：当估值结果大于极大层的最大值时，则记录下估值结果，当估值结果大于极小层的最大值时，则进行剪枝，用 Alpha 和 Beta 分别代表极大层和极小层的估值情况，因此称之为 Alpha-Beta 算法。图 3-4 中，C 层采用极大极小算法需要进行 27 次估值，而图 3-5 中，C 层采用 Alpha-Beta 算法只需要进行 17 次估值，省略了 10 次估值计算，占总估值量的 37%。若搜索时的分支因子较大，Alpha-Beta 算法的剪枝效率将更高。在实际使用中还可以对第一层(极大层)的可下位置进行估值，并采用降序方式进行排序，这样可以有效提高剪枝效率，剪枝效率最高能够达到 80%~90%，搜索的层次可以增加一倍以上。将图 3-5 的 C 层做一个改变，对各部分的节点进行降序排序，得到图 3-6。

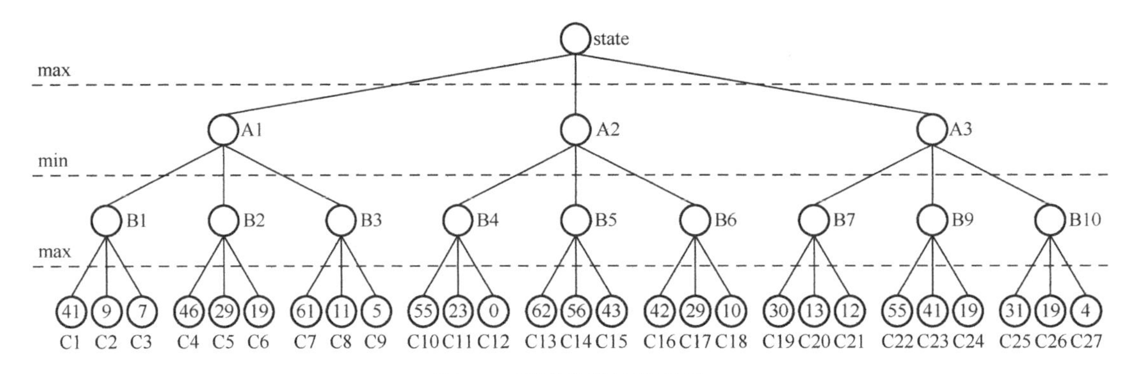

图 3-6　降序排序的博弈树

采用 Alpha-Beta 算法剪枝得到的博弈树结果如图 3-7 所示。

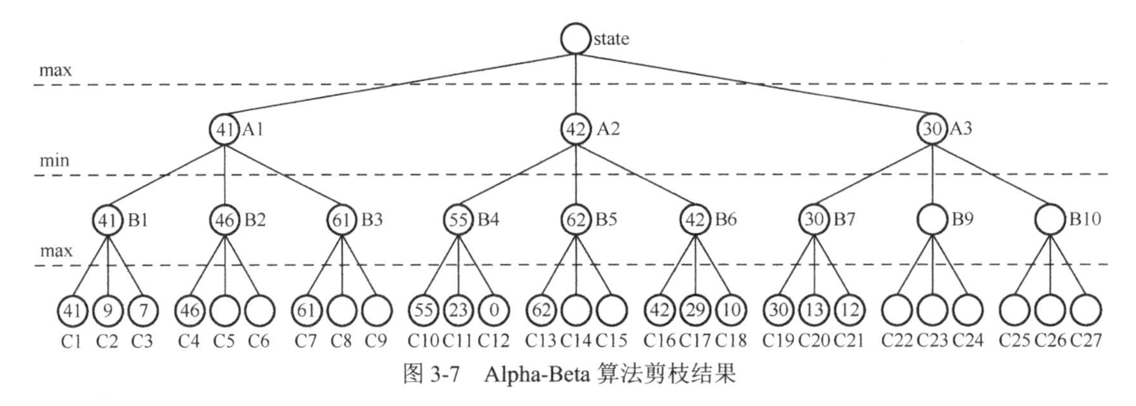

图 3-7　Alpha-Beta 算法剪枝结果

图 3-7 的 Alpha-Beta 算法剪枝效率达到了 44%，因此，排序能提高剪枝效率。图 3-7 中

的排序在最下一层进行，对提高整个搜索过程的剪枝效率没有太大意义。通常，排序应在第一层时进行，此时需要估值的棋局状态最少，同时，分支因子越大，剪枝效率越高，而对爱恩斯坦棋这类分支因子很小的游戏，剪枝效率相对较低。

Alpha-Beta 算法的伪码如下：

```
1   int AlphaBeta(int depth, int alpha, int beta)
2   {
3       if (depth == 0)
4       {
5           return Evaluate();
6       }
7       GenerateLegalMoves();
8       while (MovesLeft())
9       {
10          MakeNextMove();
11          val = -AlphaBeta(depth - 1, -beta, -alpha);
12          UnmakeMove();
13          if (val >= beta)
14          {
15              return beta;
16          }
17          if (val > alpha)
18          {
19              alpha = val;
20          }
21      }
22      return alpha;
23  }
```

在上述伪码中，第 11 行实现 Alpha-Beta 算法的递归调用，第 13~20 行根据计算结果对 alpha 和 beta 的值进行处理。代码的其他部分与负极大极小算法相似。

3.3 亚马逊棋的走法生成

极大极小算法类的搜索算法包含三个主要环节：走法生成、搜索算法和估值。不同游戏的走法生成各不相同，在第 2 章中描述的井字棋的走法生成是最简单的，只需要考虑棋盘中空格的位置就行，而大多数博弈游戏的走法生成都比较复杂。亚马逊棋的走法生成包含三部分的内容：查找下棋方的棋子、查找可下位置和查找可以设置障碍的位置。图 3-8 为亚马逊棋走法生成示意图。

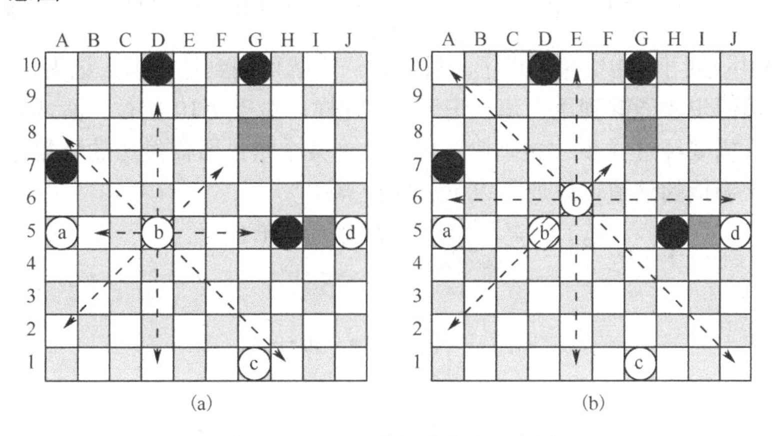

图 3-8 亚马逊棋走法生成示意图

图 3-8 中假设需要生成的是白棋的走法，那么首先找到 a、b、c、d 这 4 个棋子，然后分别对 4 个棋子查找可下位置，查找过程按 8 个方向依次进行，如图 3-8(a)所示。图 3-8(b)为针对每个可下位置查找可以设置障碍的位置。注意，图 3-8(a)中 b 的位置也是可以设置障碍的位置，在查找过程中可以将原先 b 的位置(有底纹的)设置成空，等查找完成后再将其还原，走法生成的具体实现方法将在 3.5 节中给出。

3.4 亚马逊棋的局面评估

局面评估主要针对当前状态对局面进行评估。亚马逊棋的局面评估可以通过棋子灵活度、领地等因素进行[4, 12]。

在亚马逊棋中，当一方可下位置的数量为 0 时，则该方输。棋子灵活度用于评价在某个棋局状态下可下位置的多少。游戏的一个重要目的就是让对方的可下位置为 0。棋子灵活度的计算可参考图 3-8(a)，在程序设计中可以通过改造走法生成算法来计算可下位置。

在亚马逊棋中，另一个重要的局面评估因素是领地。图 3-9 是亚马逊棋中领地概念的示意图。

在图 3-9 中的右上方，黑棋形成了完整的领地，在左下方，白棋形成了完整的领地，右侧中间也是白棋形成的领地。在下棋过程中所形成的领地越大越好。领地通过一方棋子可以到达某一空位所需的下棋步数来进行计算，图 3-10 显示了亚马逊棋白棋领地的计算方法。

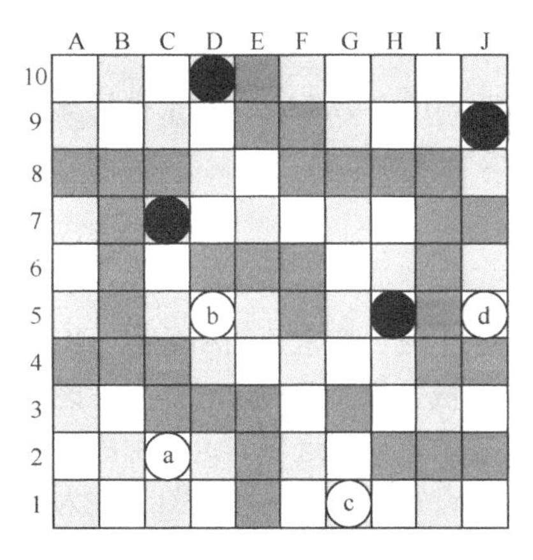

图 3-9 亚马逊棋中领地示意图

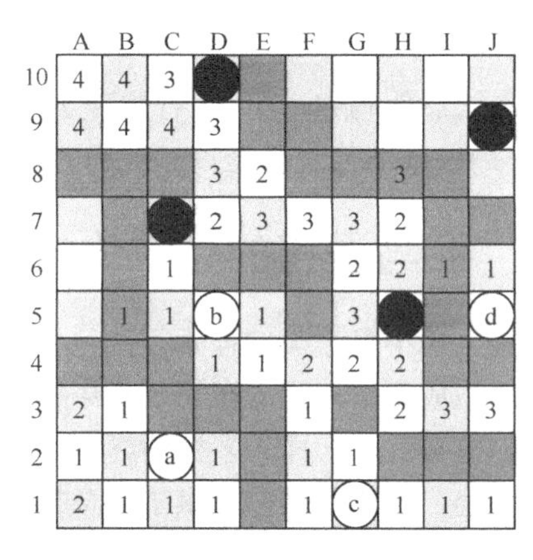

图 3-10 亚马逊棋中白棋领地计算示意图

在图 3-10 中，对于 B3 空位，棋子 a 只需要一步就可以到达，那么记为 1；而对于 A3 空位，则需要经历两步才能够到达，那么记为 2；同样，对于 A10 空位，a、b、c 和 d 这 4 个棋子中，棋子 b 需要经过 4 步才能到达 A10。达到某个空位所需经历的步数称为对于某个空位的距离，整个领地的估值可以通过以下公式计算：

$$T_{\mathrm{W}}(X)=\sum_{\mathrm{EmptyCellA}}\Delta_1(D_{\mathrm{W}}(A),D_{\mathrm{B}}(A)) \tag{3-1}$$

式中，

$$\Delta_1(n,m)=\begin{cases}0, & n=m=\infty\\ 0.25, & n=m<\infty\\ 1, & n<m\\ -1, & n>m\end{cases} \tag{3-2}$$

式(3-1)中，下标 W 代表白棋，B 代表黑棋，$D_W(A)$和 $D_B(A)$分别代表白棋和黑棋要到达 A 所需经历的步数。

以领地为基础出发，还可以衍生出关联领地估值，其基础计算方法与图 3-10 显示的计算方法相同，只是应用的方式不同。关联领地估值可以通过以下公式计算：

$$\mathrm{RT_W}(X) = \sum_{\mathrm{EmptyCellA}} \varDelta_2(D_{\mathrm{W}}(A), D_{\mathrm{B}}(A)) \tag{3-3}$$

式中，

$$\varDelta_2(n,m) = \begin{cases} 5, & m=\infty, n<\infty \\ -5, & n=\infty, m<\infty \\ 0, & n=\infty, m=\infty \\ m-n, & \text{其他} \end{cases} \tag{3-4}$$

假设棋子灵活度用 V_m 表示，那么，完整的亚马逊棋估值可以通过以下公式进行计算：

$$\mathrm{Value} = c_1 \times V_{\mathrm{m}} + c_2 \times T_{\mathrm{W}}(X) + c_3 \times \mathrm{RT_W}(X) \tag{3-5}$$

式中，c_1、c_2 和 c_3 是不同评估方法的权重系数。可以通过调整权重系数的方法来对程序的棋力进行优化。

3.5 亚马逊棋的实现

3.5.1 基本结构

亚马逊棋软件的实现环境与井字棋的相同，主要功能通过 Amazons 类来完成。Amazons 类的基本结构如图 3-11 所示。

Amazons	
- board[10][10]	: short
- playSide	: short
- moveCount	: int
- c	: double
- bestPosition	: ChessStonePosition
+ Amazons()	
+ init()	: void
+ displayBoard(short board[][10])	: void
+ displayBoard()	: void
+ drawBoard()	: void
+ genChessPositions(int side)	: vector<Position>
+ genChessMovePositions(int side)	: vector<ChessMovePosition>
+ genChessStonePositions(int side)	: vector<ChessStonePosition>
+ value(int side)	: double
+ valueOfMobility(int side)	: int
+ valueOfTerritory(short board[][10], int side)	: double
+ getTerritory(short board[][10], short flag, vector<Position> vecPoses)	: vector<Position>
+ isRedWin()	: bool
+ isBlueWin()	: bool
+ getPositionByMouse()	: ChessStonePosition
+ getPositionByAlphaBeta()	: ChessStonePosition
+ getPositionByRandom(int side)	: ChessStonePosition
+ alphaBeta(int depth, int alpha, int beta, int side)	: int
+ manToMan()	: void
+ computerToComputer()	: void
+ computerToMan()	: void
+ manToComputer()	: void
+ randomToRandom()	: int

图 3-11　Amazons 类的基本结构

程序中涉及的一些相关常量如下：

```
1   const short EMPTY = 0;
2   const short REDCHESS = 1;
3   const short BLUECHESS = -1;
4   const short STONE = 2;
5   const short OCCUPY = 40;                //估值中表示被占格子的数据
6   const short INFINITE_GREAT = 50;        //估值中表示一方棋子无法到达的值
```

程序中涉及的棋子位置、可下位置和障碍位置所使用的结构体如下：

```
1   struct Position
2   {
3       int x;
4       int y;
5   };
6   struct ChessMovePosition
7   {
8       Position chessFrom;
9       Position chessTo;
10  };
11  struct ChessStonePosition
12  {
13      Position chessFrom;
14      Position chessTo;
15      Position stone;
16  };
```

Position 结构体用于处理棋子位置，ChessMovePosition 结构体用于处理棋子从一个位置移到另一个位置，ChessStonePosition 结构体用于处理棋子从一个位置移到另一个位置并设置障碍，这个结构体是整个可下位置生成方法的核心。

3.5.2 人人对战

无论是人机对战还是机人对战，都涉及初始化数据、通过鼠标来控制下棋、显示棋局、判断输赢等。另外，人人对战的大部分函数在后续的人机对战和机人对战中都会用到。

在进行下棋之前需要对各项数据进行初始化。数据初始化包括初始化棋盘、下棋方等。

数据初始化函数如下：

```
1   void Amazons::init()
2   {
3       srand(time(0));
4       int i;
5       int j;
6       for(i=0;i<10;i++)
7       {
8           for(j=0;j<10;j++)
9           {
10              board[i][j] = EMPTY;
11          }
12      }
13      board[0][3] = BLUECHESS;
14      board[0][6] = BLUECHESS;
15      board[3][0] = BLUECHESS;
16      board[3][9] = BLUECHESS;
17      board[6][0] = REDCHESS;
18      board[6][9] = REDCHESS;
19      board[9][3] = REDCHESS;
```

```
20        board[9][6] = REDCHESS;
21        playSide = REDCHESS;
22        maxDepth = 2;
23        moveCount = 0;
24        c = 0.5;
25    }
```

上述代码第 3 行初始化随机种子，在随机下棋时使用。第 6~12 行将棋盘设为空。第 13~20 行设置双方棋子位置。第 21 行初始化下棋方。其他初始化的数据是在搜索算法中使用的相关变量。

在下棋过程中，可以通过控制台或者图形界面来显示棋局状态。

采用控制台方式显示棋局状态的函数如下：

```
1    void Amazons::displayBoard()
2    {
3        int i;
4        int j;
5        for(i=0;i<10;i++)
6        {
7            for(j=0;j<10;j++)
8            {
9                if(board[i][j] == EMPTY)
10               {
11                   printf("_ ");
12                   continue;
13               }
14               if(board[i][j] == REDCHESS)
15               {
16                   printf("R ");
17                   continue;
18               }
19               if(board[i][j] == BLUECHESS)
20               {
21                   printf("B ");
22                   continue;
23               }
24               if(board[i][j] == STONE)
25               {
26                   printf("S ");
27               }
28           }
29           printf("\n");
30       }
31   }
```

采用图形界面方式显示棋局状态的函数如下：

```
1    void Amazons::drawBoard()
2    {
3        cleardevice();
4        PIMAGE imgBoard;
5        imgBoard = newimage();
6        getimage(imgBoard,"amazonsboard.jpg");
7        putimage_transparent(NULL, imgBoard,0, 0, BLACK);
8        int i;
9        int j;
10       PIMAGE imgChess;
```

```
11      imgChess = newimage();
12      for(i=0;i<10;i++)
13      {
14          for(j=0;j<10;j++)
15          {
16              if(board[i][j] == STONE)
17              {
18                  getimage(imgChess,"Stone.png");
19                  putimage_transparent(NULL, imgChess, 27+j*56.9, 27+i*56.9, BLACK);
20                  continue;
21              }
22              if(board[i][j] == REDCHESS)
23              {
24                  getimage(imgChess,"RedChess.png");
25                  putimage_transparent(NULL, imgChess, 27+j*56.9, 27+i*56.9, BLACK);
26                  continue;
27              }
28              if(board[i][j] == BLUECHESS)
29              {
30                  getimage(imgChess,"BlueChess.png");
31                  putimage_transparent(NULL, imgChess, 27+j*56.9, 27+i*56.9, BLACK);
32                  continue;
33              }
34          }
35      }
36      setrendermode(RENDER_AUTO);
37  }
```

图形界面方式使用了处理图像的方法。程序中需要使用棋盘图片(amazonsboard.jpg)、两个棋子图片(RedChess.png、BlueChess.png)和障碍图片(Stone.png)，棋子和障碍图片使用 png 格式的目的是使图片显示时，其背景为透明的。图片显示的关键是根据棋子数组的状态选择放置哪个图片。图形界面方式可以根据具体使用的环境来确定。

在人人对战或人机对战中还需要及时判断下棋过程中的输赢状态。输赢状态分别通过双方各自的函数进行判断。判断输赢的基本思想：当一方下棋时，判断另一方是否还有可下位置，若对方没有可下位置，则下棋一方赢棋，否则，未分出输赢。判断输赢的具体过程：对每个对方棋子，按 8 个方向查找可下位置，若对方棋子还有可下位置，则未分出输赢，全部查找完毕之后都没有找到对方棋子可下位置，则下棋一方获胜。

红方(白棋)判断输赢函数如下：

```
1   bool Amazons::isRedWin()
2   {
3       vector<Position> vecPositions = genChessPositions(BLUECHESS);
4       int i;
5       int x,y;
6       for(i=0;i<(int)vecPositions.size();i++)
7       {
8           x = vecPositions[i].x;
9           y = vecPositions[i].y;
10          if((y-1>=0) && (board[x][y-1] == EMPTY))
11          {
12              return false;
13          }
```

```
14                if((x-1>=0) && (y-1>=0) && (board[x-1][y-1] == EMPTY))
15                {
16                    return false;
17                }
18                if((x-1>=0) && (board[x-1][y] == EMPTY))
19                {
20                    return false;
21                }
22                if((x-1>=0) && (y+1<10) && (board[x-1][y+1] == EMPTY))
23                {
24                    return false;
25                }
26                if((y+1<10) && (board[x][y+1] == EMPTY))
27                {
28                    return false;
29                }
30                if((x+1<10) && (y+1<10) && (board[x+1][y+1] == EMPTY))
31                {
32                    return false;
33                }
34                if((x+1<10) && (board[x+1][y] == EMPTY))
35                {
36                    return false;
37                }
38                if((x+1<10) && (y-1>=0) && (board[x+1][y-1] == EMPTY))
39                {
40                    return false;
41                }
42            }
43            return true;
44    }
```

在上述代码中，第 3 行用于查找所有棋子。从第 6 行开始，对每个棋子按 8 个方向查找是否有合适的下棋位置，如果有的话，则未分输赢，若全部查找完毕，仍没有找到可下位置，则红方获胜。

蓝方(黑棋)判断输赢的方法与红方相同。蓝方判断输赢函数如下：

```
1     bool Amazons::isBlueWin()
2     {
3         vector<Position> vecPositions = genChessPositions(REDCHESS);
4         int i;
5         int x,y;
6         for(i=0;i<(int)vecPositions.size();i++)
7         {
8             x = vecPositions[i].x;
9             y = vecPositions[i].y;
10            if((y-1>=0) && (board[x][y-1] == EMPTY))
11            {
12                return false;
13            }
14            if((x-1>=0) && (y-1>=0) && (board[x-1][y-1] == EMPTY))
15            {
16                return false;
17            }
18            if((x-1>=0) && (board[x-1][y] == EMPTY))
19            {
20                return false;
```

```
21            }
22            if((x-1>=0) && (y+1<10) && (board[x-1][y+1] == EMPTY))
23            {
24                return false;
25            }
26            if((y+1<10) && (board[x][y+1] == EMPTY))
27            {
28                return false;
29            }
30            if((x+1<10) && (y+1<10) && (board[x+1][y+1] == EMPTY))
31            {
32                return false;
33            }
34            if((x+1<10) && (board[x+1][y] == EMPTY))
35            {
36                return false;
37            }
38            if((x+1<10) && (y-1>=0) && (board[x+1][y-1] == EMPTY))
39            {
40                return false;
41            }
42
43        }
44        return true;
45    }
```

要完成人人对战，需要得到下棋位置，下棋位置既可以通过控制台输入，也可以通过鼠标来获得。在程序中通过鼠标单击的方式获得下棋位置(包括放置障碍)。

通过鼠标获得下棋位置函数如下：

```
1    ChessStonePosition Amazons::getPositionByMouse()
2    {
3        ChessStonePosition pos;
4        int x,y;
5        int xPos,yPos;
6        mouse_msg msg;
7        flushmouse();
8        while(true)
9        {
10           msg = getmouse();
11           if(msg.is_left() && msg.is_down())
12           {
13               mousepos(&x,&y);
14               yPos = (x - 27)/56.9;
15               xPos = (y - 27)/56.9;
16               if(moveCount == 0)
17               {
18                   if(board[xPos][yPos] == playSide)
19                   {
20                       printf("From:(%d,%d)\n",xPos,yPos);
21                       pos.chessFrom.x = xPos;
22                       pos.chessFrom.y = yPos;
23                       moveCount++;
24                       continue;
25                   }
26               }
27               if(moveCount == 1)
```

```
28              {
29                  if(board[xPos][yPos] == EMPTY)
30                  {
31                      printf("To:(%d,%d)\n",xPos,yPos);
32                      pos.chessTo.x = xPos;
33                      pos.chessTo.y = yPos;
34                      moveCount++;
35                      continue;
36                  }
37              }
38              if(moveCount == 2)
39              {
40                  if(board[xPos][yPos] == EMPTY || (xPos == pos.chessFrom.x && \
41                        yPos == pos.chessFrom.y))
42                  {
43                      pos.stone.x = xPos;
44                      pos.stone.y = yPos;
45                      moveCount = 0;
46                      printf("Stone:(%d,%d)\n",xPos,yPos);
47                      return pos;
48                  }
49              }
50          }
51      }
52      return pos;
53  }
```

上述代码第 11 行获得鼠标消息，第 13 行获得鼠标单击的坐标，第 14 行和第 15 行将获得的鼠标单击坐标转换为棋盘数组的索引。在函数中，变量 moveCount 是计数器，当 moveCount 值为 0 时，鼠标单击获得的是下棋的棋子；当 moveCount 值为 1 时，鼠标单击获得的是棋子的目的地；当 moveCount 值为 2 时，鼠标单击获得的是设置障碍的位置。返回的数据包含选中的棋子、棋子所下的位置和设置障碍的位置。在坐标与数组索引的转换中，还要注意转换关系，可以参考图 2-7。由于本例的重点是 AI 算法，下棋位置合法性问题在人人对战中并没有进行处理，这部分将在计算机下棋的选择合法下棋位置中进行处理。若需要，可以通过生成可下位置算法进行改写获得。

以输赢判断、显示棋盘、获得下棋位置为基础，就可以完成人人对战。人人对战函数如下：

```
1   void Amazons::manToMan()
2   {
3       ChessStonePosition pos;
4       init();
5       drawBoard();
6       while(true)
7       {
8           pos = getPositionByMouse();
9           board[pos.chessFrom.x][pos.chessFrom.y] = EMPTY;
10          board[pos.chessTo.x][pos.chessTo.y] = playSide;
11          board[pos.stone.x][pos.stone.y] = STONE;
12          drawBoard();
13          displayBoard();
14          if(playSide == REDCHESS && isRedWin())
15          {
16              printf("Red Win!\n");
17              break;
18          }
```

```
19            if(playSide == BLUECHESS && isBlueWin())
20            {
21                printf("Blue win!\n");
22                break;
23            }
24            playSide = -playSide;
25        }
26    }
```

3.5.3 人机对战与机人对战

人机对战或机人对战包含三个主要因素：走法生成、估值和搜索。走法生成的目的是找到所有可行的走法，是人机对战和机人对战的基础；估值的目的是对当前局面进行评估；搜索的目的是根据当前局面找到最佳落子位置。

亚马逊棋的走法生成可以分为三步：找到所有下棋方棋子，根据下棋方棋子找到所有合法可下位置，再根据找到的合法可下位置找到对应的可以设置障碍的所有位置。

查找所有下棋方棋子的代码如下：

```
1   vector<Position> Amazons::genChessPositions(int side)
2   {
3       vector<Position> vecPositions;
4       Position pos;
5       int i;
6       int j;
7       for(i=0;i<10;i++)
8       {
9           for(j=0;j<10;j++)
10          {
11              if(board[i][j] == side)
12              {
13                  pos.x = i;
14                  pos.y = j;
15                  vecPositions.push_back(pos);
16              }
17          }
18      }
19      return vecPositions;
20  }
```

查找到的下棋方棋子存放在向量中，下棋方的位置也可以单独设计一个结构体数组来处理，其中包含位置，每次根据下棋状况进行更改即可。

以棋子位置为基础，可以找到和每个棋子位置对应的可下位置，具体代码如下：

```
1   vector<ChessMovePosition> Amazons::genChessMovePositions(int side)
2   {
3       vector<ChessMovePosition> vecChessMovePositions;
4       vector<Position> vecChessPositions = genChessPositions(side);
5       ChessMovePosition pos;
6       int i,j,k;
7       int x,y;
8       for(i=0;i<(int)vecChessPositions.size();i++)
9       {
10          //按 8 个方向查找可下位置
11          x = vecChessPositions[i].x;
12          y = vecChessPositions[i].y;
13          pos.chessFrom.x = x;
```

```
14              pos.chessFrom.y = y;
15              //向左查找可下位置
16              for(j=y-1;j>=0;j--)
17              {
18                  if(board[x][j] == EMPTY)
19                  {
20                      pos.chessTo.x = x;
21                      pos.chessTo.y = j;
22                      vecChessMovePositions.push_back(pos);
23                  }
24                  else
25                  {
26                      break;
27                  }
28              }
29              //向左上查找可下位置
30              for(j=x-1,k=y-1;j>=0 && k>=0;j--,k--)
31              {
32                  if(board[j][k] == EMPTY)
33                  {
34                      pos.chessTo.x = j;
35                      pos.chessTo.y = k;
36                      vecChessMovePositions.push_back(pos);
37                  }
38                  else
39                  {
40                      break;
41                  }
42              }
43              //向上查找可下位置
44              for(j=x-1;j>=0;j--)
45              {
46                  if(board[j][y] == EMPTY)
47                  {
48                      pos.chessTo.x = j;
49                      pos.chessTo.y = y;
50                      vecChessMovePositions.push_back(pos);
51                  }
52                  else
53                  {
54                      break;
55                  }
56              }
57              //向右上查找可下位置
58              for(j=x-1,k=y+1;j>=0 && k<10;j--,k++)
59              {
60                  if(board[j][k] == EMPTY)
61                  {
62                      pos.chessTo.x = j;
63                      pos.chessTo.y = k;
64                      vecChessMovePositions.push_back(pos);
65                  }
66                  else
67                  {
68                      break;
69                  }
```

```
70            }
71            //向右查找可下位置
72            for(j=y+1;j<10;j++)
73            {
74                if(board[x][j] == EMPTY)
75                {
76                    pos.chessTo.x = x;
77                    pos.chessTo.y = j;
78                    vecChessMovePositions.push_back(pos);
79                }
80                else
81                {
82                    break;
83                }
84            }
85            //向右下查找可下位置
86            for(j=x+1,k=y+1;j<10 && k<10;j++,k++)
87            {
88                if(board[j][k] == EMPTY)
89                {
90                    pos.chessTo.x = j;
91                    pos.chessTo.y = k;
92                    vecChessMovePositions.push_back(pos);
93                }
94                else
95                {
96                    break;
97                }
98            }
99            //向下查找可下位置
100           for(j=x+1;j<10;j++)
101           {
102               if(board[j][y] == EMPTY)
102               {
103                   pos.chessTo.x = j;
104                   pos.chessTo.y = y;
105                   vecChessMovePositions.push_back(pos);
106               }
107               else
108               {
109                   break;
110               }
111           }
112           //向左下查找可下位置
113           for(j=x+1,k=y-1;j<10 && k>=0;j++,k--)
114           {
115               if(board[j][k] == EMPTY)
116               {
117                   pos.chessTo.x = j;
118                   pos.chessTo.y = k;
119                   vecChessMovePositions.push_back(pos);
120               }
121               else
122               {
123                   break;
124               }
```

```
125            }
126        }
127        return vecChessMovePositions;
128    }
```

上述代码根据棋子位置利用结构体向量(vector<ChessMovePosition>)存储搜索到的可下位置，再根据得到的结构体向量来查找可以设置障碍的位置。

查找可以设置障碍的位置函数如下：

```
1     vector<ChessStonePosition> Amazons::genChessStonePositions(int side)
2     {
3         ChessStonePosition pos;
4         vector<ChessMovePosition> vecChessMovePoss = genChessMovePositions(side);
5         vector<ChessStonePosition> vecChessStonePoss;
6         int i,j,k;
7         int xFrom,yFrom,xTo,yTo;
8         int x,y;
9         for(i=0;i<(int)vecChessMovePoss.size();i++)
10        {
11            xFrom = vecChessMovePoss[i].chessFrom.x;
12            yFrom = vecChessMovePoss[i].chessFrom.y;
13            xTo = vecChessMovePoss[i].chessTo.x;
14            yTo = vecChessMovePoss[i].chessTo.y;
15            pos.chessFrom.x = xFrom;
16            pos.chessFrom.y = yFrom;
17            pos.chessTo.x = xTo;
18            pos.chessTo.y = yTo;
19            x = xTo;
20            y = yTo;
21            board[xFrom][yFrom] = EMPTY;//将原棋子位置设为空，方便查找可以设置障碍的位置
22            //按 8 个方向查找可下位置
23            //向左查找可下位置
24            for(j=y-1;j>=0;j--)
25            {
26                if(board[x][j] == EMPTY)
27                {
28                    pos.stone.x = x;
29                    pos.stone.y = j;
30                    vecChessStonePoss.push_back(pos);
31                }
32                else
33                {
34                    break;
35                }
36            }
37            //向左上查找可下位置
38            for(j=x-1,k=y-1;j>=0 && k>=0;j--,k--)
39            {
40                if(board[j][k] == EMPTY)
41                {
42                    pos.stone.x = j;
43                    pos.stone.y = k;
44                    vecChessStonePoss.push_back(pos);
45                }
46                else
47                {
48                    break;
```

```
49                  }
50              }
51              //向上查找可下位置
52              for(j=x-1;j>=0;j--)
53              {
54                  if(board[j][y] == EMPTY)
55                  {
56                      pos.stone.x = j;
57                      pos.stone.y = y;
58                      vecChessStonePoss.push_back(pos);
59                  }
60                  else
61                  {
62                      break;
63                  }
64              }
65              //向右上查找可下位置
66              for(j=x-1,k=y+1;j>=0 && k<10;j--,k++)
67              {
68                  if(board[j][k] == EMPTY)
69                  {
70                      pos.stone.x = j;
71                      pos.stone.y = k;
72                      vecChessStonePoss.push_back(pos);
73                  }
74                  else
75                  {
76                      break;
77                  }
78              }
79              //向右查找可下位置
80              for(j=y+1;j<10;j++)
81              {
82                  if(board[x][j] == EMPTY)
83                  {
84                      pos.stone.x = x;
85                      pos.stone.y = j;
86                      vecChessStonePoss.push_back(pos);
87                  }
88                  else
89                  {
90                      break;
91                  }
92              }
93              //向右下查找可下位置
94              for(j=x+1,k=y+1;j<10 && k<10;j++,k++)
95              {
96                  if(board[j][k] == EMPTY)
97                  {
98                      pos.stone.x = j;
99                      pos.stone.y = k;
100                     vecChessStonePoss.push_back(pos);
101                 }
102                 else
102                 {
103                     break;
```

```
104                 }
105             }
106             //向下查找可下位置
107             for(j=x+1;j<10;j++)
108             {
109                 if(board[j][y] == EMPTY)
110                 {
111                     pos.stone.x = j;
112                     pos.stone.y = y;
113                     vecChessStonePoss.push_back(pos);
114                 }
115                 else
116                 {
117                     break;
118                 }
119             }
120             //向左下查找可下位置
121             for(j=x+1,k=y-1;j<10 && k>=0;j++,k--)
122             {
123                 if(board[j][k] == EMPTY)
124                 {
125                     pos.stone.x = j;
126                     pos.stone.y = k;
127                     vecChessStonePoss.push_back(pos);
128                 }
129                 else
130                 {
131                     break;
132                 }
133             }
134             board[xFrom][yFrom] = side;//还原棋子的位置
135         }
136         return vecChessStonePoss;
137 }
```

在上述代码中，针对每个下棋位置进行查找。在按 8 个方向进行查找之前，先将原棋子位置设置为空(第 21 行：board[xFrom][yFrom] = EMPTY;)，在查找完成之后，再将该位置还原(第 134 行：board[xFrom][yFrom] = side;)。采用这种方法可以避免在查找过程中进行多重判断，其原因是，原先棋子所在的位置也可以设置障碍。

亚马逊棋程序采用的搜索算法是 Alpha-Beta 算法，该算法的实现方法是，以负极大极小算法为基础，增加了剪枝功能。Alpha-Beta 算法的具体实现代码如下：

```
1   int Amazons::alphaBeta(int depth,int alpha,int beta,int side)
2   {
3       int i;
4       int val;
5       int xFrom=0,yFrom=0,xTo=0,yTo=0,xStone=0,yStone=0;
6       vector<ChessStonePosition> poses = genChessStonePositions(side);
7       if(depth == 0 || isRedWin() || isBlueWin())
8       {
9           return value(side);
10      }
11      for(i=0;i<(int)poses.size();i++)
12      {
13          //下棋
14          board[poses[i].chessFrom.x][poses[i].chessFrom.y] = EMPTY;
```

```
15            board[poses[i].chessTo.x][poses[i].chessTo.y] = side;
16            board[poses[i].stone.x][poses[i].stone.y] = STONE;
17            val = -alphaBeta(depth-1,-beta,-alpha,-side);
18            //还原棋盘
19            board[poses[i].chessTo.x][poses[i].chessTo.y] = EMPTY;
20            board[poses[i].stone.x][poses[i].stone.y] = EMPTY;
21            board[poses[i].chessFrom.x][poses[i].chessFrom.y] = side;
22            //注意，还原棋子的位置要放在最后
23            if(val>=beta)
24            {
25                return beta;
26            }
27            if(val>alpha)
28            {
29                alpha = val;
30                xFrom = poses[i].chessFrom.x;
31                yFrom = poses[i].chessFrom.y;
32                xTo = poses[i].chessTo.x;
33                yTo = poses[i].chessTo.y;
34                xStone = poses[i].stone.x;
35                yStone = poses[i].stone.y;
36            }
37        }
38        bestPosition.chessFrom.x = xFrom;
39        bestPosition.chessFrom.y = yFrom;
40        bestPosition.chessTo.x = xTo;
41        bestPosition.chessTo.y = yTo;
42        bestPosition.stone.x = xStone;
43        bestPosition.stone.y = yStone;
44        return alpha;
45    }
```

上述代码第 6 行生成当前棋局状态下的所有可行走法。第 23~26 行是剪枝部分，即当下一层计算得到的估值大于 beta 值时进行剪枝，这部分内容是其与负极大极小算法区别的地方。第 27~37 行实现当计算得到的估值大于 alpha 值时，更新 alpha 值，并记录当前位置。本例中，alphaBeta 函数的返回类型为 int，如果需要获得精确的估值，返回类型也可以为 double。

亚马逊棋程序的估值函数包括棋子灵活度的估值和领地的估值，棋子灵活度的估值与生成棋子下棋位置的内涵一致，可以利用生成棋子下棋位置函数直接计算，也可以单独重新计算。单独重新计算中可以省去记录下棋位置的过程，运行速度将更快些。

棋子灵活度估值部分的函数如下：

```
1     int Amazons::valueOfMobility(int side)
2     {
3         int valueOfRedChess = 0;
4         int valueOfBlueChess = 0;
5         vector<ChessMovePosition> vecRedChess = genChessMovePositions(REDCHESS);
6         vector<ChessMovePosition> vecBlueChess = genChessMovePositions(BLUECHESS);
7         valueOfRedChess = vecRedChess.size();
8         valueOfBlueChess = vecBlueChess.size();
9         if(side == REDCHESS)
10        {
11            return valueOfRedChess - valueOfBlueChess;
12        }
13        return valueOfBlueChess - valueOfRedChess;
14    }
```

亚马逊棋中的领地计算参考图 3-10 和式(3-1)进行。领地计算时使用了辅助棋盘(估值用棋盘)，其计算过程如图 3-12 所示。

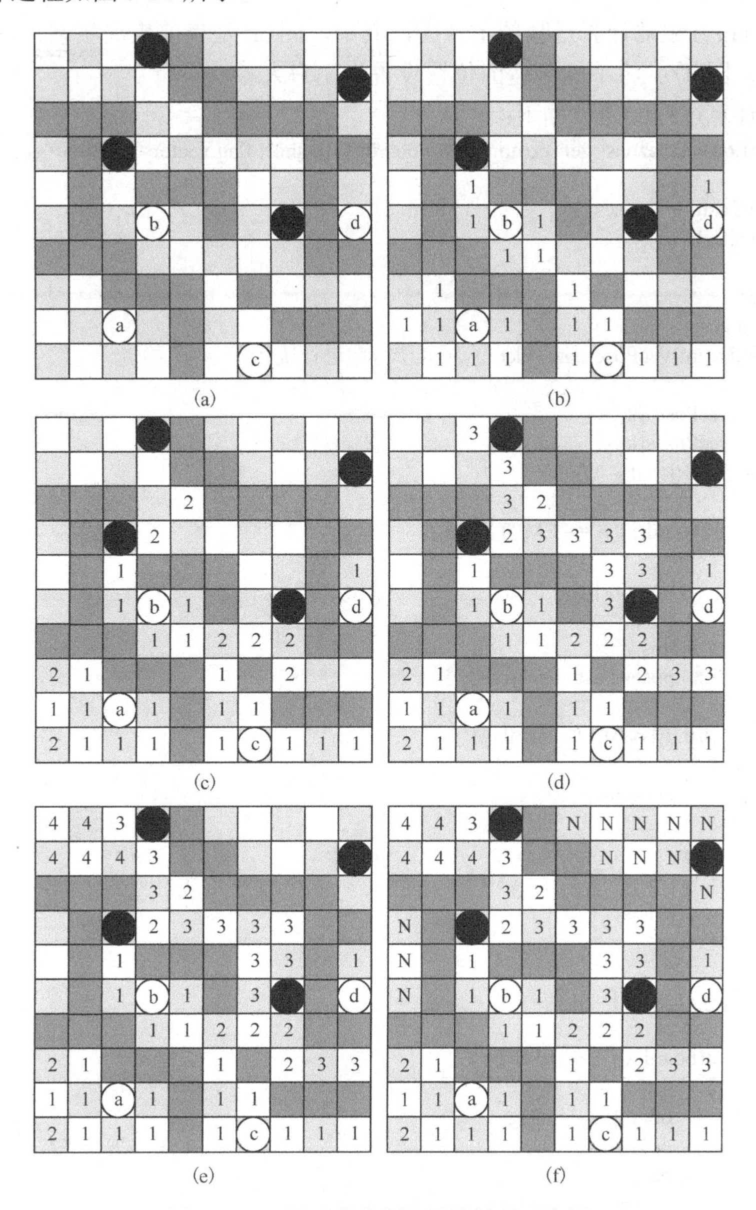

图 3-12　亚马逊棋中领地计算过程示意图

领地计算过程如下：

1)初始化辅助棋盘，将所有有棋位置和有障碍位置的值设置为无穷大。

2)根据辅助棋盘状态找到所有可下位置，并设为计算位置集合，将标记初始化为 1，标记的含义为棋子经过多少步可以到达。

3)从所有计算位置出发，根据游戏规则，按照 8 个方向查找可下位置(棋盘位置为空的位置)，设置标记并将可下位置放入新的计算位置集合。

4)将标记加 1，如果计算位置集合的大小为 0，则进入第 5)步，否则重复第 3)步的查找过程。

5) 遍历整个辅助棋盘，将所有值为空的位置设置为无穷大（表示所查找的棋子无法到达该位置）。

图 3-12 是白方领地计算过程的示意图，其中，图(a)是当前棋局状态，图(b)到图(e)为分步计算过程，图(f)中将不能到达的位置设置为无穷大。

实现分步计算过程的函数如下：

```
1   vector<Position> Amazons::getTerritory(short board[][10],short flag,vector<Position> vecPoses)
2   {
3       vector<Position> poses;
4       poses.clear();
5       int x,y;
6       int i,j,k;
7       Position pos;
8       for(k=0;k<(int)vecPoses.size();k++)//按 8 个方向进行统计
9       {
10          x = vecPoses[k].x;
11          y = vecPoses[k].y;
12          for(j=y-1;j>=0;j--)//向左
13          {
14              if(board[x][j] == EMPTY )
15              {
16                  board[x][j] = flag;
17                  pos.x = x;
18                  pos.y = j;
19                  poses.push_back(pos);
20              }
21              else if(board[x][j] == flag)
22              {
23                  continue;
24              }
25              else
26              {
27                  break;
28              }
29          }
30          for(j=y+1;j<10;j++)//向右
31          {
32              if(board[x][j] == EMPTY)
33              {
34                  board[x][j] = flag;
35                  pos.x = x;
36                  pos.y = j;
37                  poses.push_back(pos);
38              }
39              else if(board[x][j] == flag)
40              {
41                  continue;
42              }
43              else
44              {
45                  break;
46              }
47          }
48          for(i=x-1;i>=0;i--)//向上
49          {
```

```
50              if(board[i][y] == EMPTY)
51              {
52                  board[i][y] = flag;
53                  pos.x = i;
54                  pos.y = y;
55                  poses.push_back(pos);
56              }
57              else if(board[i][y] == flag)
58              {
59                  continue;
60              }
61              else
62              {
63                  break;
64              }
65          }
66          for(i=x+1;i<10;i++)//向下
67          {
68              if(board[i][y] == EMPTY)
69              {
70                  board[i][y] = flag;
71                  pos.x = i;
72                  pos.y = y;
73                  poses.push_back(pos);
74              }
75              else if(board[i][y] == flag)
76              {
77                  continue;
78              }
79              else
80              {
81                  break;
82              }
83          }
84          for(i=x-1,j=y-1;i>=0 && j>=0;i--,j--)//向左上
85          {
86              if(board[i][j] == EMPTY)
87              {
88                  board[i][j] = flag;
89                  pos.x = i;
90                  pos.y = j;
91                  poses.push_back(pos);
92              }
93              else if(board[i][j] == flag)
94              {
95                  continue;
96              }
97              else
98              {
99                  break;
100             }
101         }
102         for(i=x+1,j=y+1;i<10 && j<10;i++,j++)//向右下
102         {
103             if(board[i][j] == EMPTY)
104             {
```

```
105                     board[i][j] = flag;
106                     pos.x = i;
107                     pos.y = j;
108                     poses.push_back(pos);
109                 }
110                 else if(board[i][j] == flag)
111                 {
112                     continue;
113                 }
114                 else
115                 {
116                     break;
117                 }
118             }
119             for(i=x+1,j=y-1;i<10 && j>=0;i++,j--)//向左下
120             {
121                 if(board[i][j] == EMPTY)
122                 {
123                     board[i][j] = flag;
124                     pos.x = i;
125                     pos.y = j;
126                     poses.push_back(pos);
127                 }
128                 else if(board[i][j] == flag)
129                 {
130                     continue;
131                 }
132                 else
133                 {
134                     break;
135                 }
136             }
137             for(i=x-1,j=y+1;i>=0 && j<10;i--,j++)//向右上
138             {
139                 if(board[i][j] == EMPTY)
140                 {
141                     board[i][j] = flag;
142                     pos.x = i;
143                     pos.y = j;
144                     poses.push_back(pos);
145                 }
146                 else if(board[i][j] == flag)
147                 {
148                     continue;
149                 }
150                 else
151                 {
152                     break;
153                 }
154             }
155         }
156         return poses;
157 }
```

上述代码第 8~155 行按 8 个方向依次查找符合条件的位置，并将这些位置存入向量中，作为下一步计算位置的集合。

完整的领地计算过程如下：

```
1  double Amazons::valueOfTerritory(short board[][10],int side)
2  {
3      short redBoard[10][10];//用于计算红方领地用棋盘
4      short blueBoard[10][10];//用于计算蓝方领地用棋盘
5      vector<Position> redChessPoses;//用于统计红方棋子的位置
6      vector<Position> blueChessPoses;//用于统计蓝方棋子的位置
7      //初始统计位置
8      redChessPoses = genChessPositions(REDCHESS);
9      blueChessPoses = genChessPositions(BLUECHESS);
10     int flag = 1;
11     double val = 0.0;
12     int i,j;
13     //建立双方估值用棋盘
14     for(i=0;i<10;i++)
15     {
16         for(j=0;j<10;j++)
17         {
18             if(board[i][j] == EMPTY)
19             {
20                 redBoard[i][j] = EMPTY;
21                 blueBoard[i][j] = EMPTY;
22             }
23             else
24             {
25                 redBoard[i][j] = OCCUPY;
26                 blueBoard[i][j] = OCCUPY;
27             }
28         }
29     }
30     //循环统计红方的 Territory
31     while(true)
32     {
33         redChessPoses = getTerritory(redBoard,flag,redChessPoses);
34         if(redChessPoses.size() == 0)
35         {
36             break;
37         }
38         flag++;
39     }
40     //还原 flag
41     flag = 1;
42     while(true)
43     {
44         blueChessPoses = getTerritory(blueBoard,flag,blueChessPoses);
45         if(blueChessPoses.size()==0)
46         {
47             break;
48         }
49         flag++;
50     }
51     //双方不能下的位置标记为 INFINITE_GREAT
52     for(i=0;i<10;i++)
53     {
54         for(j=0;j<10;j++)
55         {
```

```
56                  if(redBoard[i][j] == EMPTY)
57                  {
58                      redBoard[i][j] = INFINITE_GREAT;
59                  }
60                  if(blueBoard[i][j] == EMPTY)
61                  {
62                      blueBoard[i][j] = INFINITE_GREAT;
63                  }
64              }
65          }
66          //计算估值
67          for(i=0;i<10;i++)
68          {
69              for(j=0;j<10;j++)
70              {
71                  if(redBoard[i][j]==INFINITE_GREAT && blueBoard[i][j] == INFINITE_GREAT)
72                  {
73                      continue;
74                  }
75                  if(redBoard[i][j] == blueBoard[i][j] && redBoard[i][j] < \
76                      INFINITE_GREAT && blueBoard[i][j] < INFINITE_GREAT)
77                  {
78                      if(playSide == REDCHESS)
79                      {
80                          val += 0.25;
81                      }
82                      else
83                      {
84                          val -= 0.25;
85                      }
86                      continue;
87                  }
88                  if(redBoard[i][j] < blueBoard[i][j])
89                  {
90                      val += 1;
91                      continue;
92                  }
93                  else if(redBoard[i][j] > blueBoard[i][j])
94                  {
95                      val += -1;
96                  }
97              }
98          }
99          if(playSide == REDCHESS)
100         {
101             return val;
102         }
102         return -val;
103     }
```

上述代码第 67~98 行根据前面得到的领地状态和领地计算方法进行领地计算。领地计算中还包含关联领地估值的计算，即式(3-3)，关联领地的计算方法和领地的计算方法类似，可以和领地计算一起进行，也可以单独计算。如果在程序设计中需要调整各个估值的权重系数，可以单独计算，这样在后期调整权重系数时更为方便。

将领地估值函数和棋子灵活度估值函数相结合可以得到当前状态的估值函数。完整的估值函数如下：

```
1   double Amazons::value(int side)
2   {
3       double value = 0.0;
4       value = c * (double)valueOfMobility(side) + (1 - c) * valueOfTerritory(board,side);
5       return value;
6   }
```

上述代码第 4 行计算整体估值，估值中加入了权重系数，权重系数可以根据先后手、下棋的不同阶段等进行调整。

人机对战、机人对战和机机对战三部分功能的实现方法类似，计算机下棋通过 Alpha-Beta 算法获得最佳落子位置，人下棋通过鼠标获得下棋位置。机人对战函数如下：

```
1   void Amazons::computerToMan()
2   {
3       init();
4       drawBoard();
5       ChessStonePosition pos;
6       while(true)
7       {
8           if(playSide == REDCHESS)
9           {
10              int val = alphaBeta(maxDepth,-1000,1000,playSide);
11              board[bestPosition.chessFrom.x][bestPosition.chessFrom.y] = EMPTY;
12              board[bestPosition.stone.x][bestPosition.stone.y] = STONE;
13              board[bestPosition.chessTo.x][bestPosition.chessTo.y] = playSide;
14              drawBoard();
15              playSide = -playSide;
16              if(isRedWin())
17              {
18                  printf("Red Win!\n");
19                  break;
20              }
21          }
22          else
23          {
24              pos = getPositionByMouse();
25              board[pos.chessFrom.x][pos.chessFrom.y] = EMPTY;
26              board[pos.stone.x][pos.stone.y] = STONE;
27              board[pos.chessTo.x][pos.chessTo.y] = playSide;
28              drawBoard();
29              playSide = -playSide;
30              if(isBlueWin())
31              {
32                  printf("Blue Win!\n");
33                  break;
34              }
35          }
36      }
37  }
```

上述代码第 8~21 行处理计算机下棋，第 22~35 行处理人下棋。在一方下棋之后需交换下棋方，并判断是否产生输赢结果。若产生输赢结果则棋局结束。人机对战和机机对战函数与机人对战函数类似。

在主函数中添加相应驱动代码即可完成整个程序。主函数如下：

```
1   int main()
2   {
3       initgraph(624,624,0);
4       setcaption("Amazons");
5       Amazons ama;
6       ama.displayBoard();
7       ama.drawBoard();
8       int select;
9       while(true)
10      {
11          printf("0. Quit\n");
12          printf("1. Man vs man\n");
13          printf("2. Computer vs man\n");
14          printf("3. Man vs computer\n");
15          printf("4. Computer vs computer\n");
16          printf("5. Random vs Random\n");
17          printf("Please input select: ");
18          scanf("%d",&select);
19          switch(select)
20          {
21          case 0:
22              return 0;
23          case 1:
24              ama.manToMan();
25              break;
26          case 2:
27              ama.computerToMan();
28              break;
29          case 3:
30              ama.manToComputer();
31              break;
32          case 4:
33              ama.computerToComputer();
34              break;
35          case 5:
36              ama.randomToRandom();
37              break;
38          default:
39              break;
40          }
41      }
42      system("pause");
43      return 0;
44  }
```

主函数的主要作用是根据玩家选择相应的下棋模式。

3.5.4 其他算法

计算机博弈能力受搜索深度、估值函数的影响较大。亚马逊棋在初始阶段的可下位置较多，到后期则下降较快，图 3-13 显示的是使用随机走法统计的每步(Steps)下棋过程中的可下位置(Positions)的变化情况。

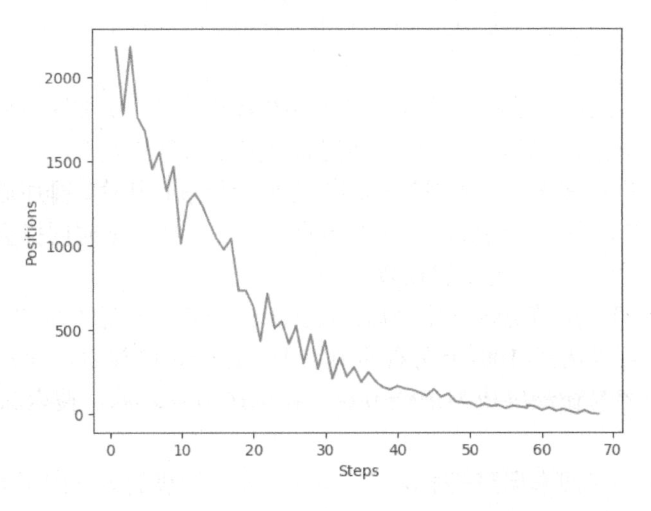

图 3-13　亚马逊棋可下位置的变化示意图

亚马逊棋在第一步下棋时可下位置达到了 2176 个，采用 Alpha-Beta 算法，当搜索深度为 2 时，所用的搜索时间达到了 30 秒左右，若再加大深度会造成计算时间过长，参考国内和国际计算机博弈竞赛的情况，每局单方用时为 15 分钟。当搜索深度达到 3 时，比较容易造成超时；而深度仅为 2 时，程序棋力较差。通常要采用一定的方法来改进搜索算法。改进搜索算法的方法主要有以下几种。

① 对第一层先进行搜索，期望在第一次搜索时获得最佳落子位置，这种搜索算法称为主要变例搜索(Principal Variation Search，PVS)[11, 13]。这种搜索算法的思想是，若第一次搜索时找到最好值，那么 Alpha-Beta 算法的搜索效率是最高的。PVS 算法的伪码如下：

```
1   int alphabeta(int depth, int alpha, int beta) {
2       move bestmove, current;
3       if (棋局结束 || depth <= 0) {
4           return eval();
5       }
6       move m = 第一个走法;
7       执行走法 m;
8       current = -alphabeta(depth - 1, -beta, -alpha);
9       撤销走法 m;
10      for (其余的每个走法 m) {
11          执行走法 m;
12          score = -alphabeta(depth - 1, -alpha - 1, -alpha);
13          if (score > alpha && score < beta) {
14              score = -alphabeta(depth - 1, -beta, -alpha);
15          }
16          撤销走法 m;
17          if (score >= current) {
18              current = score;
19              bestmove = m;
20              if (score >= alpha) {
21                  alpha = score;
22              }
23              if (score >= beta) {
24                  break;
25              }
26          }
27      }
```

```
28      return current;
29  }
```

PVS 算法与 Alpha-Beta 算法的主要区别在第 6~9 行代码处，增加这部分的目的是希望在第一层搜索时获得最佳落子位置，这样在后期搜索时能提高剪枝效率。

② 排序搜索：在进行搜索之前先对第一层节点的价值进行排序，排序原则是价值从大到小。这种方法的思想是，在第一层价值较大的节点，其在后续搜索时同样会价值较大，这样在不同层中搜索时，同样会有效提高剪枝效率。

③ 筛选节点：对第一层节点进行排序后，选择部分节点进行进一步的搜索，例如，在亚马逊棋的搜索算法中可以选择 100 个左右的节点进行进一步的搜索，其基本原理是，在前期估值较高的节点更容易在最终成为最佳节点。在筛选节点之后，搜索深度也可以得到适当提高。

④ 迭代加深：根据时间来调整搜索深度。但由于亚马逊棋的分支因子太大，使用迭代加深算法并不完全适合，由图 3-13 可以发现，双方各下 10 步之后，可下位置的数量下降速度较快，因此可以通过计算可下位置的数量来改变搜索深度以获得更佳的搜索结果。

第 4 章　爱恩斯坦棋

4.1　爱恩斯坦棋简介

爱恩斯坦棋是 Ingo Althöfer 于 2004 年发明的，该游戏棋盘的棋盘大小为 5×5，棋盘初始状态如图 4-1 所示。图中，用黑棋表示红方，用白棋表示蓝方，与下面正文相对应。

爱恩斯坦棋棋盘左上角为红方出发区，右下角为蓝方出发区。爱恩斯坦棋的规则如下。

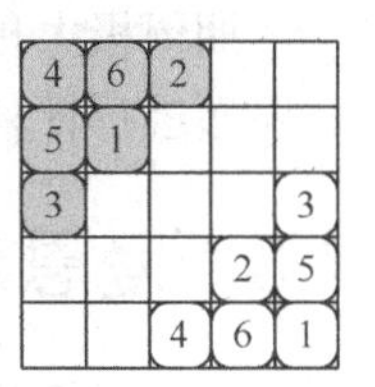

图 4-1　爱恩斯坦棋初始棋盘

1) 红蓝双方各有 6 枚棋子，上面分别标有数字 1~6。开局时，双方棋子在出发区的位置可以随意摆放。

2) 双方轮流掷骰子，然后走动编号与骰子点数相对应的棋子。如果相对应的棋子已从棋盘上移出，便可走动编号大于或小于此数且与此数最接近的棋子。例如，假设编号为 4 和 5 的棋子已移出，如果骰子点数为 4，则可以走动编号为 3 或 6 的棋子。

3) 红方棋子走动方向为向右、向下或向右下，每次走动一格；蓝方棋子走动方向为向左、向上或向左上，每次走动一格。

4) 如果在棋子走动的目标位置上有棋子，则要将该棋子从棋盘上移出(吃掉)。有时吃掉我方棋子也是一种策略，因为可以增加其他棋子走动的机会与灵活性。

5) 率先到达对方出发区角点位置或将对方棋子全部吃掉的一方获胜。

6) 对弈结果只有输赢，没有和棋。

7) 每盘每方用时 4 分钟，超时判负；每轮双方对阵最多 7 盘，轮流先手(一方第 1、4、5 盘先手，另一方第 2、3、6、7 盘先手)，两盘中间不休息，先胜 4 盘的一方为胜方。

爱恩斯坦棋走动的棋子是通过骰子点数来确定的，其下棋方式比较特殊。随着计算机博弈的兴起，爱恩斯坦棋也逐步进入计算机博弈爱好者的视野，中国大学生计算机博弈大赛和国际计算机博弈锦标赛都将该棋列为竞赛项目。

4.2　期望极大极小算法

根据规则，爱恩斯坦棋走动的棋子是由掷骰子得到的点数决定的，当其中一个棋子被吃掉(移除)后，可以选择编号大于或小于骰子点数的棋子进行走动，因此，每个棋子可能走动的概率不同。此时，采用第 2 章和第 3 章的极大极小搜索算法或 Alpha-Beta 算法不能获得准确的搜索结果。这里，将每个棋子可能走动的概率考虑在内，结合 Alpha-Beta 搜索算法形成期望极大极小算法[4, 14, 15, 16]。期望极大极小算法的基本原理如图 4-2 所示。

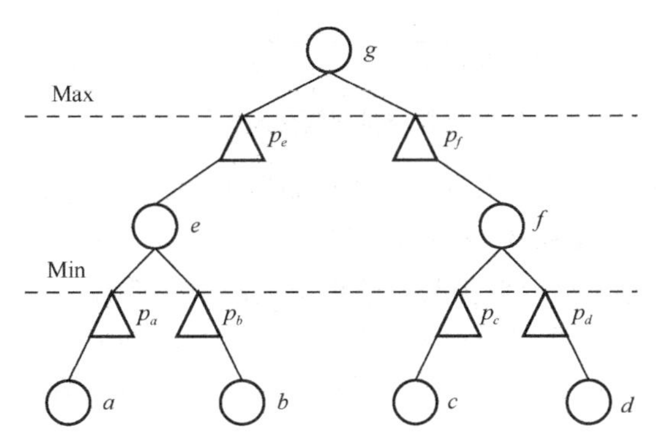

图 4-2　期望极大极小算法的基本原理

图 4-3 为一种局面。假设当前下棋方为黑棋，那么，按照爱恩斯坦棋的规则，图 4-3 中 4 个存在的黑棋可能被选中的次数和概率见表 4-1。

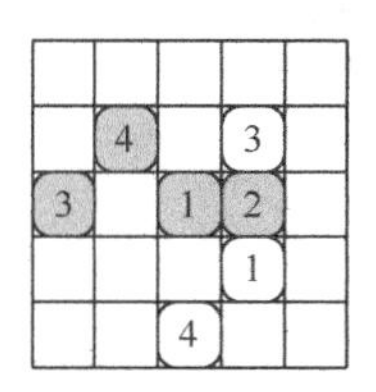

图 4-3 爱恩斯坦棋局面示例

表 4-1 爱恩斯坦棋黑棋被选中的次数和概率

黑棋编号	1	2	3	4
被选中次数	1	1	1	3
被选中概率	1/6	1/6	1/6	3/6

期望极大极小算法在极大极小算法的极大层和极小层之间增加了概率层，在搜索过程中，对局面进行评估时，要将每个棋子可能走动的概率也考虑在内。

4.3 爱恩斯坦棋的估值

爱恩斯坦棋赢棋的方式有两种，第一种是占领对方角点位置，第二种是吃掉对方所有的棋子。

要占领对方的角点位置，则需要离对方角点位置越近越好，如果不考虑吃子的情况，只需要计算经过多少步能占领对方角点位置。但由于爱恩斯坦棋走动棋子是通过掷骰子来决定的，假设掷骰子得到 1~6 这 6 个点数是等概率的，与对方角点位置的期望距离可以根据以下公式进行计算：

$$R = \sum_i p_i r_i \tag{4-1}$$

式中，R 表示占领对方角点位置的期望距离，p_i 表示某个棋子被选中的概率，r_i 表示某个棋子与角点位置的距离，以下仍假设黑棋为当前下棋方，则图 4-3 中黑棋的 r_i 和 p_i 见表 4-2。

根据表 4-2 可以计算得到黑棋的期望距离 R=17/6。

图 4-4(a)显示的是和图 4-3 类似的局面，但黑棋 1 和 4 互换了位置，同样可以计算得到期望距离 R=15/6。

表 4-2 图 4-3 中黑棋的 r_i 和 p_i

黑棋编号	1	2	3	4
r_i	2	2	4	3
p_i	1/6	1/6	1/6	3/6

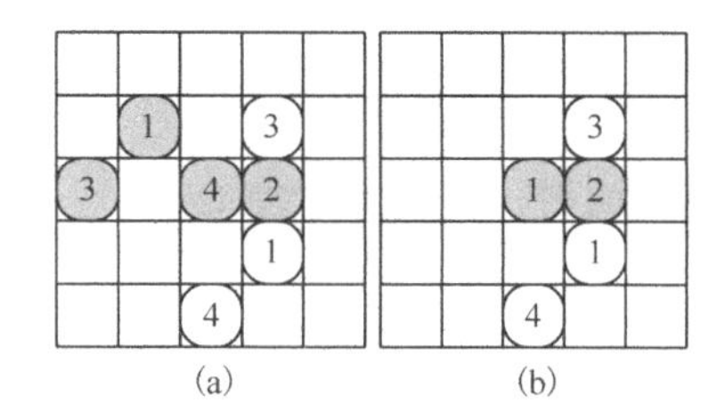

图 4-4 爱恩斯坦棋期望距离变化示例

被选中概率大的棋子距离对方角点位置更近则期望距离更小，若从期望距离角度考虑，则更容易获胜。图 4-4(b)与图 4-3 相比，少了黑棋 3 和 4，但计算得到 R=2，其期望距离要小于图 4-3 的，因此，在爱恩斯坦棋的对弈过程中，有时吃掉我方的棋子也是一种策略。

期望距离考虑了占领对方角点位置的赢棋方式。爱恩斯坦棋还有另外一种赢棋的方式，就是吃掉对方所有的棋子，同时，不同棋子的价值也略有不同，当某个棋子被吃掉后，编号为中间数字的棋子(简称为中间棋子)被选中的概率就会增大，因此，编号为中间数字的棋子的价值相对大些，编号为两边数字的棋子(简称为两边棋子)的价值相对小一些。

由于爱恩斯坦棋走动的棋子是由掷骰子确定的，因此，吃子也存在概率问题。在图 4-4(a)中，假设轮到黑棋下棋，针对白棋 1，当掷骰子得到 2、4、5 或 6 时，白棋 1 可以被吃掉，当掷骰子得到 1 和 3 时，无法吃掉白棋 1，因此，在吃子时也要考虑被吃的概率。下面以被对方吃掉作为判断标准，即受对方威胁的情况，估值可以通过以下公式进行计算：

$$T = \sum_{i=1}^{6} p_i \times v_i \tag{4-2}$$

式中，p_i 表示对方掷骰子得到某个数字的概率，v_i 表示棋子的价值，再考虑与对方角点位置距离越近的棋子对对方的威胁越大这一因素，因此，与对方角点位置距离相对较近的棋子的价值相对较大，而与对方角点位置距离相对较远的棋子的价值相对较小。

结合式(4-1)和式(4-2)可以得到爱恩斯坦棋的一种估值计算公式：

$$\text{value} = K_1 \times R + K_2 \times T \tag{4-3}$$

式中，K_1 和 K_2 为权重系数，R 为与对方角点位置的距离，T 为受对方威胁的估值，K_1 和 K_2 可以根据对局状态进行调整，例如，局面中我方棋子存在数量较少时需要注重棋子的价值，应尽量避免所有棋子被对方吃掉。

由于爱恩斯坦棋的开局布局是双方自行确定的，有些布局的胜率较高，而有些布局的胜率较低。图 4-5 是一些胜率较高的布局。

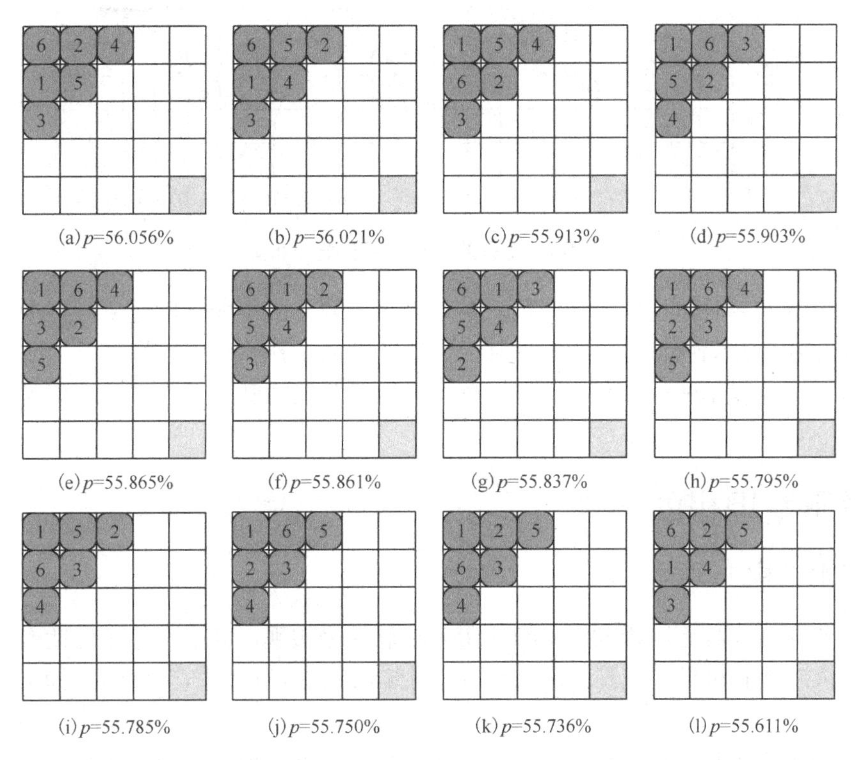

(a) p=56.056%　(b) p=56.021%　(c) p=55.913%　(d) p=55.903%
(e) p=55.865%　(f) p=55.861%　(g) p=55.837%　(h) p=55.795%
(i) p=55.785%　(j) p=55.750%　(k) p=55.736%　(l) p=55.611%

图 4-5　爱恩斯坦棋胜率较高的布局

图 4-6 是一些胜率较低的布局。

胜率较高的布局和胜率较低的布局存在着一些共同点，胜率较高的布局中角点位置一般是棋子 1 或 6，而胜率较低的布局中角点位置一般是棋子 3 或 4。角点位置的棋子在下棋过程中残留的概率相对较大，其他位置的棋子相对比较容易被吃掉。当中间棋子被吃掉后，两边棋子被选中的概率增大幅度比较大，而当两边棋子被吃掉后，中间棋子被选中的概率增大的幅度比较小，例如，当棋子 2、3、4 或 5 被吃掉后，棋子 1 被选中的概率是 5/6，棋子 6 被选中的概率也是 5/6，其原因是掷骰子得到 2、3、4 或 5 时既可以选择棋子 1 也可以选择棋子 6，这样大大增加了选择的灵活性。同样，当棋子 1、2、5 或 6 被吃掉后，棋子 3 和 4 被选中的概率是 3/6，选择的灵活性相对较小。

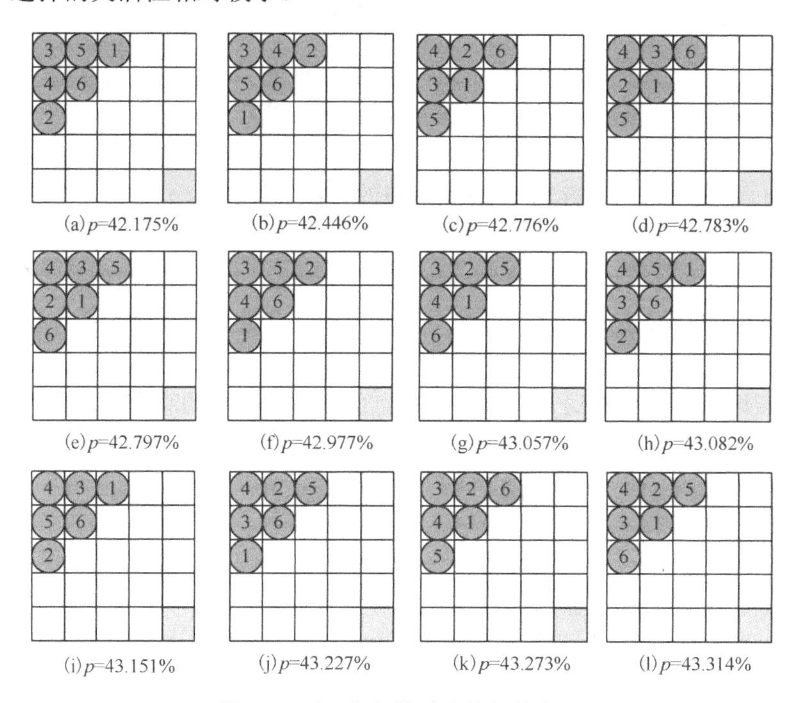

(a) p=42.175%　(b) p=42.446%　(c) p=42.776%　(d) p=42.783%

(e) p=42.797%　(f) p=42.977%　(g) p=43.057%　(h) p=43.082%

(i) p=43.151%　(j) p=43.227%　(k) p=43.273%　(l) p=43.314%

图 4-6　爱恩斯坦棋胜率较低的布局

在选择开局布局时，也要灵活应用。开局布局不要一成不变，以避免对方进行有针对性的布局，从而避免开局就将自己置于不利的境地。例如，开局时可以将棋子 1 或 6 随机地放在角点位置，其他棋子随机放置，这样，既可以保证开局的胜率，也可以避免对方有针对性的布局。

4.4　爱恩斯坦棋的实现

4.4.1　基本结构

爱恩斯坦棋对弈程序同样利用 Code::Blocks 软件来实现，其基本功能包括人人对战、人机对战、机人对战和机机对战等。各主要功能封装在 Einstein 类中，该类的基本结构如图 4-7 所示。

由于在爱恩斯坦棋的搜索过程中，第一层的可下位置是根据骰子点数来确定的，而其他层则根据期望极大极小算法进行搜索，因此，在生成可下位置时，分为两类：一类通过骰子点数确定可下位置，另一类根据期望极大极小算法生成可下位置。

这里使用两个不同的结构体处理可下位置，具体代码如下：

```
1  struct Position
2  {
3      short chess;
```

```
4        short x;
5        short y;
6    };
7
8    struct ChessMovePosition
9    {
10       short chess;
11       Position pFrom;
12       Position pTo;
13       short selectTimes;
14       double prob;
15   };
```

在上述结构体中，第一个结构体 Position 用于记录生成棋盘中棋子的情况，包含的变量 chess 用于记录具体棋子，第二个结构体 ChessMovePosition 用于生成可下位置，其中包含被选中次数变量 selectTimes 和被选中概率变量 prob，这个结构体是搜索算法的重要基础。

Einstein		
-	board[5][5]	: short
-	maxDepth	: short
-	playSide	: short
-	c	: double
+	EinStein ()	
+	init ()	: void
+	setChessByMouse (short board[5][5])	: void
+	getRandNum ()	: short
+	displayBoard ()	: void
+	drawBoard ()	: void
+	isRedWin (short board[5][5])	: bool
+	isBlueWin (short board[5][5])	: bool
+	genRedChessPositions (short board[5][5])	: vector<Position>
+	genBlueChessPositions (short board[5][5])	: vector<Position>
+	genRedDiceChessPosition (short board[5][5], short dice)	: vector<Position>
+	genBlueDiceChessPosition (short board[5][5], short dice)	: vector<Position>
+	genRedChessMovePositions (short board[5][5])	: vector<ChessMovePosition>
+	genBlueChessMovePositions (short board[5][5])	: vector<ChessMovePosition>
+	genRedDiceChessMovePositions (short board[5][5], short dice)	: vector<ChessMovePosition>
+	genBlueDiceChessMovePositions (short board[5][5], short dice)	: vector<ChessMovePosition>
+	value (short short board[5][5], int side)	: double
+	alphaBeta (int depth, double alpha, double beta, int side)	: double
+	getPositionByAlphaBeta (short side, short dice)	: ChessMovePosition
+	getPositionsByMouse ()	: ChessMovePosition
+	manVsMan ()	: void
+	manVsAlphaBeta ()	: void
+	alphaBetaVsMan ()	: void
+	alphaBetaVsAlphaBeta ()	: void

图 4-7　Einstein 类的基本结构

4.4.2　人人对战

人机对战主要解决通过鼠标下棋的问题，各部分在后续的人机对战、机人对战中都会有具体应用，例如，初始化棋盘、判断输赢和通过鼠标下棋等。

爱恩斯坦棋的初始化比较特殊，除了初始化一些变量、棋盘，最主要的是初始化棋盘中棋子的位置。爱恩斯坦棋棋子的位置是双方在开局时自行确定的，没有固定的布局，因此，本例的开局布局采用通过鼠标来确定初始棋子位置的方法。通过鼠标下棋函数如下：

```
1    void EinStein::setChessByMouse(short board[][5])
2    {
3        int x,y;
4        int xPos,yPos;
5        mouse_msg msg;
```

```
6	    short count = 1;
7	    while(true)
8	    {
9	        msg = getmouse();
10	        if(msg.is_left() && msg.is_down())
11	        {
12	            mousepos(&x,&y);
13	            xPos = (y - 88)/70.2;
14	            yPos = (x - 94)/70.2;
15	            if(count>=1 && count<=6 && (xPos + yPos)<=2 && (xPos + yPos) >=0 && \
16	              board[xPos][yPos] == EMPTY)
17	            {
18	                board[xPos][yPos] = count;
19	                count ++;
20	                drawBoard();
21	                if(count>6)
22	                {
23	                    count = -1;
24	                }
25	            }
26	            if(count>=-6 && count<=-1 && (xPos + yPos)>=6 && (xPos + yPos) <=8 && \
27	              board[xPos][yPos] == EMPTY)
28	            {
29	                board[xPos][yPos] = count;
30	                count --;
31	                drawBoard();
32	                if(count<-6)
33	                {
34	                    return;
35	                }
36	            }
37	        }
38	    }
39	}
```

在利用通过鼠标下棋函数进行布局时，使用了一个计数器变量 count 来处理具体的棋子，取值为 1~6 时处理红方棋子，取值为-1~-6 时处理蓝方棋子，count 的变化根据正确单击的位置确定。单击位置和棋盘数组之间的关系处理与第 2 章、第 3 章中的相同。这里在处理棋子位置时还使用了一个简单算法来确保单击在合理的位置上。以红方为例，利用二维数组的索引和来判断单击的位置是否正确。

鼠标的相关操作同样也使用了 EGE 库中的鼠标处理函数。若采用其他编程软件，只需要将与鼠标相关的内容更换为相应的内容即可。

除了初始化棋盘中棋子的位置，还需要初始化下棋过程的其他变量。初始化函数如下：

```
1	void EinStein::init()
2	{
3	    srand(time(0));
4	    int i;
5	    int j;
6	    for(i=0;i<5;i++)
7	    {
8	        for(j=0;j<5;j++)
9	        {
10	            board[i][j] = EMPTY;
11	        }
```

```
12      }
13      drawBoard();
14      playSide = REDSIDE;
15      maxDepth = 9;
16      c = 0.5;
17  }
```

爱恩斯坦棋走动的棋子是通过掷骰子来确定的。在正式比赛中使用的是真实的骰子。为了方便程序运行，本例中采用生成随机数的方法来获得骰子点数，从而确定走动的棋子。

骰子模拟函数如下：

```
1   short EinStein::getRandNum()
2   {
3       return rand()%6 + 1;
4   }
```

骰子模拟函数需要注意正确处理求余问题，随机数的取值范围是 1~6，采用 rand()%6+1 的作用就是确保生成的随机数在 1~6 之间。

具体下棋过程是通过鼠标来确定选中的棋子和将要下到的位置的，由于本例主要处理的是机器博弈部分的内容，因此在通过鼠标下棋时假设下棋位置是合法的。若需要判断下棋位置是否合法，只需要根据规则将相应的代码补上即可。

获得下棋位置函数如下：

```
1   ChessMovePosition EinStein::getPositionsByMouse()
2   {
3       ChessMovePosition pos;
4       int x,y;
5       int xPos,yPos;
6       mouse_msg msg;
7       int moveCount = 0;
8       flushmouse();
9       while(true)
10      {
11          msg = getmouse();
12          if(msg.is_left() && msg.is_down())
13          {
14              mousepos(&x,&y);
15              yPos = (x - 94) / 70.2;
16              xPos = (y - 88) / 70.2;
17              if(moveCount == 0)
18              {
19                  pos.chess = board[xPos][yPos];
20                  pos.pFrom.x = xPos;
21                  pos.pFrom.y = yPos;
22                  pos.selectTimes = 1;
23                  moveCount++;
24                  continue;
25              }
26              if(moveCount == 1)
27              {
28                  pos.pTo.x = xPos;
29                  pos.pTo.y = yPos;
30                  break;
31              }
32          }
33      }
```

```
34        flushmouse();
35        return pos;
36  }
```

通过鼠标获得下棋位置时，记录下棋位置使用的是 ChessMovePosition 结构体，该结构体既包含被选中棋子的位置，也包含该棋子将要下到的位置，同时，通过计数器变量 moveCount 来确定是被选中棋子的位置还是将要下到的位置，图形界面中的位置也需要转换成棋盘数组中对应的索引值，上述代码第 15 行和第 16 行完成相应的转换。

在下棋过程中还需要处理双方的输赢问题。爱恩斯坦棋的输赢判断包含两种方式，一种是判断棋盘角点位置是否被占领，另一种是判断一方的棋子是否被全部吃掉。双方输赢的判断通过各自的函数完成。红方判断输赢函数如下：

```
1   bool EinStein::isRedWin(short board[5][5])
2   {
3       if(board[4][4]>0)
4       {
5           return true;
6       }
7       int i,j;
8       for(i=0;i<5;i++)
9       {
10          for(j=0;j<5;j++)
11          {
12              if(board[i][j]<0)
13              {
14                  return false;
15              }
16          }
17      }
18      return true;;
19  }
```

上述代码第 3~6 行判断是否占领蓝方角点位置，第 8~17 行判断棋盘上是否存在蓝方的棋子。

蓝方判断输赢的方法与红方判断输赢的方法相似。蓝方判断输赢函数如下：

```
1   bool EinStein::isBlueWin(short board[5][5])
2   {
3       if(board[0][0]<0)
4       {
5           return true;
6       }
7       int i,j;
8       for(i=0;i<5;i++)
9       {
10          for(j=0;j<5;j++)
11          {
12              if(board[i][j]>0)
13              {
14                  return false;
15              }
16          }
17      }
18      return true;;
19  }
```

下棋状态显示由两部分组成：通过控制台显示棋盘和通过图形界面显示棋盘。通过控制台显示棋盘方便检查棋盘数组的数据，通过图形界面显示棋盘方便下棋。

通过控制台显示棋盘的代码如下：

```
1   void EinStein::displayBoard()
2   {
3       int i,j;
4       for(i=0;i<5;i++)
5       {
6           for(j=0;j<5;j++)
7           {
8   
9               printf("%3d",board[i][j]);
10          }
11          printf("\n");
12      }
13      printf("\n");
14  }
```

通过图形界面显示棋盘的代码如下：

```
1   void EinStein::drawBoard()
2   {
3       cleardevice();
4       PIMAGE imgBoard = newimage();
5       getimage(imgBoard,"Einsteinboard.jpg");
6       putimage(0,0,imgBoard);
7       rectangle(94,88,445,439);//下棋区域
8       setfont(71,42,"Consolas");
9       setbkmode(TRANSPARENT);
10      int i,j;
11      char ch[1];
12      for(i=0;i<5;i++)
13      {
14          for(j=0;j<5;j++)
15          {
16              if(board[i][j]>0)
17              {
18                  itoa(board[i][j],ch,10);
19                  setcolor(RED);
20                  outtextxy(108 + j * 70.2, 88 + i * 70.2,ch);
21                  continue;
22              }
23              if(board[i][j]<0)
24              {
25                  itoa(-board[i][j],ch,10);
26                  setcolor(BLUE);
27                  outtextxy(108 + j * 70.2, 88 + i * 70.2,ch);
28                  continue;
29              }
30          }
31      }
32      setrendermode(RENDER_AUTO);
33  }
```

通过图形界面显示棋盘时，棋盘背景采用贴图方式，使用的图片可以自己制作或从网上下载。棋子显示使用输出棋子编号的方式，双方的棋子通过输出字符的颜色不同进行区分，字符所在的位置由棋子在棋盘数组中的索引确定。

通过以上各个函数，就可以实现人人对战的功能，它们也可用于实现人机对战和机人对战的功能。

人人对战流程图如图 4-8 所示。

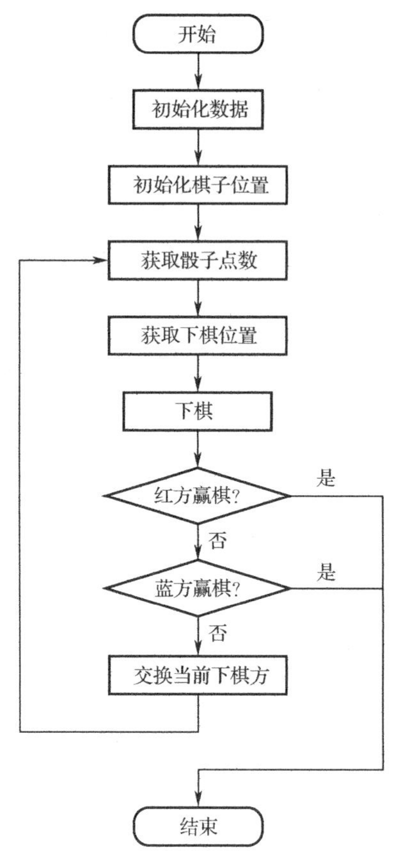

图 4-8　人人对战流程图

人人对战函数如下：

```
1   void EinStein::manVsMan()
2   {
3       init();
4       setChessByMouse(board);
5       flushmouse();
6       short dice;
7       drawBoard();
8       while(true)
9       {
10          dice = getRandNum();
11          printf("Dice num = %d\n",dice);
12          ChessMovePosition pos = getPositionsByMouse();
13          flushmouse();
14          board[pos.pFrom.x][pos.pFrom.y] = EMPTY;
15          board[pos.pTo.x][pos.pTo.y] = pos.chess;
16          drawBoard();
17          if(playSide == REDSIDE && isRedWin(board))
18          {
19              printf("Red Win!\n");
```

```
20            break;
21        }
22        if(playSide == BLUESIDE && isBlueWin(board))
23        {
24            printf("Blue Win!\n");
25            break;
26        }
27        playSide = -playSide;
28    }
29 }
```

通过人人对战函数可以方便地实现判断输赢、通过鼠标获取落子位置、显示棋盘状态等功能。

4.4.3 人机对战与机人对战

人机对战或机人对战主要完成计算机下棋部分，计算机下棋主要由三部分组成：生成可下位置、估值和搜索最佳落子位置。

1. 生成可下位置

生成可下位置包含以下内容：

① 找到下棋方的所有棋子，并将棋子编号和棋子位置一起信息存放到对应的棋子向量(vector)中。

② 对在第①步中得到的棋子向量按棋子编号进行排序，排序后的向量更易于计算棋子被选中的概率。

③ 以第②步获得的排序后的棋子向量为基础生成所有可下位置向量。

由于爱恩斯坦棋搜索第一层是根据骰子点数来确定可下位置的，因此需将第一层的生成算法与其他层的生成算法分开。与生成可下位置相关的各个函数名称和功能见表 4-3。

表 4-3 生成可下位置相关函数功能表

函 数 名 称	函 数 功 能
vector<Position> genRedChessPositions()	生成红方棋子位置，即找到并保存红方所有棋子及其当前位置
vector<Position> genBlueChessPositions()	生成蓝方棋子位置，即找到并保存蓝方所有棋子及其当前位置
vector<ChessMovePosition> genRedChessMovePositions()	生成红方可下位置，即根据棋子当前位置生成全部可下位置
vector<ChessMovePosition> genBlueChessMovePositions()	生成蓝方可下位置，即根据棋子当前位置生成全部可下位置
vector<Position> genRedDiceChessPosition()	根据骰子点数生成红方棋子位置，即根据骰子点数获取红方所有可以走动的棋子及其当前位置
vector<Position> genBlueDiceChessPosition()	根据骰子点数生成蓝方棋子位置，即根据骰子点数获取蓝方所有可以走动的棋子及其当前位置
vector<ChessMovePosition> genRedDiceChessMovePositions()	生成红方落子位置，由根据骰子点数生成的红方棋子位置确定落子位置
vector<ChessMovePosition> genBlueDiceChessMovePositions()	生成蓝方落子位置，由根据骰子点数生成的蓝方棋子位置确定落子位置

要生成红方棋子位置或蓝方棋子位置，需要先遍历棋盘，然后根据棋盘数组中棋子的值来判断是否要加入相应的向量。

生成红方棋子位置函数如下：

```
1   vector<Position> EinStein::genRedChessPositions(short board[5][5])
2   {
3       int i;
4       int j;
5       vector<Position> vecChess;
6       Position pos;
7       for(i=0;i<5;i++)
8       {
9           for(j=0;j<5;j++)
10          {
11              if(board[i][j]>0)
12              {
13                  pos.x = i;
14                  pos.y = j;
15                  pos.chess = board[i][j];
16                  vecChess.push_back(pos);
17              }
18          }
19      }
20      sort(vecChess.begin(),vecChess.end(),sortByChess);//按棋子编号排序
21      return vecChess;
22  }
```

在生成红方棋子位置时，需要判断棋盘数组中的值是否大于 0，若大于 0，则表示该位置是红方的，否则不是红方的。棋子向量将记录红方棋子及其位置。

蓝方棋子位置的生成方法和红方类似，不同之处是，蓝方用棋盘数组中的值是否小于 0 来进行判断。生成蓝方棋子位置函数如下：

```
1   vector<Position> EinStein::genBlueChessPositions(short board[5][5])
2   {
3       int i;
4       int j;
5       vector<Position> vecChess;
6       Position pos;
7       for(i=0;i<5;i++)
8       {
9           for(j=0;j<5;j++)
10          {
11              if(board[i][j]<0)
12              {
13                  pos.x = i;
14                  pos.y = j;
15                  pos.chess = board[i][j];
16                  vecChess.push_back(pos);
17              }
18          }
19      }
20      sort(vecChess.begin(),vecChess.end(),sortByChess);//按棋子编号排序
21      return vecChess;
22  }
```

无论是红方还是蓝方，在生成棋子位置之后都需要进行排序。经过排序的位置更易于计算棋子被选中的概率。排序采用 C++库函数 sort()，其原型如下：

```
void sort (RandomAccessIterator first, RandomAccessIterator last, Compare comp);
```

该函数的第三个参数用于确定排序的方式，即按升序还是降序排序。本例使用的是升序排序。

确定排序方式函数如下：

```
1  bool sortByChess(Position chessNum1,Position chessNum2) //全局函数
2  {
3      return chessNum1.chess<chessNum2.chess;
4  }
```

该函数是一个独立的函数，不是 Einstein 类的成员函数，因此，需要在类的外部进行声明，并在类的外部实现。

以棋子位置为基础可以生成可下位置。爱恩斯坦棋下棋只可以沿三个方向进行，如图 4-9 所示。

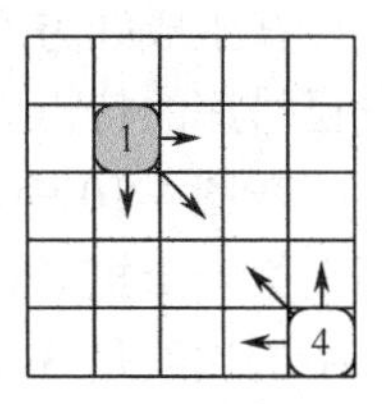

图 4-9　爱恩斯坦棋下棋方向

爱恩斯坦棋在下棋过程中既可以吃掉对方的棋子，也可以吃掉我方的棋子，因此在生成可下位置时不需要考虑目标位置的状况，只要在棋盘内就行。

红方生成可下位置函数如下：

```
1  vector<ChessMovePosition> EinStein::genRedChessMovePositions(short board[5][5])
2  {
3      int i;
4      vector<Position> chessPositions = genRedChessPositions(board);
5      vector<int> selectTimes;//计算可下位置被选中的次数
6      ChessMovePosition pos;
7      vector<ChessMovePosition> vecChessMovePositions;
8      int sc;
9      sc = chessPositions[1].chess - 1; //第一个位置
10     selectTimes.push_back(sc);
11     for(i=1;i<(int)chessPositions.size()-1;i++)
12     {
13         sc = chessPositions[i+1].chess - chessPositions[i-1].chess - 1;
14         selectTimes.push_back(sc);
15     }
16     sc = 6 - chessPositions[chessPositions.size()-2].chess; //最后一个位置
17     selectTimes.push_back(sc);
18     for(i=0;i<(int)chessPositions.size();i++)
19     {
20         pos.chess = chessPositions[i].chess;
21         pos.pFrom.x = chessPositions[i].x;
22         pos.pFrom.y = chessPositions[i].y;
23         pos.selectTimes = selectTimes[i];
24         pos.prob = selectTimes[i] / 6.0;
25         if(pos.pFrom.x+1 < 5)
26         {
27             pos.pTo.x = pos.pFrom.x + 1;
28             pos.pTo.y = pos.pFrom.y;
29             vecChessMovePositions.push_back(pos);
30         }
31         if(pos.pFrom.y+1 <5)
32         {
33             pos.pTo.x = pos.pFrom.x;
34             pos.pTo.y = pos.pFrom.y + 1;
35             vecChessMovePositions.push_back(pos);
36         }
37         if(pos.pFrom.x+1 < 5 && pos.pFrom.y+1 <5)
38         {
39             pos.pTo.x = pos.pFrom.x + 1;
40             pos.pTo.y = pos.pFrom.y + 1;
41             vecChessMovePositions.push_back(pos);
```

```
42             }
43         }
44         return vecChessMovePositions;
45 }
```

在生成红方可下位置时，直接计算每个棋子被选中的次数，在计算过程中利用了棋子向量已排序的特点。

在图 4-10 中，上一行是红方棋子的编号，下一行是该棋子在生成的棋子向量中的位置号，那么第一个棋子(位置号为 0)被选中的次数是第二个棋子的编号减 1，图中编号为 2 的棋子被选中的次数是 3−1=2；最后一个棋子被选中的次数是 6 减去倒数第二个棋子的编号，图中编号为 6 的棋子可能被选中的次数是 6−5=1；其他棋子被选中的次数是该棋子后面棋子的编号减去其前面一个棋子的编号再减 1，图中棋子编号为 3 的棋子被选中的次数为 5−2−1=2。

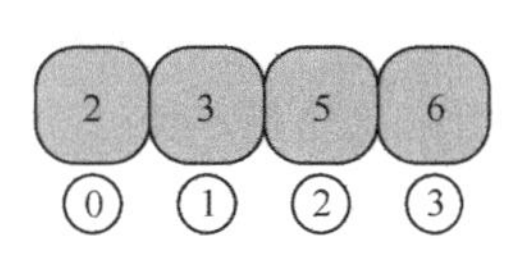

图 4-10　红方棋子编号及其位置号

上述代码第 9~17 行处理棋子向量中棋子被选中的次数，并存入专门用于计算的向量中。第 18 行根据每个棋子的位置按三个不同方向处理棋子对应的可下位置，并确保其不越界。

生成蓝方可下位置函数与红方类似，代码如下：

```
1  vector<ChessMovePosition>EinStein::genBlueChessMovePositions(short board[5][5])
2  {
3      int i;
4      vector<Position> chessPositions = genBlueChessPositions(board);
5      vector<int> selectTimes;//计算可下位置被选中的次数
6      ChessMovePosition pos;
7      vector<ChessMovePosition> vecChessMovePositions;
8      int sc;
9      sc = 6 + chessPositions[1].chess; //第一个位置
10     selectTimes.push_back(sc);
11     for(i=1;i<(int)chessPositions.size()-1;i++)
12     {
13         sc = chessPositions[i+1].chess - chessPositions[i-1].chess - 1;
14         selectTimes.push_back(sc);
15     }
16     sc = -chessPositions[chessPositions.size()-2].chess - 1; //最后一个位置
17     selectTimes.push_back(sc);
18     for(i=0;i<(int)chessPositions.size();i++)
19     {
20         pos.chess = chessPositions[i].chess;
21         pos.pFrom.x = chessPositions[i].x;
22         pos.pFrom.y = chessPositions[i].y;
23         pos.selectTimes = selectTimes[i];
24         pos.prob = selectTimes[i] / 6.0;
25         if(pos.pFrom.x-1 >=0)
26         {
27             pos.pTo.x = pos.pFrom.x - 1;
28             pos.pTo.y = pos.pFrom.y;
29             vecChessMovePositions.push_back(pos);
30         }
31         if(pos.pFrom.y-1 >=0)
32         {
33             pos.pTo.x = pos.pFrom.x;
34             pos.pTo.y = pos.pFrom.y - 1;
35             vecChessMovePositions.push_back(pos);
```

```
36            }
37            if(pos.pFrom.x-1 >= 0 && pos.pFrom.y-1 >= 0)
38            {
39                pos.pTo.x = pos.pFrom.x - 1;
40                pos.pTo.y = pos.pFrom.y - 1;
41                vecChessMovePositions.push_back(pos);
42            }
43        }
44        return vecChessMovePositions;
45    }
```

在生成蓝方可下位置时，同样需要计算蓝方棋子被选中的次数。本例中红方棋子编号是1~6，蓝方棋子编号是−6~−1，因此，在计算棋子被选中的次数时略有不同。图4-11显示的是棋子的编号及其在生成的棋子向量中的位置号。

蓝方第一个棋子（位置号为0）被选中的次数的计算方法是6加上第二个棋子的编号，图4-11中编号为−6的棋子被选中的次数是6+(−4)=2；最后一个棋子被选中的次数是倒数第二个棋子的编号取绝对值后减1，图4-11中编号为−2的棋子被选中的次数是3−1=2，即编号为−2的棋子可能被选中的次数为2，其他位置被选中次数的计算方法和红方的计算方法相同。

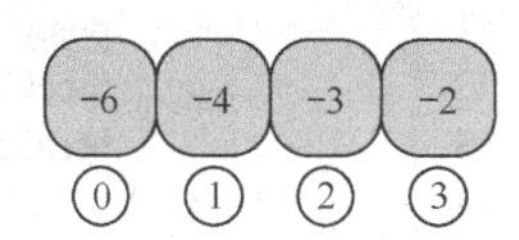

图4-11　蓝方棋子的编号及其位置号

在搜索过程中第一层可行走法的处理过程与其他层有所不同。第一层的可下位置是通过掷骰子确定的。生成第一层可下位置的基本过程如下：

1)找到所有下棋方的棋子位置(和其他层的处理方法相同)。

2)根据下棋方的棋子确定可以走动的棋子的目标位置，即生成可下位置。

3)根据可以走动的棋子确定可以选择的走法，即生成落子位置。

根据骰子点数生成红方棋子位置函数如下：

```
1    vector<Position> EinStein::genRedDiceChessPosition(short board[5][5],short dice)
2    {
3        int i;
4        Position pos;
5        vector<Position> vecChessPos = genRedChessPositions(board);
6        vector<Position> diceChessPos;
7        if(dice<=vecChessPos[0].chess)//比较第一个数据
8        {
9            pos.chess = vecChessPos[0].chess;
10           pos.x = vecChessPos[0].x;
11           pos.y = vecChessPos[0].y;
12           diceChessPos.push_back(pos);
13           return diceChessPos;
14       }
15       if(dice>=vecChessPos[vecChessPos.size()-1].chess)//比较最后一个数据
16       {
17           pos.chess = vecChessPos[vecChessPos.size()-1].chess;
18           pos.x = vecChessPos[vecChessPos.size()-1].x;
19           pos.y = vecChessPos[vecChessPos.size()-1].y;
20           diceChessPos.push_back(pos);
21           return diceChessPos;
22       }
23       for(i=1;i<(int)vecChessPos.size()-1;i++)
24       {
25           if(dice == vecChessPos[i].chess)
```

```
26      {
27          pos.chess = vecChessPos[i].chess;
28          pos.x = vecChessPos[i].x;
29          pos.y = vecChessPos[i].y;
30          diceChessPos.push_back(pos);
31          break;
32      }
33      if(dice>vecChessPos[i].chess && dice<vecChessPos[i+1].chess)
34      {
35          pos.chess = vecChessPos[i].chess;
36          pos.x = vecChessPos[i].x;
37          pos.y = vecChessPos[i].y;
38          diceChessPos.push_back(pos);
39          pos.chess = vecChessPos[i+1].chess;
40          pos.x = vecChessPos[i+1].x;
41          pos.y = vecChessPos[i+1].y;
42          diceChessPos.push_back(pos);
43          break;
44      }
45  }
46  return diceChessPos;
47 }
```

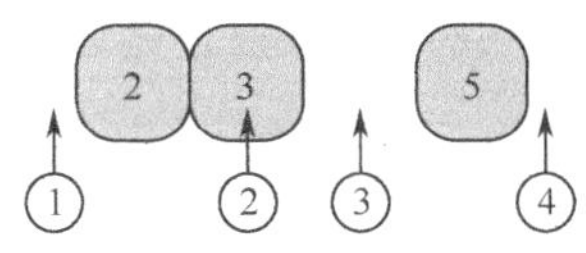

图 4-12　根据骰子点数确定红方棋子位置

上述函数的参数包含掷骰子所得到的点数，用于确定可以走动的棋子位置。上述代码第 6 行生成所有可以走动的棋子向量，即生成可下位置，后续落子位置将从该向量中查找，查找的方法如图 4-12 所示。

根据骰子点数确定红方可以走动的棋子位置的过程分以下 4 种情况：

① 得到的骰子点数小于或等于棋子向量中第一个棋子的编号，此时直接选择第一个棋子作为可以走动的棋子，例如，骰子点数小于或等于 2，则选择编号为 2 的棋子，如图 4-12 中的情况①。

② 得到的骰子点数等于棋子向量中某个棋子，此时只需要选择该棋子作为可以走动的棋子，例如，骰子点数为 3，则选择编号为 3 的棋子，如图 4-12 中的情况②。

③ 得到的骰子点数介于棋子向量中两个相邻的棋子编号之间，此时两个相邻的棋子均可作为可以走动的棋子，例如，骰子点数为 4，则选择编号为 3 或 5 的棋子，如图 4-12 中的情况③。

④ 得到的骰子点数大于或等于棋子向量中最后一个棋子的编号，此时选择最后一个棋子作为可以走动的棋子，例如，骰子点数大于或等于 5，则选择编号为 5 的棋子，如图 4-12 中的情况④。

上述代码第 7~14 行处理第①种情况，第 15~22 行处理第④种情况，第 23~45 行处理第②、③种情况。

根据骰子点数生成蓝方棋子位置函数如下：

```
1 vector<Position> EinStein::genBlueDiceChessPosition(short board[5][5],short dice)
2 {
3     //蓝色棋子编号为负
4     int i;
5     Position pos;
6     vector<Position> vecChessPos = genBlueChessPositions(board);
```

```
7        vector<Position> diceChessPos;
8        if(dice>=abs(vecChessPos[0].chess))//比较第一个数据
9        {
10           pos.chess = vecChessPos[0].chess;
11           pos.x = vecChessPos[0].x;
12           pos.y = vecChessPos[0].y;
13           diceChessPos.push_back(pos);
14           return diceChessPos;
15       }
16       if(dice<=abs(vecChessPos[vecChessPos.size()-1].chess))//比较最后一个数据
17       {
18           pos.chess = vecChessPos[vecChessPos.size()-1].chess;
19           pos.x = vecChessPos[vecChessPos.size()-1].x;
20           pos.y = vecChessPos[vecChessPos.size()-1].y;
21           diceChessPos.push_back(pos);
22           return diceChessPos;
23       }
24       for(i=1;i<(int)vecChessPos.size()-1;i++)
25       {
26           if(dice == abs(vecChessPos[i].chess))
27           {
28               pos.chess = vecChessPos[i].chess;
29               pos.x = vecChessPos[i].x;
30               pos.y = vecChessPos[i].y;
31               diceChessPos.push_back(pos);
32               break;
33           }
34           if(dice<abs(vecChessPos[i].chess) && dice>abs(vecChessPos[i+1].chess))
35           {
36               pos.chess = vecChessPos[i].chess;
37               pos.x = vecChessPos[i].x;
38               pos.y = vecChessPos[i].y;
39               diceChessPos.push_back(pos);
40               pos.chess = vecChessPos[i+1].chess;
41               pos.x = vecChessPos[i+1].x;
42               pos.y = vecChessPos[i+1].y;
43               diceChessPos.push_back(pos);
44               break;
45           }
46       }
47       return diceChessPos;
48   }
```

由于蓝方棋子的编号是用负值表示的，因此，其方法与红方略有不同。蓝方确定落子位置的方法可以参考图 4-13。

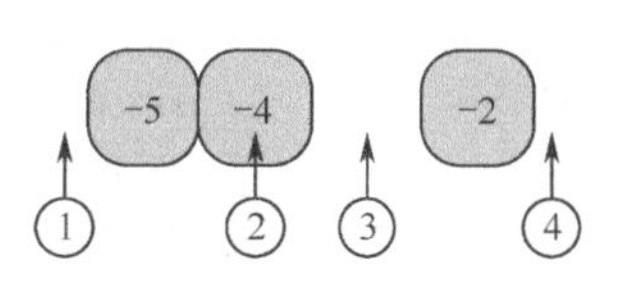

图 4-13　根据骰子点数确定蓝方棋子位置

根据骰子点数确定蓝方可以走动的棋子位置的过程也分 4 种情况：

① 得到的骰子点数大于或等于棋子向量中第一个棋子编号的绝对值，此时选择第一个棋子作为可以走动的棋子，例如，骰子点数大于或等于 5，则选择编号为−5 的棋子，如图 4-13 中的情况①。

② 得到的骰子点数等于棋子向量中某个棋子编号的绝对值，此时只需要选择该棋子作为可以走动的棋子即可，例如，骰子点数为 4，则选择编号为−4 的棋子，如图 4-13 中的情况②。

③ 得到的骰子点数介于棋子向量中两个相邻的棋子编号的绝对值之间，此时两个相邻的棋子均可作为可以走动的棋子，例如，骰子点数为 3，则选择编号为−2 或−4 的棋子，如图 4-13

中的情况③。

④ 得到的骰子点数小于或等于棋子向量中最后一个棋子编号的绝对值，此时选择最后一个棋子作为可以走动的棋子，例如，骰子点数小于或等于 2，则选择编号为-2 的棋子，如图 4-13 中的情况④。

上述代码第 8~15 行处理第①种情况，第 16~23 行处理第④种情况，第 24~46 行处理第②、③种情况。

在确定可以走动的棋子之后，就可以确定具体走法了，可选的下棋方向如图 4-9 所示，红蓝双方分别根据规则按三个方向在边界内查找可行的走法，即生成落子位置。

生成红方落子位置函数如下：

```
1   vector<ChessMovePosition> EinStein::genRedDiceChessMovePositions(short board[5][5], short dice)
2   {
3       vector<ChessMovePosition> vecMovePositions;
4       vector<Position> vecPositions = genRedDiceChessPosition(board,dice);
5       ChessMovePosition pos;
6       int i;
7       int x,y,chess;
8
9       for(i=0;i<(int)vecPositions.size();i++)
10      {
11          x = vecPositions[i].x;
12          y = vecPositions[i].y;
13          chess = vecPositions[i].chess;
14          if(x+1<5)//x 方向
15          {
16              pos.pFrom.x = x;
17              pos.pFrom.y = y;
18              pos.pTo.x = x + 1;
19              pos.pTo.y = y;
20              pos.chess = chess;
21              pos.selectTimes = 1;
22              pos.prob = 1.0;
23              vecMovePositions.push_back(pos);
24          }
25          if(y+1<5)//y 方向
26          {
27              pos.pFrom.x = x;
28              pos.pFrom.y = y;
29              pos.pTo.x = x;
30              pos.pTo.y = y + 1;
31              pos.chess = chess;
32              pos.selectTimes = 1;
33              pos.prob = 1.0;
34              vecMovePositions.push_back(pos);
35          }
36          if(x+1<5 && y+1<5)//x 和 y 方向
37          {
38              pos.pFrom.x = x;
39              pos.pFrom.y = y;
40              pos.pTo.x = x + 1;
41              pos.pTo.y = y + 1;
42              pos.chess = chess;
43              pos.selectTimes = 1;
44              pos.prob = 1.0;
```

```
45                  vecMovePositions.push_back(pos);
46              }
47          }
48          return vecMovePositions;
49  }
```

蓝方确定可行走法的过程与红方相似，生成蓝方落子位置函数如下：

```
1   vector<ChessMovePosition> EinStein::genBlueDiceChessMovePositions(short board[5][5], short dice)
2   {
3       vector<ChessMovePosition> vecMovePositions;
4       vector<Position> vecPositions = genBlueDiceChessPosition(board,dice);
5       ChessMovePosition pos;
6       int i;
7       int x,y,chess;
8   
9       for(i=0;i<(int)vecPositions.size();i++)
10      {
11          x = vecPositions[i].x;
12          y = vecPositions[i].y;
13          chess = vecPositions[i].chess;
14          if(x-1>=0)
15          {
16              pos.pFrom.x = x;
17              pos.pFrom.y = y;
18              pos.pTo.x = x - 1;
19              pos.pTo.y = y;
20              pos.chess = chess;
21              pos.selectTimes = 1;
22              pos.prob = 1.0;
23              vecMovePositions.push_back(pos);
24          }
25          if(y-1>=0)
26          {
27              pos.pFrom.x = x;
28              pos.pFrom.y = y;
29              pos.pTo.x = x;
30              pos.pTo.y = y - 1;
31              pos.chess = chess;
32              pos.selectTimes = 1;
33              pos.prob = 1.0;
34              vecMovePositions.push_back(pos);
35          }
36          if(x-1>=0 && y-1>=0)
37          {
38              pos.pFrom.x = x;
39              pos.pFrom.y = y;
40              pos.pTo.x = x - 1;
41              pos.pTo.y = y - 1;
42              pos.chess = chess;
43              pos.selectTimes = 1;
44              pos.prob = 1.0;
45              vecMovePositions.push_back(pos);
46          }
47      }
48      return vecMovePositions;
49  }
```

2. 估值

在计算机博弈算法中，估值，即对局面的评估，也是非常重要的内容。本例采用 4.3 节中描述的估值算法，该算法比较简单且易于实现。在实现该算法的过程中，首先构造与红方棋子和蓝方棋子分别对应的估值，其估值初始数据分别存放在对应的数组中。定义的估值数组如下：

```
1  const short rValueOfRed[5][5] =
2      {{4,4,4,4,4},{4,3,3,3,3},{4,3,2,2,2},{4,3,2,1,1},{4,3,2,1,0}};
3  const short rValueOgBlue[5][5] =
4      {{0,1,2,3,4},{1,1,2,3,4},{2,2,2,3,4},{3,3,3,3,4},{4,4,4,4,4}};
5  const short tValueOfRed[5][5] =
6      {{2,4,4,6,6},{4,8,8,8,10},{4,8,10,10,15},{6,8,10,20,20},{6,10,15,20,100}};
7  const short tValueOgBlue[5][5] =
8      {{100,20,15,10,6},{20,20,10,8,6},{15,10,10,8,4},{10,8,8,8,4},{6,6,4,4,2}};
```

上述代码分别对应的是红方、蓝方棋子与对方角点位置的距离，以及红方、蓝方棋子在不同位置的估值。估值函数的计算方法也比较简单，主要根据双方棋子所在的位置进行计算。

估值函数如下：

```
1  double EinStein::value(short board[5][5],short side)
2  {
3      int i,j;
4      double value;
5      double rValue,tValue;
6      double redRValue = 0.0;
7      double redTValue = 0.0;
8      double blueRValue = 0.0;
9      double blueTValue = 0.0;
10     for(i=0;i<5;i++)
11     {
12         for(j=0;j<5;j++)
13         {
14             if(board[i][j]>0)
15             {
16                 redRValue += rValueOfRed[i][j];
17                 redTValue += tValueOfRed[i][j];
18                 continue;
19             }
20             if(board[i][j]<0)
21             {
22                 blueRValue += rValueOgBlue[i][j];
23                 blueTValue += tValueOgBlue[i][j];
24             }
25         }
26     }
27     rValue = blueRValue - redRValue;
28     tValue = redTValue - blueTValue;
29     value = c * rValue + (1 - c) * tValue;
30     if(side == REDSIDE)
31     {
32         return value;
33     }
34     return -value;
35 }
```

在计算估值时使用了参数 c，该参数可以用于调整距离估值和棋子位置估值的权重。有一些学者对爱恩斯坦棋的估值进行了不少的研究[17]，对估值的计算提出了不少的方法，在软件的设计中也可以根据情况加入。

3．搜索最佳落子位置

以双方可下位置生成算法和估值函数为基础，结合搜索算法就可以完成基本的计算机博弈算法。本例的搜索算法是极大极小算法的变种，分为两部分：一部分是第一层的搜索，另一部分是其他层的搜索。第一层的搜索根据骰子点数确定可以走动的棋子和可行的走法，其代码如下：

```
1   ChessMovePosition EinStein::getPositionByAlphaBeta(short side,short dice)
2   {
3       int i;
4       double val;
5       double alpha = -1000.0;
6       double beta = 1000.0;
7       short chess;
8       ChessMovePosition pos;
9       vector<ChessMovePosition> vecDicePositions;
10
11      if(side == REDSIDE)
12      {
13          vecDicePositions = genRedDiceChessMovePositions(board,dice);
14      }
15      else
16      {
17          vecDicePositions = genBlueDiceChessMovePositions(board,dice);
18      }
19
20      for(i=0;i<(int)vecDicePositions.size();i++)
21      {   //下棋
22          chess = board[vecDicePositions[i].pTo.x][vecDicePositions[i].pTo.y];
23          board[vecDicePositions[i].pFrom.x][vecDicePositions[i].pFrom.y] = EMPTY;
24          board[vecDicePositions[i].pTo.x][vecDicePositions[i].pTo.y] = vecDicePositions[i].chess;
25          val = -alphaBeta(maxDepth-1,-beta,-alpha,-side);//还原棋盘
26          board[vecDicePositions[i].pFrom.x][vecDicePositions[i].pFrom.y] = vecDicePositions[i].chess;
27          board[vecDicePositions[i].pTo.x][vecDicePositions[i].pTo.y] = chess;
28
29          if(val>alpha)
30          {
31              alpha = val;
32              pos.pFrom.x = vecDicePositions[i].pFrom.x;
33              pos.pFrom.y = vecDicePositions[i].pFrom.y;
34              pos.pTo.x = vecDicePositions[i].pTo.x;
35              pos.pTo.y = vecDicePositions[i].pTo.y;
36              pos.chess = vecDicePositions[i].chess;
37              pos.selectTimes = vecDicePositions[i].selectTimes;
38              pos.prob = vecDicePositions[i].prob;
39          }
40      }
```

```
41         return pos;
42     }
```

第一层的搜索算法和第 3 章的 Alpha-Beta 算法相似，但可行走法是根据骰子点数来确定的，同时，该层搜索是极大搜索，因此，当获得最佳落子位置时，将记录最佳落子位置，并在完成搜索时返回最佳落子位置。

其他层的搜索采用期望极大极小算法，类似于 Alpha-Beta 算法，其代码如下：

```
1   double EinStein::alphaBeta(short depth,double alpha,double beta,short side)
2   {
3       int i;
4       short chess;
5       double val;
6       vector<ChessMovePosition> vecPositions = genBlueChessMovePositions(board);
7       if(depth==0 || isRedWin(board)||isBlueWin(board))
8       {
9           return value(board,side);
10      }
11      for(i=0;i<(int)vecPositions.size();i++)
12      {//下棋
13          chess = board[vecPositions[i].pTo.x][vecPositions[i].pTo.y];
14          board[vecPositions[i].pFrom.x][vecPositions[i].pFrom.y] = EMPTY;
15          board[vecPositions[i].pTo.x][vecPositions[i].pTo.y] = vecPositions[i].chess;
16          val = - vecPositions[i].prob * alphaBeta(depth-1,-beta,-alpha,-side);
17          //还原棋盘
18          board[vecPositions[i].pFrom.x][vecPositions[i].pFrom.y] =
19          vecPositions[i].chess;
20          board[vecPositions[i].pTo.x][vecPositions[i].pTo.y] = chess;
21          if(val>=beta)
22          {
23              return beta;
24          }
25          if(val>alpha)
26          {
27              alpha = val;
28          }
29      }
30      return alpha;
31  }
```

上述搜索算法与 Alpha-Beta 算法的代码基本相同，但在返回估值时考虑了当前走法的概率。

将第一层搜索和其他层搜索算法相结合，最终获得落子位置。在第 3 章中，使用 Alpha-Beta 算法是通过一个函数来实现的，虽然使用时比较简单，但记录最佳落子位置的次数比较多，在极大层进行评估时，若获得最佳落子位置，就会将该位置记录下来。爱恩斯坦棋的搜索算法虽然多了一个函数，而只在第一层记录最佳落子位置，因此，记录的过程大大减少。若考虑提高计算效率，亚马逊棋的搜索算法也可以参考爱恩斯坦棋的搜索算法进行修改。

完成了生成可下位置、估值、搜索最佳落子位置之后，结合人人对战一节的通过鼠标下棋就可以实现人机对战、机人对战和机机对战等功能。

人机对战流程图如图 4-14 所示。

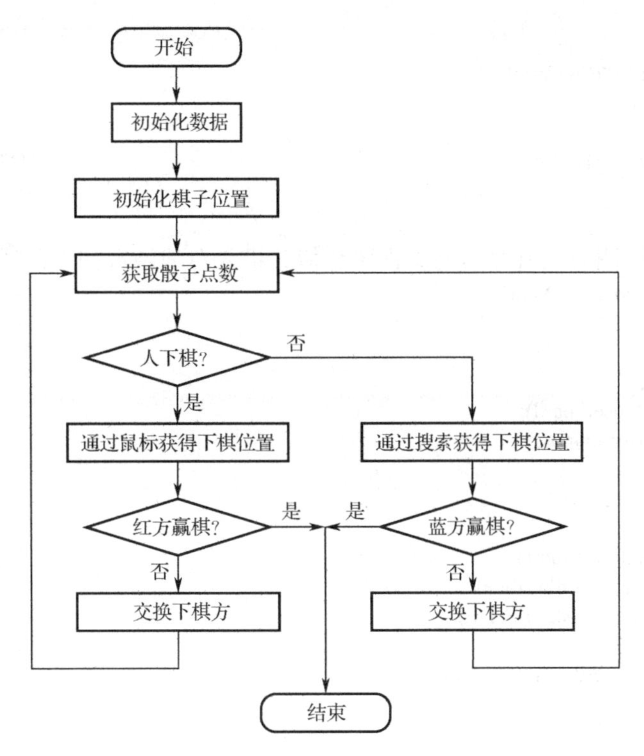

图 4-14 人机对战流程图

人机对战函数如下：

```
1   void EinStein::manVsAlphaBeta()
2   {
3       init();
4       drawBoard();
5       setChessByMouse(board);
6       ChessMovePosition pos;
7       short dice;
8       while(true)
9       {
10          dice = getRandNum();
11          printf("dice = %d\n",dice);
12          if(playSide == REDSIDE)
13          {
14              pos = getPositionsByMouse();
15          }
16          else
17          {
18              pos = getPositionByAlphaBeta(playSide,dice);
19          }
20          board[pos.pFrom.x][pos.pFrom.y] = EMPTY;
21          board[pos.pTo.x][pos.pTo.y] = pos.chess;
22          drawBoard();
23          if(playSide == REDSIDE && isRedWin(board))
24          {
25              printf("Red Win!\n");
26              break;
27          }
28          if(playSide == BLUESIDE && isBlueWin(board))
```

```
29            {
30                printf("Blue Win!\n");
31                break;
32            }
33            playSide = -playSide;
34        }
35    }
```

机人对战的流程图与人机对战的流程图相似。机人对战函数如下：

```
1     void EinStein::alphaBetaVsMan()
2     {
3         init();
4         drawBoard();
5         setChessByMouse(board);
6         ChessMovePosition pos;
7         short dice;
8         while(true)
9         {
10            dice = getRandNum();
11            printf("dice = %d\n",dice);
12            if(playSide == BLUESIDE)
13            {
14                pos = getPositionsByMouse();
15            }
16            else
17            {
18                pos = getPositionByAlphaBeta(playSide,dice);
19            }
20            board[pos.pFrom.x][pos.pFrom.y] = EMPTY;
21            board[pos.pTo.x][pos.pTo.y] = pos.chess;
22            drawBoard();
23            if(playSide == REDSIDE && isRedWin(board))
24            {
25                printf("Red Win!\n");
26                break;
27            }
28            if(playSide == BLUESIDE && isBlueWin(board))
29            {
30                printf("Blue Win!\n");
31                break;
32            }
33            playSide = -playSide;
34        }
35    }
```

机机对战函数与上述两个函数相似，可以自行完成。

在主函数中可以根据选项选择下棋方式。主函数如下：

```
1     int main()
2     {
3         initgraph(538,529,0);
4         setcaption("Einstein");
5         EinStein est;
6         est.drawBoard();
7         int select;
8         while(true)
9         {
10            printf("0. Quit\n");
```

```
11          printf("1. Man vs man\n");
12          printf("2. Man vs AlphaBeta\n");
13          printf("3. AlphaBeta vs man\n");
14          printf("4. AlphaBeta vs alphaBeta\n");
15          printf("Please input the select : ");
16          scanf("%d",&select);
17          switch(select)
18          {
19          case 0:
20              return 0;
21          case 1:
22              est.manVsMan();
23              break;
24          case 2:
25              est.manVsAlphaBeta();
26              break;
27          case 3:
28              est.alphaBetaVsMan();
29              break;
30          case 4:
31              est.alphaBetaVsAlphaBeta();
32              break;
33          default:
34              break;
35          }
36      }
37      return 0;
38  }
```

主函数第 3 行的功能是初始化棋盘大小，具体可以根据棋盘的实际情况确定，绘制图形界面时也需要根据图像的实际情况进行处理。

4.4.4 其他算法

本章主要介绍了基于期望极大极小算法的爱恩斯坦棋的实现方法，并且采用了相对比较简单的估值算法。近几年，不少爱恩斯坦棋爱好者提出了不同的搜索算法和估值算法。部分开发者采用了 UCT 算法[14, 15, 18]进行搜索，在搜索效率上取得了一定的效果。第 5 章将介绍 UCT 算法原理及其应用。在估值方面，一些开发者也在尝试使用不同的估值算法[16, 19]，以提高程序的博弈能力。

第 5 章　海 克 斯 棋

5.1　海克斯棋简介

海克斯棋的前身是六贯棋，最早由丹麦数学家 Piet Hein 于 1942 年发明，当时的名称为 Polygon。1948 年，约翰·纳什(John Nash)也独立发明了这个游戏。追随 Nash 的玩家最初称这个游戏为 Nash 棋。1952 年，Paker Brothers 发行了另一个版本，称为 Hex(海克斯)棋，从此这个名称就确定下来[20]。

国际计算机博弈锦标赛较早就将海克斯棋作为博弈竞赛项目之一，中国大学生计算机博弈大赛也在开展后不久将海克斯棋列为大学生比赛项目之一。

典型的海克斯棋的棋盘如图 5-1 所示。

最早使用的海克斯棋棋盘比较小，棋盘大小为 7×7。随着计算机博弈的发展，海克斯棋的棋盘逐渐增大，典型的棋盘大小有 11×11、13×13、15×15 和 19×19 等。中国大学生计算机博弈大赛采用的棋盘大小是 11×11。

海克斯棋相关规则如下。

棋盘(中国大学生计算机博弈大赛采用的棋盘)：典型的棋盘由 11×11 个六边形单元格组成，上、下两个边界线为红色，左、右两个边界线为蓝色，横向坐标表示范围为 A~K，纵向坐标表示范围为 1~11，如图 5-1 所示。

棋子：采用两种颜色的圆形棋子(大小略小于棋盘上的六边形单元格)，分别为红色与蓝色。对弈双方各执一种颜色的棋子。

下棋规则：

1)比赛开始后，双方交替落子，每次只能落一个棋子，每个棋子占据一个六边形单元格。两个相邻的同色棋子被认为相互连通。

2)最先将同色的两个边界用同色棋子连通的一方获胜(为方便表示，用黑色棋子代表红方，用白色棋子代表蓝方，图 5-2 中的蓝方获胜)。不存在和棋。

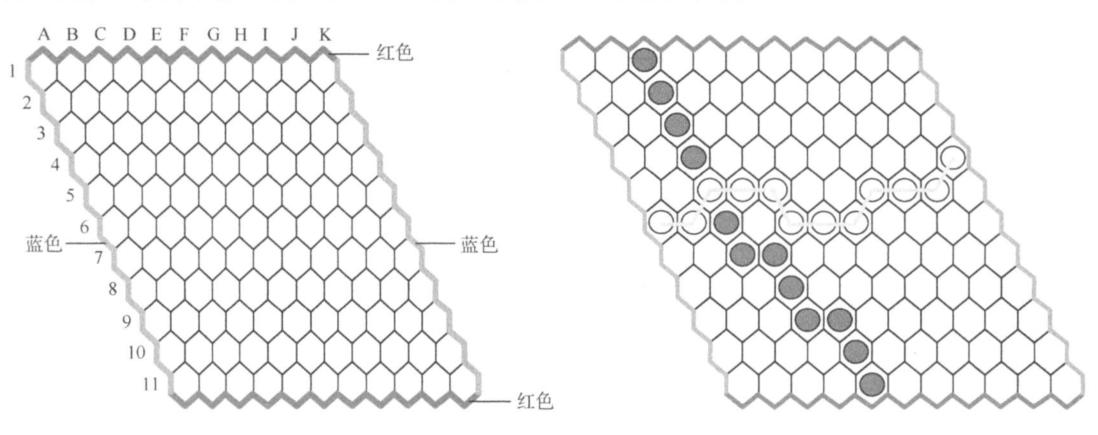

图 5-1　11×11 海克斯棋棋盘　　图 5-2　海克斯棋胜负局面

3)双方轮流先手，各赛一局，每局比赛红方先手。对战沟通落棋位置时严格按照坐标(先纵再横的顺序）描述。

随着海克斯棋在各项计算机博弈大赛中的推广，海克斯棋的博弈算法也日趋增多，有基于电阻电路评估策略的估值算法[21]，有基于蒙特卡洛树的搜索算法[22]，也有基于强化学习的算法[23]等。在本章中主要介绍蒙特卡洛方法在海克斯棋中的应用，并介绍如何使用 C 或 C++ 语言实现蒙特卡洛方法。

5.2 算法

5.2.1 蒙特卡洛方法

蒙特卡洛（Monte-Carlo，MC）方法也称为随机模拟方法，是一种基于随机数的计算方法。该方法成型于美国在第二次世界大战中用于研制原子弹的“曼哈顿计划”。

蒙特卡洛方法的基本思想：为了求解某一问题，建立一个恰当的概率模型，使得其参量（如事件的概率、随机变量的数学期望等）等于所求问题的解，然后对模型或过程进行反复、多次的随机抽样试验，并对结果进行统计分析，最后计算所求参量，得到问题的近似解。

蒙特卡洛方法解决实际问题的过程，主要包括以下内容：

(1) 建立简单而又便于实现的概率统计模型，使所求的解正是该模型的某一事件的概率或数学期望，或该模型能够直接描述实际的随机过程。

(2) 根据概率统计模型的特点和计算的需求，改进模型，以便减小方差和降低费用，提高计算效率。

(3) 建立随机变量的抽样方法，包括伪随机数和服从特定分布的随机变量的产生方法。

(4) 给出统计估值及其方差或标准误差。

图 5-3 是蒙特卡洛方法的一个简单应用，用于计算圆周率 π 的值。对于一个给定的边长为 1 的正方形，内切一个 1/4 圆，正方形的面积为 1，而 1/4 圆的面积为 π/4。那么，现在向正方形内随机抛点，此时 π 的值可以通过以下公式计算：

$$\pi=\text{落在圆弧内的点数}/\text{总点数}\times 4$$

随着抛出点数的增加，π 的值越来越精确。利用上述过程计算 π 的估值非常简单，同时也易于通过程序实现。表 5-1 给出了模拟次数和 π 的估值。

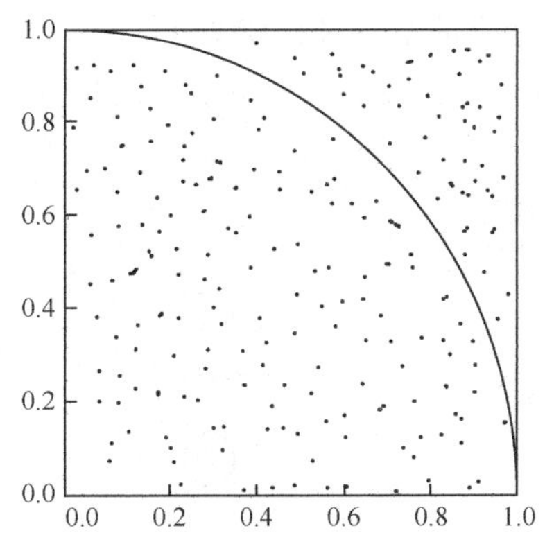

图 5-3 用蒙特卡洛方法计算 π 的值

表 5-1 用蒙特卡洛方法计算 π 的估值

模拟次数	π 的估值
1000	3.2000
5000	3.1648
10000	3.1100
50000	3.1375
200000	3.1432

在表 5-1 中，π 的估值随着模拟次数的增加，其准确度也逐步提高。该过程还省却了繁复的数学推导和演算过程，使得人们更容易理解和掌握。

由于计算机技术的高速发展，计算机的运算能力逐步增强，蒙特卡洛方法[24~26]在计算机博弈、金融工程、生物医学等领域得到快速发展。

5.2.2 蒙特卡洛树搜索

蒙特卡洛树搜索(Monte-Carlo Tree Search，MCTS)是蒙特卡洛方法在计算机博弈和其他相关领域的一个具体应用。它以蒙特卡洛方法为基础，是一种最优优先的搜索算法，在搜索过程中不需要对局面进行评估，它采用随机化的方法来探索搜索空间。

蒙特卡洛树的结构与极大极小搜索树的结构相似，从父节点出发，所有孩子节点为从父节点出发的所有可下位置，即可行走法，图 5-4 是以井字棋(TicTacToe)为例的可下位置示意图。

一个孩子节点代表在当前状态下的一个可下位置，例如，在井字棋中，开局时，所有可下位置有 9 个。最简单的 MCTS 算法是对所有的孩子节点进行模拟下棋，最终根据模拟的结果选择胜率最高的节点作为下棋位置，如图 5-5 所示。

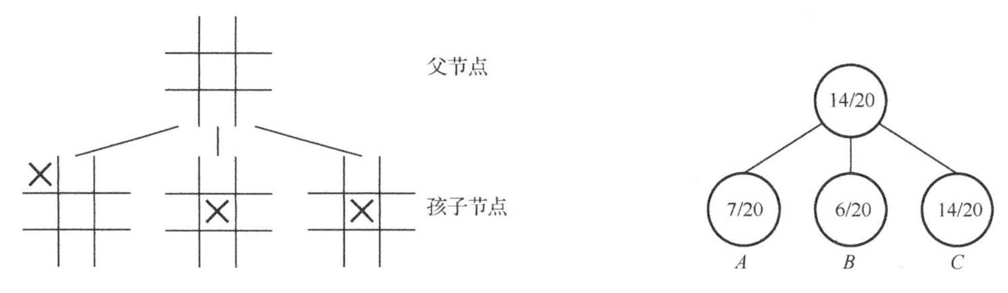

图 5-4　井字棋部分可下位置示意图

图 5-5　孩子节点选择示意图

图 5-5 中分别有 3 个孩子节点 *A*、*B*、*C*，分别对这 3 个节点进行随机模拟，最终结果是，节点 *C* 的胜率最高，那么，下棋位置将选择节点 *C*。使用这种方法选择下棋位置，通常需要进行大量的模拟才能获得相对准确的位置，同时对“不好”的位置也需要进行大量的模拟。如果需要获得相对准确的结果，则会大大增加模拟次数，从而增加计算机运算的开销。同时，模拟的过程采用随机模拟的方法，会降低最终结果的准确性。可以对这种方法进行适当改进，从而提高获得最佳下棋位置的效率：① 模拟节点选择的方法，将孩子节点下的所有节点作为备选点进行模拟；② 每次模拟针对父节点下获胜概率最高的节点进行模拟。

MCTS 算法包括选择、扩展、模拟和反向传播 4 个步骤，如图 5-6 所示，说明如下。

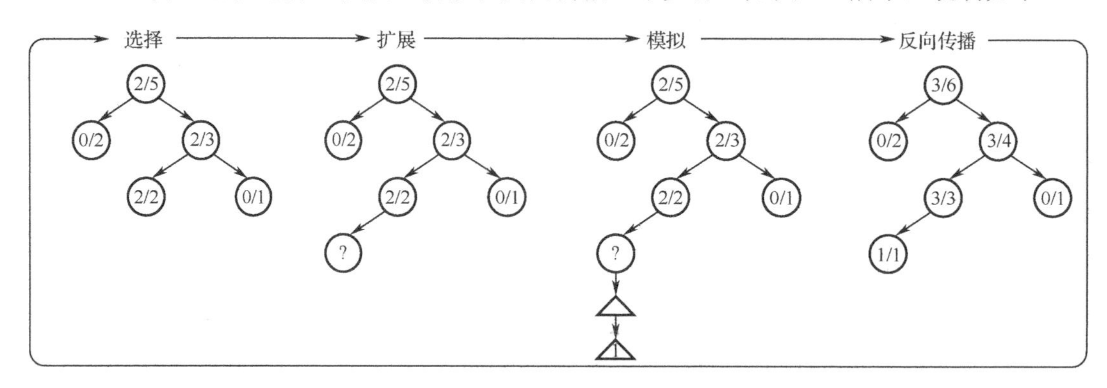

图 5-6　MCTS 算法的 4 个步骤

(1)选择：这一步从根节点出发，每次选择一个最有价值的子节点，例如，可以选择模拟过程中胜率最高的子节点，直到找到一个“存在未扩展子节点”的节点(叶子节点)，如图 5-6 中的节点“2/2”，则进入下一步。

(2)扩展：这一步根据上一步得到的叶子节点“2/2”进行扩展，将孩子节点添加到上一步获得的节点下。图 5-6 中的节点“?”就是扩展的节点。

(3)模拟：这一步针对上一步扩展的节点“?”进行模拟，模拟的过程于产生结果后结束。如果结果是获胜，则节点“?”就变为节点“1/1”。具体模拟的方法可以根据不同游戏的模拟策略来确定。

(4)反向传播：当获得模拟结果之后，则沿着前面三步产生的路径逆向更新路径中每个节点的值。

通过时间来控制结束条件的 MCTS 算法的伪码如下：

```
1   while(has time) do
2   {
3         currentNode←rootNode
4         while(currentNode∈T) do
5         {
6               lastNode←currentNode
7               currentNode←Select(currentNode)
8         } end
9         lastNode←Expand(lastNode)
10        R←playSimulationGame(lastNode)
11        currentNode←lastNode
12        while(currentNode∈T) do
13        {
14              backPropagation(currentNode,R)
15              currentNode←currentNode.parent
16        } end
17  } end
18  return bestMove = argMaxN∈Nc(rootNode)
```

MCTS 算法可以通过时间来控制结束条件，也可以通过模拟次数来控制结束条件。上述伪码的初始条件为已知根节点(rootNode)或已知当前的状态，获得的结果为最佳下棋位置(bestMove)。伪码中的第 4~8 行为选择，第 9 行为扩展，第 10 行为模拟，第 12~16 行为反向传播。

蒙特卡洛树的节点设计既要考虑节点的扩展，又要考虑节点值的反向传播。以 C++语言为例，可以通过以下方式来创建节点：

```
1   struct Node
2   {
3         some info;
4         int win;
5         int total;
6         Node *parent;
7         vector<Node*> vec;
8   }
```

上述代码第 6 行的变量用于反向传播，第 7 行的变量用于扩展节点，该变量也可以采用其他链式结构来处理，只要能正确处理节点的扩展即可。

5.2.3 UCT 算法

UCT(Upper Confidence bound apply to Tree)算法，即上限置信区间算法，是蒙特卡洛方法的一个特例。该算法将 MCTS 算法与 UCB(Upper Confidence Bound，上限置信区间)计算公式相结合，与传统的搜索算法相比，在超大规模博弈树的搜索过程中具有时间和空间方面的优势。UCB 计算公式如下：

$$r_i = v_i + C \times \sqrt{\frac{\ln n_p}{n_i}}$$

式中，v_i是节点 i 的估值，例如，可以是从节点 i 出发进行模拟的胜率，n_i是节点 i 的访问次数，n_p是节点 p 的访问次数，C 是系数，该系数需根据情况通过试验获得。

假设当前节点为p，I为从节点 p 出发的所有可能节点 i 的集合，那么，节点 p 的孩子节点 k 的选择的方法如下：

$$k \in \arg\max_{i \in I} \left(v_i + C \times \sqrt{\frac{\ln n_p}{n_i}} \right) \tag{5-1}$$

UCT 算法的实现过程和 MCTS 算法相似，具体过程见图 5-6。不同的是，其针对每个节点的计算方法不同。同样，UCT 算法在执行过程中可以在任意时间终止，并能获得一个比较理想的结果。如果时间充分，UCT 算法的结果可能非常逼近“最优值”。采用 UCT 算法的胜率要大大高于 MCTS 算法。

UCT 算法在扩展过程中实际上要对当前局面下的每个未模拟的节点都要进行模拟，也就是说，对一些明显“不好”的节点也要进行模拟，这在一定程度上会造成资源的浪费。因此，可以加入估值对 UCT 算法进行进一步优化。改进后的计算公式如下：

$$k \in \arg\max_{i \in I} \left(v_i + C \times \sqrt{\frac{\ln n_p}{n_i}} + K \times \frac{\text{Value}_i}{n_i + 1} \right) \tag{5-2}$$

式中，Value_i是在当前节点处对局面的评估值，K 是系数，用于调整估值的权重。当 K 值较大时，表示更注重局面的估值，而当K值较小时则更注重模拟的结果。这样，在开始搜索阶段，利用估值可以更有效地获得最佳下棋位置。

在实现过程中，UCT 算法采用的数据结构和 MCTS 算法类似，但在初始化的时候有所不同。在一般情况下，可以使用 $K \times \text{Value}_i$ 作为初始化的值，即将搜索过程中第一层节点的估值作为候选模拟的依据，在计算节点估值时使用 UCB 计算公式。

UCT 算法在模拟初始阶段注重对局面的评估，随着模拟过程的进行，逐渐变得更依赖模拟的结果。

5.3 海克斯棋的实现

在海克斯棋程序中，主要实现 UCT 算法，人下棋部分可以参考前面三章的案例。

5.3.1 基本结构

海克斯棋程序中，各方法的实现通过两个类来完成，一个类主要处理 UCT 算法中的节点，另一个类主要实现 PMC(纯蒙特卡洛)算法和 UCT 算法。

用于处理 UCT 算法的 UCT 节点类的基本结构如图 5-7 所示。

UCTNode 类的主要作用是处理 UCT 节点的基础数据，类中各成员变量的作用见表 5-2。

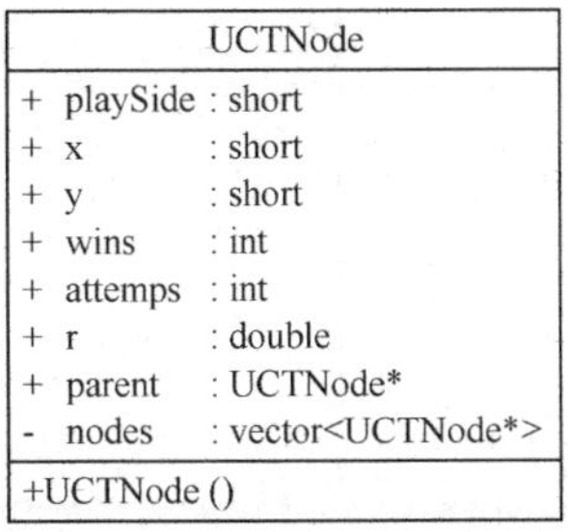

UCTNode
+ playSide : short + x : short + y : short + wins : int + attemps : int + r : double + parent : UCTNode* - nodes : vector<UCTNode*>
+UCTNode ()

图 5-7　UCTNode 类的基本结构

表 5-2　UCTNode 类中各成员变量的作用

成员变量名称	成员变量用途
playSide	记录下棋方
x,y	记录下棋位置
wins	模拟下棋时获胜的次数
attemps	模拟下棋的次数
r	根据 UCB 计算公式获得的值
parent	该节点的父节点
nodes	该节点扩展后的节点

定义 UCTNode 类的代码如下：

```
1   class UCTNode
2   {
3   public:
4       UCTNode();
5   public:
6       short playSide;
7       short x;
8       short y;
9       int wins;
10      int attemps;
11      double r;
12      UCTNode *parent;
13      vector<UCTNode*> nodes;
14  };
```

该类中的主要函数是类的构造函数。该函数的作用是初始化 UCT 节点所需的各个数据。

UCTNode 类的构造函数如下：

```
1   UCTNode::UCTNode()
2   {
3       playSide = 0;
4       x = -1;
5       y = -1;
6       wins = 0;
7       attemps = 0;
8       r = 0.0;
9       parent = NULL;
10  }
```

海克斯棋程序中的主要功能通过 Hex 类完成，该类中包含实现 PMC 算法和 UCT 算法所需的各个函数。该类的基本结构如图 5-8 所示。

Hex 类中各成员的作用见表 5-3。

在海克斯棋中采用了三种结构来处理可下位置：UCTNode 类用于专门处理 UCT 算法，Position 结构体用于保存所有可下位置，MCPosition 结构体用于保存 MC 方法生成的所有可下位置。

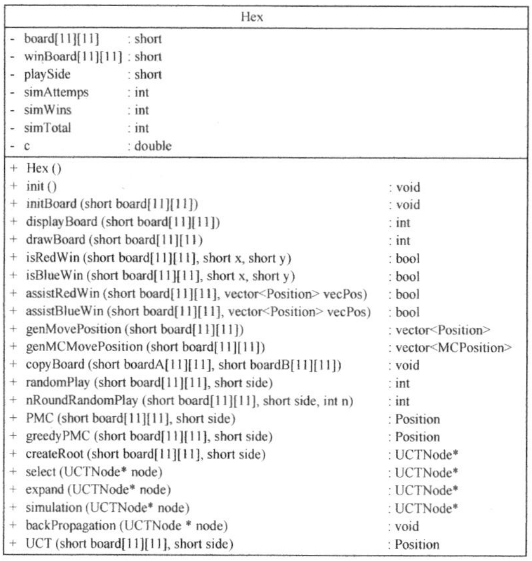

```
Hex
- board[11][11]      : short
- winBoard[11][11]   : short
- playSide           : short
- simAttemps         : int
- simWins            : int
- simTotal           : int
- c                  : double
+ Hex ()
+ init ()                                                              : void
+ initBoard (short board[11][11])                                      : void
+ displayBoard (short board[11][11])                                   : int
+ drawBoard (short board[11][11)                                       : int
+ isRedWin (short board[11][11], short x, short y)                     : bool
+ isBlueWin (short board[11][11], short x, short y)                    : bool
+ assistRedWin (short board[11][11], vector<Position> vecPos)          : bool
+ assistBlueWin (short board[11][11], vector<Position> vecPos)         : bool
+ genMovePosition (short board[11][11])                                : vector<Position>
+ genMCMovePosition (short board[11][11])                              : vector<MCPosition>
+ copyBoard (short boardA[11][11], short boardB[11][11])               : void
+ randomPlay (short board[11][11], short side)                         : int
+ nRoundRandomPlay (short board[11][11], short side, int n)            : int
+ PMC (short board[11][11], short side)                                : Position
+ greedyPMC (short board[11][11], short side)                          : Position
+ createRoot (short board[11][11], short side)                         : UCTNode*
+ select (UCTNode* node)                                               : UCTNode*
+ expand (UCTNode* node)                                               : UCTNode*
+ simulation (UCTNode* node)                                           : UCTNode*
+ backPropagation (UCTNode * node)                                     : void
+ UCT (short board[11][11], short side)                                : Position
```

图 5-8　Hex 类的基本结构

表 5-3　Hex 类中各成员的作用

成 员 名 称	成 员 用 途
board	用于表示棋盘
winBoard	判断输赢时使用的辅助棋盘
playSide	表示下棋方
simAttemps	表示一轮模拟过程中模拟的次数
simWins	表示一轮模拟过程中获胜的次数
simTotal	总的模拟次数
c	UCB 计算中使用的系数
Hex()	构造函数，用于初始化 Hex 类中的对象
init()	初始化函数，用于初始化各成员变量
initBoard()	用于初始化棋盘
displayBoard()	以控制台的方式显示棋盘
drawBoard ()	以图形界面的方式绘制棋盘
isRedWin()	判断红方是否赢棋
isBlueWin()	判断蓝方是否赢棋
assistRedWin()	用于红方判断输赢的辅助函数
assistBlueWin()	用于蓝方判断输赢的辅助函数
genMovePosition()	生成所有可下位置
genMCMovePosition()	生成 MC 方法中的左、右可下位置
copyBoard()	复制棋盘数组
randomPlay()	随机下棋并获得下棋结果
nRoundRandomPlay()	随机下棋若干轮并获得下棋结果
PMC()	利用 PMC 算法获得当前状态的下棋位置
greedyPMC()	以最佳优先 PMC 算法获得当前状态的下棋位置
createRoot()	用于 UCT 算法，创建 UCT 博弈树的根节点
select()	UCT 算法中的选择
expand()	UCT 算法中的扩展
simulation()	UCT 算法中的模拟
backPropagation()	UCT 算法中的反向传播
UCT()	利用 UCT 算法获得当前状态下的下棋位置

Position 结构体中仅包含棋盘坐标的位置信息，其具体代码如下：

```
1  struct Position
2  {
3      int x;
4      int y;
5  };
```

MCPosition 结构体除需要包含棋盘坐标的位置信息外，还需要包含用 MC 方法模拟下棋中的输赢信息、模拟总次数信息以及胜率信息，具体代码如下：

```
1  struct MCPosition
2  {
3      int x;
4      int y;
5      int wins;
6      int attemps;
7      double r;
8  };
```

Hex 类的代码如下：

```
1  class Hex
2  {
3  public:
4      Hex();
5      void init();
6      void initBoard(short board[11][11]);
7      void displayBoard(short board[11][11]);
8      void drawBoard(short board[11][11]);
9      bool isRedWin(short board[11][11],short x,short y);
10     bool isBlueWin(short board[11][11],short x,short y);
11     bool assistRedWin(short board[11][11],vector<Position> vecPos);
12     bool assistBlueWin(short board[11][11],vector<Position> vecPos);
13     vector<Position> genMovePosition(short board[11][11]);
14     vector<MCPosition> genMCMovePosition(short board[11][11]);
15     void copyBoard(short boardA[11][11],short boardB[11][11]);
16     int randomPlay(short board[11][11],short side);
17     int nRoundRandomPlay(short board[11][11],short side,int n);
18     Position PMC(short board[11][11],short side);
19     Position greedyPMC(short board[11][11],short side);
20     void PMCVsPMC();                  //测试用
21     void greedyPMCVsGreedyPMC();      //测试用
22     void PMCVsGreedPMC();             //测试用
23     void UCTVsPMC();                  //测试用
24     UCTNode* createRoot(short board[11][11],short side);
25     UCTNode* select(UCTNode *node);
26     UCTNode* expand(UCTNode *node);
27     UCTNode* simulation(UCTNode *node);
28     void backPropagation(UCTNode *node);
29     Position UCT(short board[11][11],short side);
30 private:
31     short board[11][11];
32     short winBoard[11][11];
33     short playSide;
34     short maxDepth;
35     int simAttemps;
36     int simWins;
37     int simTotal;
```

```
38	    double c;
39	};
```

5.3.2 基本功能的实现

海克斯棋程序的基本功能包括：初始化下棋数据，显示棋盘，绘制棋盘状态，生成当前局面下的可下位置，复制棋盘，随机下棋，多轮随机下棋，判断输赢。

初始化下棋数据用 init()实现，函数如下：

```
1	void Hex::init()
2	{
3	    c = 0. 1;
4	    playSide = REDCHESS;
5	    srand(time(0));
6	    initBoard(board);
7	    drawBoard(board);
8	}
```

上述代码第 5 行初始化随机种子，第 6 行初始化棋盘。其调用的初始化棋盘函数如下：

```
1	void Hex::initBoard(short board[11][11])
2	{
3	    int i,j;
4	    for(i=0;i<11;i++)
5	    {
6	        for(j=0;j<11;j++)
7	        {
8	            board[i][j] = EMPTY;
9	        }
10	    }
11	}
```

显示棋盘用 displayBoard()实现，其作用是在控制台下显示棋盘的状态，具体代码如下：

```
1	void Hex::displayBoard(short board[11][11])
2	{
3	    int i,j;
4	    for(i=0;i<11;i++)
5	    {
6	        for(j=0;j<11;j++)
7	        {
8	            if(board[i][j] == REDCHESS)
9	            {
10	                printf("R_");
11	                continue;
12	            }
13	            if(board[i][j] == BLUECHESS)
14	            {
15	                printf("B_");
16	                continue;
17	            }
18	            printf("__");
19	        }
20	        printf("\n");
21	    }
22	}
```

显示棋盘的具体方法是，根据棋盘状态的值输出对应的字母，方便在测试阶段输出结果。以图形界面方式显示棋盘的函数如下：

```
1   void Hex::drawBoard(short board[11][11])
2   {
3       cleardevice();
4       PIMAGE imgBoard = newimage();
5       getimage(imgBoard,"hexboard.jpg");
6       putimage(0,0,imgBoard);
7       int i,j;
8       int x,y;
9       for(i=0;i<11;i++)
10      {
11          for(j=0;j<11;j++)
12          {
13              if(board[i][j] == EMPTY)
14              {
15                  continue;
16              }
17              if(board[i][j] == REDCHESS)
18              {
19                  x = MARGIN + j * 2.0 * GRID * sin(3.14159 / 3) + i * GRID * sin(3.14159 / 3) + \
20                      GRID - 3;
21                  y = MARGIN + GRID + 1.5 * i * GRID;
22                  setfillstyle(SOLID_FILL,RED);
23                  fillellipse(x,y,GRID/1.5,GRID/1.5);
24                  continue;
25              }
26              if(board[i][j] == BLUECHESS)
27              {
28                  x = MARGIN + j * 2.0 * GRID * sin(3.14159 / 3) + i * GRID * sin(3.14159 / 3) + \
29                      GRID - 3;
30                  y = MARGIN + GRID + 1.5 * i * GRID;
31                  setfillstyle(SOLID_FILL,BLUE);
32                  fillellipse(x,y,GRID/1.5,GRID/1.5);
33                  continue;
34              }
35          }
36      }
37      setrendermode(RENDER_AUTO);
38  }
```

在以图形界面方式显示棋盘函数中，棋盘背景用一幅预先绘制好的棋盘来显示，棋盘中的棋子绘制用填充椭圆的方式来处理，根据棋子情况确定填充的颜色，棋子的位置由棋子在数组中的索引确定。上述代码第 4~6 行处理图形界面的棋盘背景，第 9~36 行根据棋子的情况确定绘制用何种颜色填充的椭圆，第 37 行进行自动渲染，其作用是在棋盘数组状态改变后调用绘制棋盘函数时直接重新进行渲染，而不需要等待其他代码运行。

可下位置生成函数的具体代码如下：

```
1   vector<Position> Hex::genMovePosition(short board[11][11])
2   {
3       int i,j;
4       Position pos;
5       vector<Position> movePositions;
6       for(i=0;i<11;i++)
7       {
8           for(j=0;j<11;j++)
9           {
10              if(board[i][j] == EMPTY)
```

```
11	{
12		pos.x = i;
13		pos.y = j;
14		movePositions.push_back(pos);
15	}
16	}
17	}
18	return movePositions;
19	}
```

可下位置生成的具体处理过程：遍历当前棋盘数组，如果当前位置的状态为空，则将数组索引转换成 Position 结构体变量，并将该结构体变量添加到向量中。遍历完成后返回相应的向量。

在随机下棋中经常需要用到当前棋盘状态的副本，这通过复制棋盘函数完成，该函数如下：

```
1	void Hex::copyBoard(short boardA[11][11],short boardB[11][11])
2	{
3		int i,j;
4		for(i=0;i<11;i++)
5		{
6			for(j=0;j<11;j++)
7			{
8				boardB[i][j] = boardA[i][j];
9			}
10		}
11	}
```

海克斯棋的胜负是通过下棋方的双边是否连通来判断的，判断胜负的实现方法可以用递归完成。图 5-9 显示了海克斯棋判断胜负的过程。

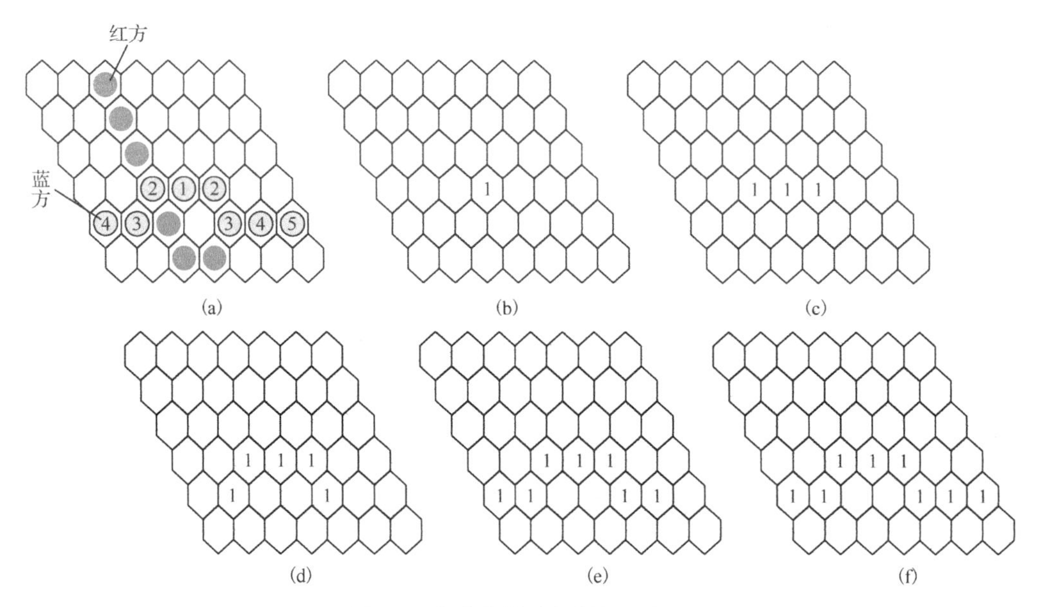

图 5-9　海克斯棋胜负判断示意图

图 5-9 是缩小版棋盘的示意图，其大小为 7×7，图(a)是当前下棋的状态，棋子 1 所在位置是最后落子的位置，图(b)至图(f)是辅助棋盘，显示的是判断胜负的过程。判断胜负的具体过程如下。

1)将最后落子位置赋给辅助棋盘，并将该位置在辅助棋盘中设为 1，然后将该位置加入辅助判断向量中。

2)遍历辅助判断向量，对辅助判断向量中的每个位置(周围6个位置，即6个方向)进行判断，若6个位置的棋子与当前下棋方相同，则将辅助向量中对应的位置设为空(未进行处理)，再将该位置存入新的辅助向量中，即图(c)至图(f)的过程。

3)若辅助向量内有数据，则重复步骤2)，否则结束。图(a)中的数字为递归处理的过程。

4)对辅助棋盘的双边(对应下棋方)进行查找，若都有值为1的位置，则当前下棋方赢，否则未赢。

图5-9显示的判断过程是即时判断，即根据下棋位置来进行即时判断。

海克斯棋判断双方输赢的标准并不相同，红方要判断上、下边界线，蓝方要判断左、右边界线，因此，需要分别处理。在判断输赢时还用到了辅助棋盘，每次使用时需进行初始化。

双方判断输赢均需要通过两个函数来完成：一个函数的作用是判断输赢，为辅助函数，具体处理判断输赢的过程；另一个函数的作用是初始化判断输赢所需的数据，并返回最终输赢结果。红方判断输赢辅助函数如下：

```
1   bool Hex::assistRedWin(short board[11][11],vector<Position> vecPos)
2   {
3       vector<Position> vecNewPos;
4       Position pos;
5       int i,j;
6       int x,y;
7       for(i=0;i<(int)vecPos.size();i++)
8       {
9           x = vecPos[i].x;
10          y = vecPos[i].y;
11          winBoard[x][y] = 1;
12          //按6个方向进行判断
13          //向左
14          if((y-1)>=0 && board[x][y-1] == REDCHESS && winBoard[x][y-1] == 0)
15          {
16              pos.x = x;
17              pos.y = y - 1;
18              vecNewPos.push_back(pos);
19              winBoard[x][y-1] = 1;
20          }
21          //向右
22          if(y+1<=10 && board[x][y+1] == REDCHESS && winBoard[x][y+1] == 0)
23          {
24              pos.x = x;
25              pos.y = y + 1;
26              vecNewPos.push_back(pos);
27              winBoard[x][y+1] = 1;
28          }
29          //向左上
30          if((x-1)>=0 && board[x-1][y] == REDCHESS && winBoard[x-1][y] == 0)
31          {
32              pos.x = x - 1;
33              pos.y = y;
34              vecNewPos.push_back(pos);
35              winBoard[x-1][y] = 1;
36          }
37          //向右上
38          if((x-1)>=0 && (y+1)<=10 && board[x-1][y+1] == REDCHESS && winBoard[x-1][y+1] ==0)
```

```
39                  {
40                        pos.x = x - 1;
41                        pos.y = y + 1;
42                        vecNewPos.push_back(pos);
43                        winBoard[x-1][y+1] = 1;
44                  }
45                  //向左下
46                  if((x+1)<=10 && (y-1)>=0 && board[x+1][y-1] == REDCHESS && winBoard[x+1][y-1] == 0)
47                  {
48                        pos.x = x + 1;
49                        pos.y = y - 1;
50                        vecNewPos.push_back(pos);
51                        winBoard[x+1][y-1] = 1;
52                  }
53                  //向右下
54                  if((x+1)<=10 && board[x+1][y] == REDCHESS && winBoard[x+1][y] == 0)
55                  {
56                        pos.x = x+1;
57                        pos.y = y;
58                        vecNewPos.push_back(pos);
59                        winBoard[x+1][y] = 1;
60                  }
61            }
62            if(vecNewPos.size()>0)
63            {
64                  vecPos.clear();
65                  assistRedWin(board,vecNewPos);
66            }
67            short redWinUp = 0;
68            short redWinDown = 0;
69            //判断上边界线是否有红方棋子
70            for(j=0;j<11;j++)
71            {
72                  if(winBoard[0][j] == 1)
73                  {
74                        redWinUp = 1;
75                        //printf("Red up = 1 \n");
76                        break;
77                  }
78            }
79            //判断下边界线是否有红方棋子
80            for(j=0;j<11;j++)
81            {
82                  if(winBoard[10][j] == 1)
83                  {
84                        redWinDown = 1;
85                        //printf("Red down = 1 \n");
86                        break;
87                  }
88            }
89            if(redWinDown == 1 && redWinUp == 1)
90            {
91                  return true;
92            }
93            return false;
94      }
```

红方判断输赢辅助函数所需的参数为当前的棋盘状态和辅助棋盘中新产生的在主棋盘中为红方棋子的向量，初始向量仅包含当前下棋的位置。上述代码第 7~61 行遍历函数参数中的向量，记录在主棋盘中相邻的 6 个点为红方棋子的位置且尚未被记录过的位置(辅助棋盘的值为 0)，并存放到新的向量中。若新向量的大小为 0，则说明参数向量中的位置相邻点已经没有红方棋子，否则，递归调用红方判断输赢函数。

通过上述过程，辅助棋盘记录下与当前位置相邻的所有红方棋子的位置(值为 1)，此时，只需要在上、下边界线查找是否有红方棋子就能得到输赢结果，若上、下边界线都有红方棋子，那么，表示红方棋子已经连接到上、下边界线，则表示红方赢了，否则，表示红方未赢。上述代码第 70~88 行通过辅助棋盘具体查找上、下边界线是否存在红方棋子。

winBoard 变量用于处理辅助棋盘，在每次使用时都需要将各个元素的值初始化为 0，该过程在红方判断输赢函数内完成。红方判断输赢函数如下：

```
1   bool Hex::isRedWin(short board[11][11],short x,short y)
2   {
3       vector<Position> vecPos;
4       Position pos;
5       pos.x = x;
6       pos.y = y;
7       vecPos.push_back(pos);
8       initBoard(winBoard);
9       if(assistRedWin(board,vecPos))
10      {
11          return true;
12      }
13      return false;
14  }
```

红方判断输赢函数所需的参数为当前棋盘状态和下棋的位置，上述代码第 8 行初始化判断输赢用的辅助棋盘，并将参数提供的下棋位置转换为辅助函数参数所需的向量，然后调用红方判断输赢辅助函数实现输赢判断功能。

蓝方判断输赢的方法与红方相似，其差别是，红方通过上、下边界线是否连通来判断输赢，而蓝方通过左、右边界线是否连通来判断输赢。蓝方判断输赢辅助函数如下：

```
1   bool Hex::assistBlueWin(short board[11][11],vector<Position> vecPos)
2   {
3       vector<Position> vecNewPos;
4       Position pos;
5       int i,j;
6       int x,y;
7
8       for(i=0;i<(int)vecPos.size();i++)
9       {
10          x = vecPos[i].x;
11          y = vecPos[i].y;
12          winBoard[x][y] = 1;
13          //按 6 个方向进行判断
14          //向左
15          if((y-1)>=0 && board[x][y-1] == BLUECHESS && winBoard[x][y-1] == 0)
16          {
17              pos.x = x;
18              pos.y = y - 1;
19              vecNewPos.push_back(pos);
20              winBoard[x][y-1] = 1;
```

```
21            }
22
23            //向右
24            if(y+1<=10 && board[x][y+1] == BLUECHESS && winBoard[x][y+1] == 0)
25            {
26                pos.x = x;
27                pos.y = y + 1;
28                vecNewPos.push_back(pos);
29                winBoard[x][y+1] = 1;
30            }
31
32            //向左上
33            if((x-1)>=0 && board[x-1][y] == BLUECHESS && winBoard[x-1][y] == 0)
34            {
35                pos.x = x - 1;
36                pos.y = y;
37                vecNewPos.push_back(pos);
38                winBoard[x-1][y] = 1;
39            }
40
41            //向右上
42            if((x-1)>=0 && (y+1)<=10 && board[x-1][y+1] == BLUECHESS && winBoard[x-1][y+1] ==0)
43            {
44                pos.x = x - 1;
45                pos.y = y + 1;
46                vecNewPos.push_back(pos);
47                winBoard[x-1][y+1] = 1;
48            }
49
50            //向左下
51            if((x+1)<=10 && (y-1)>=0 && board[x+1][y-1] == BLUECHESS && winBoard[x+1][y-1] == 0)
52            {
53                pos.x = x + 1;
54                pos.y = y - 1;
55                vecNewPos.push_back(pos);
56                winBoard[x+1][y-1] = 1;
57            }
58
59            //向右下
60            if((x+1)<=10 && board[x+1][y] == BLUECHESS && winBoard[x+1][y] == 0)
61            {
62                pos.x = x+1;
63                pos.y = y;
64                vecNewPos.push_back(pos);
65                winBoard[x+1][y] = 1;
66            }
67        }
68        if(vecNewPos.size()>0)
69        {
70            vecPos.clear();
71            assistBlueWin(board,vecNewPos);
72        }
73        short blueWinLeft = 0;
74        short blueWinRight = 0;
75        //判断左边界线是否有蓝方棋子
76        for(j=0;j<11;j++)
```

```
77        {
78            if(winBoard[j][0] == 1)
79            {
80                blueWinLeft = 1;
81                //printf("Blue up = 1 \n");
82                break;
83            }
84        }
85        //判断右边界线是否有蓝方棋子
86        for(j=0;j<11;j++)
87        {
88            if(winBoard[j][10] == 1)
89            {
90                blueWinRight = 1;
91                //printf("Blue down = 1 \n");
92                break;
93            }
94        }
95        if(blueWinRight == 1 && blueWinLeft == 1)
96        {
97            return true;
98        }
99        return false;
100   }
```

蓝方判断输赢辅助函数与红方判断输赢辅助函数的主要区别在第 76~94 行处，这部分代码判断左边界线和右边界线是否存在与判断位置连通的蓝色棋子，若左、右边界线都存在与判断位置连通的蓝色棋子，则蓝方赢，否则未赢。其他处理过程与红方相同。

蓝方判断输赢函数同样也需要初始化用于判断输赢的数组，具体代码如下：

```
1    bool Hex::isBlueWin(short board[11][11],short x,short y)
2    {
3        vector<Position> vecPos;
4        Position pos;
5        pos.x = x;
6        pos.y = y;
7        vecPos.push_back(pos);
8        initBoard(winBoard);
9        if(assistBlueWin(board,vecPos))
10       {
11           return true;
12       }
13       return false;
14   }
```

蓝方判断输赢函数同样也以当前下棋位置为起始点，在初始化判断输赢的辅助棋盘之后，再利用蓝方判断输赢辅助函数完成输赢判断。

无论是蒙特卡洛方法还是 UCT 算法，在使用过程中都需要使用随机下棋的方法对局面进行模拟。随机下棋的过程如下：

1) 根据当前局面生成所有可下位置向量。

2) 从可下位置向量中随机选择一个位置下棋。

3) 若当前位置已经分出输赢，则结束，否则交换下棋方并回到步骤 1)。

随机下棋函数返回的是输赢结果，该函数的具体代码如下：

```
1   int Hex::randomPlay(short board[11][11],short side)
2   {
3       short randBoard[11][11];
4       copyBoard(board,randBoard);
5       int index;
6       short winSide;
7       while(true)
8       {
9           vector<Position> vecPos= genMovePosition(randBoard);
10          index = rand()%vecPos.size();
11          randBoard[vecPos[index].x][vecPos[index].y] = side;
12          if(side == REDCHESS && isRedWin(randBoard,vecPos[index].x,vecPos[index].y))
13          {
14              winSide = 1;
15              break;
16          }
17          if(side == BLUECHESS && isBlueWin(randBoard,vecPos[index].x, vecPos[index].y))
18          {
19              winSide = -1;
20              break;
21          }
22          side = -side;
23      }
24      return winSide;
25  }
```

上述代码第 3 行声明了一个专门用于随机下棋的棋盘，第 4 行将当前棋盘信息复制给随机下棋棋盘，使用这种方法处理可以避免在随机下棋过程中反复修改当前棋盘。函数返回的结果根据输赢情况确定，若红方赢则返回 1，若蓝方赢则返回-1。

为了方便进行多次模拟，可以专门通过一个函数处理多次模拟的问题。多次模拟函数的具体代码如下：

```
1   int Hex::nRoundRandomPlay(short board[11][11],short side,int n)
2   {
3       int i;
4       int wins = 0;
5       for(i=0;i<n;i++)
6       {
7           wins += randomPlay(board,side);
8       }
9       return wins;
10  }
```

多次模拟函数得到的是红方净胜数，即红方获胜局数减去蓝方获胜局数。由于海克斯棋是一种肯定有一方获胜的游戏，因此在处理时可以只统计一方是否获胜，另一方的情况可以通过计算获得。

5.3.3 PMC 算法的实现

蒙特卡洛(MC)方法以随机走法为基础，通过对下棋方的胜率进行统计，选择可下位置中胜率最高的位置作为下棋位置。尝试模拟的次数、获胜次数、胜率等数据使用结构体 MCPosition 存储。

纯蒙特卡洛(PMC)算法只对当前局面下的所有可下位置进行模拟，不进行扩展，该过程的实现步骤如下：

1）生成所有可下位置向量。

2）遍历向量中的每个元素，并进行一定次数的模拟，记录模拟结果。

3）遍历模拟后的向量，找出胜率最高的元素，并返回该元素。

PMC 算法的实现代码如下：

```
1   Position Hex::PMC(short board[11][11],short side)
2   {
3       Position bestPos;
4       int n;
5       int i;
6       double bestR;
7       vector<MCPosition> vecMCPos;
8       vecMCPos = genMCMovePosition(board);
9       n = SIMTIMES / vecMCPos.size();
10      int x,y;
11      for(i=0;i<(int)vecMCPos.size();i++)
12      {
13          x = vecMCPos[i].x;
14          y = vecMCPos[i].y;
15          board[x][y] = side;
16          vecMCPos[i].attemps += n;
17          if(side == REDCHESS)
18          {
19              vecMCPos[i].wins += nRoundRandomPlay(board,-side,n);
20          }
21          else
22          {
23              vecMCPos[i].wins -= nRoundRandomPlay(board,-side,n);
24          }
25          vecMCPos[i].r = (double)vecMCPos[i].wins / vecMCPos[i].attemps;
26          board[x][y] = EMPTY;
27      }
28      bestPos.x = vecMCPos[0].x;
29      bestPos.y = vecMCPos[0].y;
30      bestR = vecMCPos[0].r;
31      for(i=1;i<(int)vecMCPos.size();i++)
32      {
33          if(vecMCPos[i].r > bestR)
34          {
35              bestPos.x = vecMCPos[i].x;
36              bestPos.y = vecMCPos[i].y;
37              bestR = vecMCPos[i].r;
38          }
39      }
40      vecMCPos.clear();
41      vecMCPos.shrink_to_fit();
42      return bestPos;
43  }
```

上述代码第 8 行生成所有可下位置的向量，第 11~27 行对当前局面进行若干次模拟，并记录下模拟结果，由于进行 n 轮模拟后得到的结果是红方获胜的次数，因此，当轮到蓝方下棋时，模拟结果应该取负值。第 31~39 行根据模拟的结果选择胜率最高的位置作为返回结果。

上述 PMC 函数返回的结果是下棋位置，因此，只需要为该函数提供当前棋盘和下棋方，就能够直接获得下棋位置，在使用时比较方便。

也可以进行适当的改进，例如，先对各个可下位置进行一定数量的模拟，然后再根据模拟的结果，选择最佳的结果进行进一步的模拟，这种算法也称为最佳优先算法，类似于贪心算法。

最佳优先 PMC 算法的实现代码如下：

```
1  Position Hex::greedyPMC(short board[11][11],short side)
2  {
3      Position bestPos;
4      int totalSim = 0;
5      short singleSim = 10;
6      int i;
7      double bestR;
8      short index = 0;
9      vector<MCPosition> vecMCPos;
10     vecMCPos = genMCMovePosition(board);
11     int x,y;
12     for(i=0;i<(int)vecMCPos.size();i++)
13     {
14         x = vecMCPos[i].x;
15         y = vecMCPos[i].y;
16         board[x][y] = side;
17         vecMCPos[i].attemps += singleSim;
18         if(side == REDCHESS)
19         {
20             vecMCPos[i].wins += nRoundRandomPlay(board,-side,singleSim);
21         }
22         else
23         {
24             vecMCPos[i].wins -= nRoundRandomPlay(board,-side,singleSim);
25         }
26         vecMCPos[i].r = (double)vecMCPos[i].wins / vecMCPos[i].attemps;
27         totalSim += singleSim;
28         board[x][y] = EMPTY;
29     }
30     while(totalSim < SIMTIMES)
31     {
32         bestR = vecMCPos[0].r;
33         index = 0;
34         for(i=1;i<(int)vecMCPos.size();i++)
35         {
36             if(vecMCPos[i].r > bestR)
37             {
38                 bestR = vecMCPos[i].r;
39                 index = i;
40             }
41         }
42         x = vecMCPos[index].x;
43         y = vecMCPos[index].y;
44         board[x][y] = side;
45         vecMCPos[index].attemps += singleSim;
46         if(side == REDCHESS)
47         {
48             vecMCPos[index].wins += nRoundRandomPlay(board,-side,singleSim);
```

```
49            }
50            else
51            {
52                vecMCPos[index].wins -= nRoundRandomPlay(board,-side,singleSim);
53            }
54            vecMCPos[index].r = (double)vecMCPos[index].wins / vecMCPos[index].attemps;
55            board[x][y] = EMPTY;
56            totalSim += singleSim;
57        }
58        bestPos.x = vecMCPos[0].x;
59        bestPos.y = vecMCPos[0].y;
60        bestR = vecMCPos[0].r;
61        for(i=1;i<(int)vecMCPos.size();i++)
62        {
63            if(vecMCPos[i].r > bestR)
64            {
65                bestPos.x = vecMCPos[i].x;
66                bestPos.y = vecMCPos[i].y;
67                bestR = vecMCPos[i].r;
68            }
69        }
70        vecMCPos.clear();
71        vecMCPos.shrink_to_fit();
72        return bestPos;
73    }
```

最佳优先 PMC 算法也是以总的模拟次数作为模拟结束的条件的。上述代码第 30~58 行根据前面模拟的结果，选择最佳下棋位置再进行若干次模拟，并根据相应的数据，在达到总模拟次数之后，从模拟结果中选择最佳下棋位置作为返回值。本例中一遍模拟的次数为 10 次。

PMC 算法与最佳优先 PMC 算法对战的示例代码如下：

```
1    void Hex::greedyPMCVsGreedyPMC()
2    {
3        Position pos;
4        init();
5        while(true)
6        {
7            pos = greedyPMC(board,playSide);
8            board[pos.x][pos.y] = playSide;
9            drawBoard(board);
10           if(playSide == REDCHESS && isRedWin(board,pos.x,pos.y))
11           {
12               printf("Red win!\n");
13               break;
14           }
15           if(playSide == BLUECHESS && isBlueWin(board,pos.x,pos.y))
16           {
17               printf("Blue win!\n");
18               break;
19           }
20           playSide = -playSide;
21       }
22   }
```

5.3.4 UCT 算法的实现

从本质上讲，UCT 算法是由蒙特卡洛树搜索（MCTS）算法结合 UCB 计算公式改进而成的，其以当前棋盘为基础进行 UCT 搜索，其主要步骤包括选择、扩展、模拟和反向传播。在进行 UCT 搜索之前，需创建以当前局面为基础的根节点。

实现根节点创建的代码如下：

```
1   UCTNode* Hex::createRoot(short board[11][11],short side)
2   {
3       UCTNode *root = new UCTNode();
4       int i,j;
5       for(i=0;i<11;i++)
6       {
7           for(j=0;j<11;j++)
8           {
9               if(board[i][j] == EMPTY)
10              {
11                  UCTNode *node = new UCTNode();
12                  node->playSide = side;
13                  node->x = i;
14                  node->y = j;
15                  node->attemps = 0;
16                  node->wins = 0;
17                  node->r = 0;
18                  node->parent = root;
19                  root->nodes.push_back(node);
20              }
21          }
22      }
23      return root;
24  }
```

上述代码第 5~22 行将当前棋盘中未被占领的节点创建为 UCTNode，并将这些节点添加到根节点 root 中。完成根节点创建之后，就可以进行 UCT 搜索了。

1. 选择

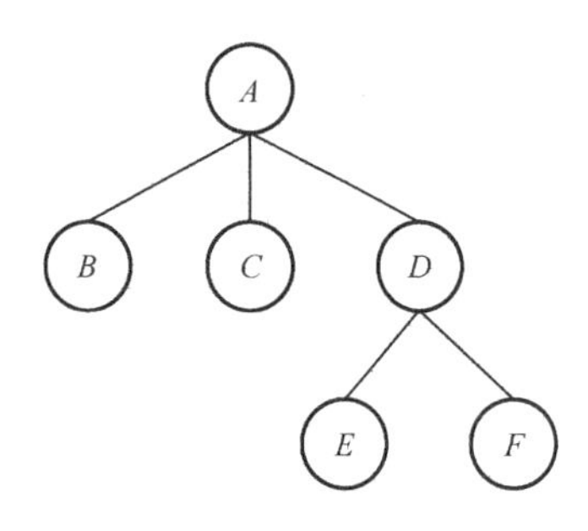

图 5-10　选择示意图

假设有如图 5-10 所示的 UCT 搜索树，树的根节点为节点 *A*，那么选择过程如下：

1）以节点 *A* 作为当前节点。

2）从当前节点出发，如果当前节点没有子节点，则选择结束。

3）如果当前节点有子节点，那么从子节点中选择 UCB 值最高的节点，并将其设为当前节点。

4）若子节点没有进行过模拟，则子节点作为选中节点，选择结束。

5）重复步骤 3），直至当前节点没有子节点。

在图 5-10 中，若在一轮查找 UCB 值最大的节点时得到的最佳节点为节点 *C*，则查找结束，返回节点 *C*，若查找得到的最佳节点是节点 *D*，则将节点 *D* 设为当前节点，然后再进行进一步的选择，从节点 *E* 和 *F* 中选择节点。

选择过程的实现代码如下：

```
1   UCTNode* Hex::select(UCTNode *node)
2   {
3       int i;
4       UCTNode *currentNode = new UCTNode();
5       currentNode = node;
6       //printf("node [0] attemps = %d\n",node->nodes[0]->attemps);
7       if(node->nodes.size()>0)
8       {
9           if(node->nodes[0]->attemps == 0)
10          {
11              currentNode = node->nodes[0];
12              return currentNode;
13          }
14          if(node->nodes[i]->parent != NULL)
15          {
16              node->nodes[0]->r = (double)node->nodes[0]->wins / \
17                          node->nodes[0]->attemps + c * sqrt(2.0 * log((double) \
18                          node->nodes[0]->parent->attemps) / node->nodes[0]->attemps);
19          }
20          else
21          {
22              node->nodes[0]->r = (double)node->nodes[0]->wins / \
23                          node->nodes[0]->attemps + c * sqrt(2.0 * log((double)node-> \
24                          nodes[0]->attemps) / node->nodes[0]->attemps);
25          }
26          double bestR = node->nodes[0]->r;
27          currentNode = node->nodes[0];
28          for(i=1;i<(int)node->nodes.size();i++)
29          {
30              if(node->nodes[i]->attemps == 0)
31              {
32                  currentNode = node->nodes[i];
33                  return currentNode;
34              }
35              if(node->nodes[i]->parent != NULL)
36              {
37                  node->nodes[i]->r = (double)node->nodes[i]->wins / \
38                          node->nodes[i]->attemps + c * sqrt(2.0 *log((double)node-> \
39                          nodes[i]->parent->attemps) / node->nodes[i]->attemps);
40              }
41              else
42              {
43                  node->nodes[i]->r = (double)node->nodes[i]->wins / \
44                          node->nodes[i]->attemps + c * sqrt(2.0 * log((double)node-> \
45                          nodes[i]->attemps) / node->nodes[i]->attemps);
46              }
47              if(node->nodes[i]->r > bestR)
48              {
49                  currentNode = node->nodes[i];
50                  bestR = node->nodes[i]->r;
51              }
52          }
53          if(currentNode->nodes.size()>0)
54          {
55              currentNode = select(currentNode);
```

```
56              }
57              return currentNode;
58          }
59          else
60          {
61              currentNode = node;
62          }
63          return currentNode;
64  }
```

上述代码第 7 行判断当前节点是否存在子节点。第 7~58 行是递归的选择过程：首先将第一个子节点作为最佳节点，其他子节点与第一个节点进行比较，若某节点的 UCB 值大于最佳子节点，那么将该节点设为最佳节点。如果最终获得的最佳节点含有子节点，则重复上述选择过程。

在选择过程中，由于每次模拟后总的模拟次数都会发生改变，因此需要重新计算 UCB 的值，以确保选择正确。

2. 扩展

在获得最佳节点后可以进行扩展，扩展的条件可以根据情况进行设定。最简单的方法是直接进行扩展。但直接进行扩展存在明显的缺点，每得到一个最佳节点均需要进行 4 步操作，UCT 算法的效率将变得很低，因此，通常会增加一些扩展条件。例如，在节点已经模拟了一定次数后再进行扩展，否则，直接进行后续操作，这样可以更有效地执行 UCT 算法。

扩展节点是根据当前棋盘的情况进行的，所以，还需要将选择过程中各个节点的下棋情况更新到相应棋盘中，这样才能准确地进行扩展。因此，扩展时还需要一个用于扩展的临时棋盘。

扩展过程的实现代码如下：

```
1   UCTNode* Hex::expand(UCTNode *node)
2   {
3       short expandBoard[11][11];
4       copyBoard(board,expandBoard);
5       UCTNode *nodeExp = node;
6       if(nodeExp->attemps < 50)
7       {
8           return nodeExp;
9       }
10      short x,y;
11      short side;
12      x = node->x;
13      y = node->y;
14      side = node->playSide;
15      expandBoard[x][y] = side;
16      while(nodeExp->parent!=NULL)
17      {
18          x = nodeExp->parent->x;
19          y = nodeExp->parent->y;
20          side = nodeExp->parent->playSide;
21          expandBoard[x][y] = side;
22          nodeExp = nodeExp->parent;
23      }
24      nodeExp = node;
25      int i,j;
```

```
26      for(i=0;i<11;i++)
27      {
28          for(j=0;j<11;j++)
29          {
30              if(expandBoard[i][j] == EMPTY)
31              {
32                  UCTNode *newNode = new UCTNode();
33                  newNode->x = i;
34                  newNode->y = j;
35                  newNode->playSide = -nodeExp->playSide;
36                  newNode->attemps = 0;
37                  newNode->wins = 0;
38                  newNode->r = 0;
39                  newNode->parent = nodeExp;
40                  nodeExp->nodes.push_back(newNode);
41              }
42          }
43      }
44      return nodeExp;
45  }
```

上述代码第 6~9 行处理不需要扩展的情况。本例中，当节点的模拟次数小于 50 次时，不进行扩展，对该节点直接进行模拟。第 16~23 行处理扩展棋盘，将已经选择的节点位置反映到扩展棋盘中，其使用的方法本质上就是反向传播，通过查找父节点，并且根据父节点的情况来处理扩展棋盘。第 27~43 行以扩展棋盘为基础对当前节点进行扩展。

3. 模拟

模拟节点的来源是扩展，并根据扩展得到的节点的具体情况进行模拟。

模拟过程通常包含以下 3 步：

1) 构造模拟棋盘，并将当前棋盘复制到模拟棋盘中。

2) 如果当前节点的子节点的数量为 0(该节点没有进行扩展)，则对该节点进行一定数量的模拟，并记录模拟结果，返回当前节点。

3) 如果当前节点的子节点的数量大于 0(该节点进行了扩展)，则对该节点的所有子节点进行一定数量的模拟，并记录模拟的结果，返回当前节点。

模拟过程的实现代码如下：

```
1   UCTNode* Hex::simulation(UCTNode *node)
2   {
3       short n = 10;
4       short simBoard[11][11];
5       UCTNode *simNode = node;
6       short side;
7       int x,y;
8       int i;
9       int wins = 0;
10      copyBoard(board,simBoard);
11      x = simNode->x;
12      y = simNode->y;
13      side = simNode->playSide;
14      simBoard[x][y] = side;
15      simWins = 0;
16      simAttemps = 0;
17
18      while(simNode->parent!=NULL)
```

```
19    {
20        x = simNode->parent->x;
21        y = simNode->parent->y;
22        side = simNode->parent->playSide;
23        simBoard[x][y] = side;
24        simNode = simNode->parent;
25    }
26
27    simNode = node;
28    if(simNode->nodes.size()==0)
29    {
30        side = simNode->playSide;
31        wins = nRoundRandomPlay(simBoard,-side,n);
32        simNode->attemps += n;
33        if(side == REDCHESS)
34        {
35            simNode->wins += wins;
36        }
37        else
38        {
39            simNode->wins -= wins;
40        }
41        simWins += wins;
42        simTotal += n;
43        simAttemps += n;
44        return simNode;
45    }
46    else
47    {
48        for(i=0;i<(int)simNode->nodes.size();i++)
49        {
50            x = simNode->nodes[i]->x;
51            y = simNode->nodes[i]->y;
52            side = simNode->nodes[i]->playSide;
53            simBoard[x][y] = side;
54            wins = nRoundRandomPlay(simBoard,-side,n);
55            simBoard[x][y] = EMPTY;
56            simWins += wins;
57            simTotal += n;
58            simAttemps += n;
59            simNode->nodes[i]->attemps += n;
60            simNode->attemps += n;
61            if(side == REDCHESS)
62            {
63                simNode->nodes[i]->wins += wins;
64                simNode->wins -= wins;
65            }
66            else
67            {
68                simNode->nodes[i]->wins -= wins;
69                simNode->wins += wins;
70            }
71        }
72    }
73    return simNode;
74 }
```

具体的模拟策略是根据扩展的情况来确定的，可以分成两种情况：一种是节点扩展的情况，另一种是节点没有扩展的情况。在模拟过程中还需要将选择的情况赋给模拟用的棋盘。

上述代码第 18~25 行将选择的结果反映在模拟用的棋盘上，其使用的方法也类似于反向传播。第 28~45 行处理节点没有扩展的情况，第 46~72 行处理扩展过节点的情况。在处理扩展过的节点时，由于存在多个节点，因此，也有多个需要模拟的位置，这样就需要进行下棋和还原的操作，见第 53 行和第 55 行。在模拟过程中还需要将每次模拟的情况记录下来并在反向传播中沿路径将结果传递回去。

在处理模拟结果时还需要注意当前下棋方是红方还是蓝方，由于在判断输赢时得到的结果是红方获胜的次数，因此，在处理蓝方时需要取负值。

4．反向传播

其作用是将模拟的结果按照选择的路径传递回去。反向传播只需要找到父节点，并根据父节点的情况确定具体的传递方法。反向传播的实现代码如下：

```
1   void Hex::backPropagation(UCTNode *node)
2   {
3       UCTNode *currentNode = node;
4       while(currentNode->parent != NULL)
5       {
6           currentNode->parent->attemps += simAttemps;
7           if(currentNode->parent->playSide == REDCHESS)
8           {
9               currentNode->parent->wins += simWins;
10          }
11          else
12          {
13              currentNode->parent->wins -= simWins;
14          }
15          currentNode = currentNode->parent;
16      }
17  }
```

反向传播的结束条件是节点的父节点为空。上述代码第 4 行判断是否满足反向传播的结束条件。由于模拟的结果是红方获胜的次数，因此，在进行反向传播时也需要判断当前节点（下棋方）是红方还是蓝方，以确保将正确的结果传递回去。

通过以上 4 步，就可以获得相应的下棋位置。以 UCT 算法为基础的搜索算法的实现代码如下：

```
1   Position Hex::UCT(short board[11][11],short side)
2   {
3       simTotal = 0;
4       Position bestPos;
5       int i;
6       int bestIndex = 0;
7       UCTNode *root = createRoot(board,side);
8       double bestR;
9       while(simTotal<SIMTIMES)
10      {
11          simWins = 0;
12          UCTNode *selectNode = select(root);
13          UCTNode *expandNode = expand(selectNode);
14          UCTNode *simNode = simulation(expandNode);
15          backPropagation(simNode);
16      }
17      UCTNode *currentNode = root;
18      if(currentNode->nodes[0]->attemps == 0)
19      {
```

```
20            bestR = 0;
21        }
22        else
23        {
24            bestR = (double)currentNode->nodes[0]->wins / currentNode->nodes[0]->attemps + \
25                    c * sqrt(2.0 * log((double)simTotal) / currentNode->nodes[0]->attemps);
26        }
27        bestIndex = 0;
28        for(i=1;i<(int)currentNode->nodes.size();i++)
29        {
30            if(currentNode->nodes[i]->attemps == 0)
31            {
32                currentNode->nodes[i]->r = 0.0;
33            }
34            else
35            {
36                currentNode->nodes[i]->r = (double)currentNode->nodes[i]->wins / \
37                                           currentNode->nodes[i]->attemps+c*sqrt(2.0*log((double)simTotal) / \
38                                           currentNode->nodes[i]->attemps);
39            }
40            if(currentNode->nodes[i]->r > bestR)
41            {
42                bestIndex = i;
43                bestR = currentNode->nodes[i]->r;
44            }
45        }
46        bestPos.x = currentNode->nodes[bestIndex]->x;
47        bestPos.y = currentNode->nodes[bestIndex]->y;
48        return bestPos;
49    }
```

上述代码第 9~16 行执行 UCT 算法，第 28~45 行根据 UCT 算法的结果查找最佳落子位置。查找最佳落子位置时，以第一个位置作为初始最佳落子位置，然后遍历根节点的所有子节点，在子节点中找出最佳下棋位置。

UCT 算法获取落子位置的函数可以直接用于下棋，UCT 算法与 PMC 算法对战的示例代码如下：

```
1     void Hex::UCTVsPMC()
2     {
3         Position pos;
4         init();
5         while(true)
6         {
7             if(playSide == REDCHESS)
8             {
9                 pos = UCT(board,playSide);
10            }
11            else
12            {
13                pos = PMC(board,playSide);
14            }
15            board[pos.x][pos.y] = playSide;
16            drawBoard(board);
17            if(playSide == REDCHESS && isRedWin(board,pos.x,pos.y))
18            {
19                printf("Red win!\n");
```

```
20                  break;
21              }
22              if(playSide == BLUECHESS && isBlueWin(board,pos.x,pos.y))
23              {
24                  printf("Blue win!\n");
25                  break;
26              }
27              playSide = -playSide;
28          }
29      }
```

在 UCT 算法与 PMC 算法的对战示例中，红方采用的是 UCT 算法，蓝方采用的是 PMC 算法，其他算法也可以参考该示例进行相应的对战。

5.4 算法改进

无论是 PMC 算法还是 UCT 算法，对计算速度的要求都比较高，对计算机运算速度的依赖性都比较强，如果能够有效降低这两种算法的计算量，将有效提高它们获得下棋位置的准确性。

在 PMC 算法和 UCT 算法的执行过程中，一个比较重要的步骤是模拟，在模拟过程中每步都需要生成可下位置，同时，还需要判断输赢。采用这两种算法时，每轮模拟大致需要进行 80~100 次的随机下棋，同样也需要进行 80~100 次的输赢判断，如果能降低判断输赢的次数，将在一定程度上有效提高模拟的速度。

在随机下棋过程中，可下位置向量可以在一次形成后反复使用，在使用时将已下棋位置从可下位置向量中删除，这样就可以避免反复生成可下位置向量。同时，海克斯棋具有当一方赢棋后，无论后面如何下棋，另一方都不可能赢棋(见图 5-2)的特点，因此，可以模拟至整个棋盘下满后再进行输赢判断。这样，可以极大减少判断输赢的次数。在全盘模拟时，判断输赢的过程也只需要一个函数即可。在棋盘下满之后，不是红方赢就是蓝方赢，不存在和棋情况。

下面以判断红方输赢为例进行说明。首先，初始向量从一边出发，将全部红方棋子所在位置加入向量中；然后再使用辅助函数进行判断，该函数使用重载的红方判断输赢函数实现。重载函数的具体代码如下：

```
1   bool Hex::isRedWin(short board[11][11])
2   {
3       vector<Position> vecPos;
4       Position pos;
5       int i;
6       for(i=0;i<11;i++)
7       {
8           if(board[0][i] == REDCHESS)
9           {
10              pos.x = 0;
11              pos.y = i;
12              vecPos.push_back(pos);
13          }
14      }
15      initBoard(winBoard);
16      if(assistRedWin(board,vecPos))
17      {
```

```
18            return true;
19        }
20        return false;
21  }
```

红方判断输赢辅助函数中，在完成递归后，只需要在辅助棋盘中判断红方棋子的下边界线是否存在红方棋子即可，修改部分的代码如下：

```
1   bool Hex::assistRedWin(short board[11][11],vector<Position> vecPos)
2   {
3       ……
4       short redWinDown = 0;
5       //判断下边界线是否有红方棋子
6       for(j=0;j<11;j++)
7       {
8           if(winBoard[10][j] == 1)
9           {
10              redWinDown = 1;
11              break;
12          }
13      }
14      if(redWinDown == 1)
15      {
16          return true;
17      }
18      return false;
19  }
```

在上述代码中，由于初始时将棋盘上边界线的所有红方棋子加入向量，因此，在判断输赢时只需要判断其下边界线在用于判断输赢的棋盘数组中是否存在连通即可。

在随机下棋过程中，需要将棋盘下满，同时，判断输赢要在棋盘下满后进行，因此对随机函数的修改如下：

```
1   int Hex::randomPlay(short board[11][11],short side)
2   {
3       short randBoard[11][11];
4       copyBoard(board,randBoard);
5       int index;
6       short winSide;
7       vector<Position> vecPos= genMovePosition(randBoard);
8       while(vecPos.size()>0)
9       {
10          index = rand()%vecPos.size();
11          randBoard[vecPos[index].x][vecPos[index].y] = side;
12          vecPos.erase(vecPos.begin()+index);
13          side = -side;
14      }
15      if(isRedWin(randBoard))
16      {
17          return 1;
18      }
19      return -1;
20  }
```

上述代码第 8 行判断棋盘是否已经下满，第 12 行将随机下棋的位置从可下位置向量中删除，在棋盘全部被填充后再判断红方是否赢棋，从而确定返回值。

第6章　不　围　棋

6.1　不围棋简介

不围棋是一种由围棋发展而来的棋种，起步相对较晚。2011 年，不围棋被国际计算机博弈锦标赛列为比赛项目，2012 年被中国大学生计算机博弈大赛列为比赛项目[27]。不围棋的棋盘大小为 9×9，如图 6-1 所示。

不围棋的下棋规则如下：

1) 棋盘大小同九路围棋，即 9×9；

2) 黑棋先手，双方轮流落子，落子后不能移动；

3) 对弈的目标不是吃掉对方棋子，即不是占领地盘；

4) 恰恰相反，如果一方落子之后吃掉了对方棋子，则落子的一方判输；

5) 对弈禁止自杀，落子自杀一方判输；

6) 对弈禁止空手(pass)，空手一方判输；

7) 每方用时 15 分钟，超时判输；

8) 对弈结果只有输赢，没有和棋。

图 6-2 中显示的是部分输赢状态。图中，右上角白方棋子 1 落子后，会吃掉黑棋，判输。左下角白方棋子 2 落子后自杀，判输。

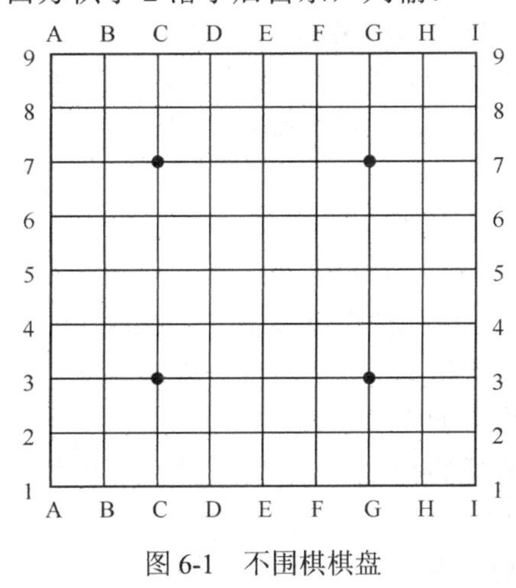

图 6-1　不围棋棋盘

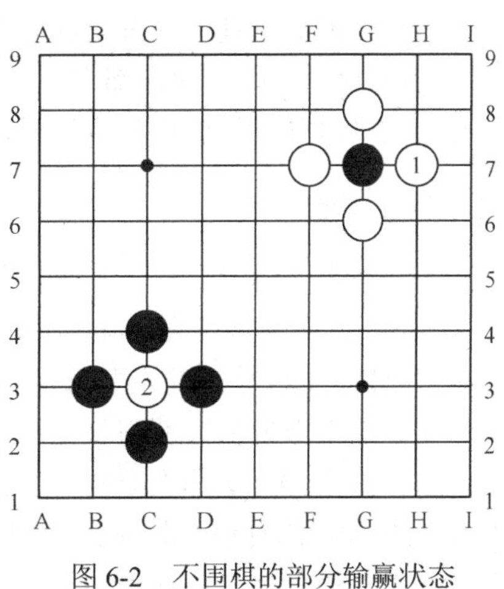

图 6-2　不围棋的部分输赢状态

6.2　强化学习

自 2016 年和 2017 年 AlphaGo 分别战胜李世石和柯洁以来，强化学习在机器博弈领域的应用越来越广泛。强化学习可用于状态较少的博弈游戏，本例将使用强化学习中的 Q 学习算法训练不围棋。

6.2.1　强化学习简介

强化学习又称为再励学习、评价学习或增强学习，是机器学习的一个重要的分支，其用于描述和解决智能体(Agent)如何在与环境的交互过程中通过学习策略达到回报最大化或实现特定目标的问题。强化学习的常见模型是标准的马尔可夫决策过程(Markov Decision Process，MDP)。

强化学习是程序通过经验学习动作知识的机器学习方法。智能体以“试错”的方式进行学习，通过与环境进行交互获得奖励来指导其动作，其目标是使智能体获得最大的奖励。

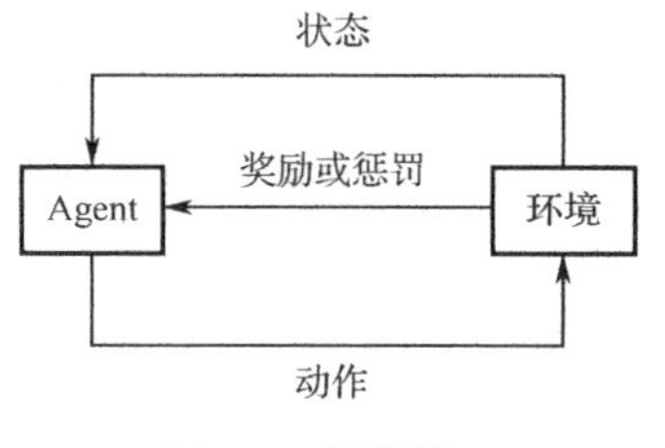

图 6-3　强化学习

强化学习把学习过程看作试探评价的过程，如图 6-3 所示，Agent 选择一个动作作用于环境，之后环境状态发生变化，同时产生一个强化信号(奖励或惩罚)反馈给 Agent，Agent 则根据强化信号和环境当前的状态来选择下一个动作，选择的原则是使正强化(奖励)的概率增大，选择的结果不仅会影响立即强化值，而且会影响下一时刻的状态和最终的强化值。

强化学习系统的设计目标是学习从环境状态到动作的映射，使得智能体选择的动作能够获得环境最大的奖励，使得环境对学习系统在某种意义下的评价(或整个系统的运行性能)为最佳。在设计强化学习系统时，主要考虑以下三方面的内容：

① 如何表示状态空间和动作空间。

② 如何选择建立信号以及如何通过学习来修正不同的状态-动作对的值。

③ 如何根据这些值来选择合适的动作。

强化学习有如下特点：

① 没有监督标签。只对当前状态进行奖惩和打分，其本身并不知道什么样的动作才是最好的。

② 评价有延迟。往往需要过一段时间，并且可能已经走了很多步后，才知道当时的选择是好还是坏。有时需要牺牲一部分当前利益以最优化未来的奖励。

③ 时间有顺序性。每个动作都不是独立的数据，每步都会影响下一步。其目标也是如何优化一系列的动作序列以得到更好的结果，即应用场景往往是连续决策问题。

6.2.2　*Q* 学习算法

Q 学习算法是强化学习算法中基于价值的算法，*Q* 即为 *Q*(state,action)，就是在某一个时刻的状态(state)下，采取动作(action)能够获得收益的期望，环境会根据 Agent 的动作反馈相应的奖励(reward)，所以算法的主要思想就是将 state 和 action 构建成一张 *Q* 表来存储评分值 *Q*，然后根据 *Q* 值来选取能够获得最大收益的动作。如果有适当的方法计算出 *Q* 值，那么只需要找出一个合适的行动使得 *Q* 值为最大，这样就可以确定最优行动策略。

Q 表实际上就是状态、动作与估计的未来奖励之间的映射表，如图 6-4 所示。

在 *Q* 表中，一行代表一个状态(s_i，i=0,1,2,⋯)，一列代表一个动作(a_j，j=0,1,2,⋯)，表格中的数值就是在各个状态下采取各个动作时能够获得的最大的未来期望奖励。当处于某个状态下时，所选择的动作为当前状态下 *Q* 值最大的动作。

state \ action	a_0	a_1	a_2	⋯
s_0	$Q(s_0,a_0)$	$Q(s_0,a_1)$	$Q(s_0,a_2)$	⋯
s_1	$Q(s_1,a_0)$	$Q(s_1,a_1)$	$Q(s_2,a_2)$	⋯
s_2	$Q(s_2,a_0)$	$Q(s_2,a_1)$	$Q(s_2,a_2)$	⋯
⋯	⋯	⋯	⋯	⋯

图 6-4　*Q* 表

Q 表的作用通过下例进行说明。假设有 5 个房间，如图 6-5 所示，房间之间均通过一道门相连，房间号用 0~4

进行编号，室外用 5 编号，其中 1 号房间和 4 号房间可以连通到 5 号室外，现在通过 Agent 使用 Q 学习算法从任一房间出发，到达室外 5 号，学习后获得的 Q 表如图 6-6 所示。

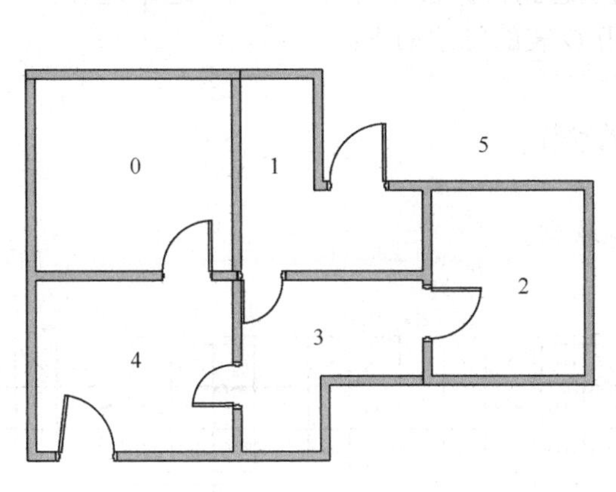

图 6-5　房间连通图

state \ action	a_0	a_1	a_2	a_3	a_4	a_5
s_0	0	0	0	0	891	0
s_1	0	0	0	801	0	991
s_2	0	0	0	801	0	0
s_3	0	891	720	0	891	0
s_4	801	0	0	801	0	991
s_5	0	891	0	0	891	991

图 6-6　Q 学习的结果

现在可以通过 Q 表来进行动作的选择，例如，要从 1 号房间出发到室外，那么可以从 s_1 出发查找 Q 值最大的点，1 号房间出发可以到 3 号房间，也可以到 5 号室外，而 a_5 的值最大，则直接从 1 号房间可以到 5 号室外获得的路径为 $s_1 \rightarrow s_5$。又如，要从 2 号房间出发到室外，则先从 Q 表的 s_2 行中选择最大的 Q 值，即 a_3，此时进入 s_3，再从 s_3 出发，此时 s_3 行中 Q 值最大的是 a_1 和 a_4，既可以选择 a_1，也可以选择 a_4，假设选择 a_1，则从 s_1 出发，这时 s_1 行中 Q 值最大的为 a_5，这样获得的路径为 $a_2 \rightarrow a_3 \rightarrow a_1 \rightarrow a_5$。

Q 表中 Q 值的计算可以分为两种情况。一种情况是在下一个状态达成目标，此时可以通过奖励公式进行计算，其计算公式为

$$Q(\text{state,action}) = Q(\text{state,action}) + \alpha[R - Q(\text{state,action})] \tag{6-1}$$

式中，R 为奖励值，α 为学习系数，取值范围为 0~1。

另一种情况是没有达成目标，则根据当前状态和下一个状态对 Q 表进行更新，更新过程的计算公式为

$$Q(\text{state,action}) = Q(\text{state,action}) + \alpha[\gamma \times \max Q(\text{state}_{\text{next}},\text{action}_{\text{next}}) - Q(\text{state,action})] \tag{6-2}$$

式中，γ 是 0~1 之间的比例系数，如果 γ 趋近于 0，则表示 Agent 更注重及时获得回报，如果 γ 趋近于 1，则表示 Agent 更注重未来的回报。α 为学习系数，取值范围为 0~1。

Q 学习算法的基本过程如下：

1) 设置参数 γ，并初始化奖励值 R。

2) 将 Q 表中的 Q 值全部初始化为 0。

3) For 每个过程

　　随机选择一个初始状态

　　DoWhile（目标未达成）

　　　　从当前状态的所有可能的动作中选择一个动作

　　　　使用这个动作达到下一个状态

　　　　在下一个状态的所有可能动作中，选择一个 Q 值最大的动作

　　　　按式(6-1)和式(6-2)计算 Q 值

设置下一个状态为当前状态

End Do

End For

在这个算法中，Agent 简单地跟踪从起始状态到目标状态的状态序列。这个过程在 Q 表中就是从当前状态寻找最高 Q 值的动作。利用 Q 表的算法如下：

1) 设置当前状态=初始状态。

2) 从当前状态开始，寻找具有最高 Q 值的动作。

3) 设置当前状态=下一个状态。

4) 重复步骤 2) 和 3)，直到当前状态=目标状态。

在图 6-7 中给出了井字棋的 Q 学习过程。

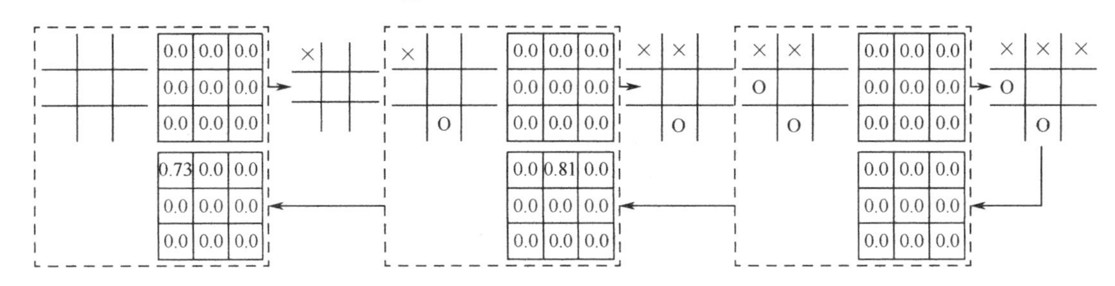

图 6-7　井字棋的 Q 学习过程

在计算机博弈游戏的 Q 学习算法中，action 可以通过可下位置来确定，state 则可以利用哈希（Hash）表计算当前局面的哈希值来确定。在具体使用中，可以通过 Q 表来获得候选下棋位置，再结合 UCT 算法来获得最佳下棋位置。

6.3　使用置换表表示棋盘状态

Q 学习算法需要使用状态(state)与动作(action)对来获得学习得到的最佳走法，因此，需要将当前的局面表示为一个状态，即用一个值来表示当前的状态，然后通过该值进行查表操作，并获得当前学习得到的最佳下棋位置。记录棋盘状态可以通过置换表完成。

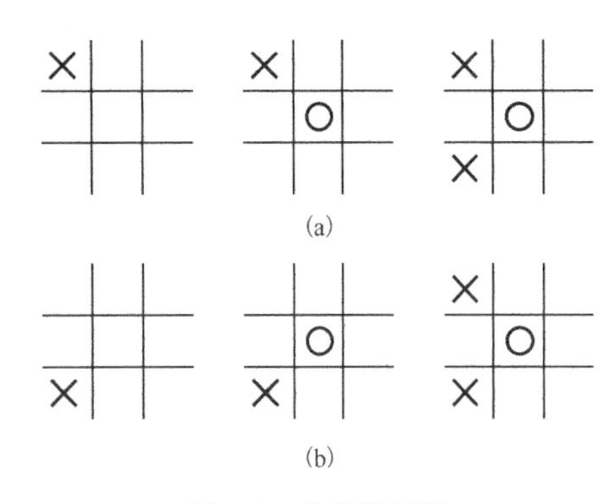

图 6-8　井字棋示例

置换表的原理是采用哈希技术将已搜索节点的局部特征、估值和其他相关信息记录下来。

在博弈游戏中，经常会出现下棋步骤不同，但最终形成的局面相同的情况，图 6-8 给出了井字棋两种不同的走法，最终形成了相同的局面。采用置换表只需要记录局面的特征，而不需要记录棋盘状态形成的过程。

在搜索过程中，如果待搜索的局面特征在置换表中已经有记录，在满足相关条件时，可以直接使用置换表中的结果。

对一个节点进行估值时，首先应查找置换表，如果置换表中有相关节点的信息，则直接使用置换表。若置换表中没有相关节点的信息，则对该节点进行搜索，当计算出估值时，立即将该节点的信息保存到置换表中，并更新置换表。

要使用置换表，首先要确定哈希函数，将节点的局面映射为一个哈希值，哈希值可以是 32 位的无符号整型数据，也可以是 64 位的无符号整型数据，具体需根据可能产生的局面数量来确定。

在置换表中最常用的哈希函数是 Zobrist 哈希函数，它能高效地生成一个特定局面下的哈希值。

每个棋子在不同位置上的哈希值可以通过一个三维数组来确定，其基本形式如下：

```
U64 zobrist[row][col][piece];
```

U64 表示 64 位无符号整型数据。编译系统不同，所使用的方法不同，如果采用 g++编译器则可以使用 unsigned long long 类型来处理，如果使用 VC 编译器则可以使用__int64 类型来处理。

在应用过程中，数组的大小根据游戏的具体情况来确定，例如，井字棋的棋盘大小为 3×3，而棋子类型为两种，则数组可以构造为 zobrist[3][3][2]，又如，六子棋的棋盘大小为 19×19，棋子类型为两种，则数组可以构造为 zobrist[19][19][2]。数组通过行、列和棋子位置来确定初值，每项初值则通过随机数获得，C 语言中的函数 rand()获得的是一个 15 位的值，要获得 64 位的值还需要进行异或和移位运算，具体过程如下：

```
1  U64 rand64()
2  {
3      return rand()^((U64)rand()<<15)^((U64)rand()<<30)^((U64)rand()<<45)^((U64)rand()<<60);
4  }
```

在博弈程序启动时可以利用上述随机数的计算方法将三维数组中的每个元素进行初始化，要为当前局面产生一个 zobrist 键值，首先将当前局面的键值设为 0，然后找到棋盘上的每个棋子，并且让初始键值与找到的棋子的键值 zobrist[r][c][p]进行异或运算就可以获得当前局面的键值。在后续使用过程中，如果一方下棋，那么，只需要与“改变的着子”进行异或运算就可以获得当前局面的键值。

在 Alpha-Beta 等搜索算法中也可以使用置换表记录最佳估值，从而避免反复估值，减少搜索过程中的估值计算量。在 Alpha-Beta 算法中使用置换表的代码如下：

```
1  int AlphaBeta(int depth, int alpha, int beta)
2  {
3      int hashf = hashfALPHA;
4      if ((val = ProbeHash(depth, alpha, beta)) != valUNKNOWN)
5      {
6          return val;
7      }
8      if (depth == 0)
9      {
10         val = Evaluate();
11         RecordHash(depth, val, hashfEXACT);
12     return val;
13     }
14     GenerateLegalMoves();
15     while (MovesLeft())
16     {
17         MakeNextMove();
18         val = -AlphaBeta(depth - 1, -beta, -alpha);
19         UnmakeMove();
20         if (val >= beta)
21         {
22             RecordHash(depth, beta, hashfBETA);
23             return beta;
24         }
25         if (val > alpha)
26         {
27             hashf = hashfEXACT;
```

```
28                alpha = val;
29            }
30        }
31        RecordHash(depth, alpha, hashf);
32        return alpha;
33  }
```

上述代码第 4~7 行查找哈希值，若该值已经计算过了，则返回对应的该哈希值的估值，否则按照 Alpha-Beta 算法进行搜索。第 22 行在获得最佳值时记录下哈希值和最佳下棋位置。

6.4 不围棋的实现

不围棋程序主要包含两大部分内容：蒙特卡洛（MC）算法部分和 *Q* 学习算法部分。MC 算法可以用于下棋，也可以用于 *Q* 学习，*Q* 学习算法部分主要用于 *Q* 表训练，在训练完成后可以和 MC 算法相结合用于下棋位置的选择。

6.4.1 基本结构

不围棋程序的实现主要包括 MC 算法部分和 *Q* 学习算法部分，各个结构体和类以及类中的函数围绕这两部分展开。整个程序以 NoGo 类为基础，该类的基本结构如图 6-9 所示。

NoGo		
-	board[9][9]	: short
-	playSide	: short
-	step	: double
-	hashTable[9][9][2]	: unsigned
-	vecPlayProcess	: vector<Position>
-	totalAttempts	: int
-	vecRecordMoves	: vector<StateAction>
-	mapQTable	: map<int,MapData>
+	NoGo()	
+	init()	: void
+	initBoard(short board[9][9])	: void
+	displayBoard(short board[9][9])	: void
+	drawBoard(short board[9][9])	: void
+	copyBoard(short boardA[9][9], short boardB[9][9])	: void
+	createHashTable()	: void
+	getHashTableFromFile()	: void
+	displayHashTable()	: void
+	displayQTable()	: void
+	isBlackLose(short board[9][9], Position pos)	: bool
+	isWhiteLose(short board[9][9], Position pos)	: bool
+	Qi(short board[9][9], short assistBoard[9][9], vector<Position> vecPos, short side)	: short
+	genPositions(short board[9][9])	: vector<Position>
+	genMCPositions(short board[9][9])	: vector<MCPosition>
+	randomPlay(short board[9][9], short side)	: short
+	nRoundRandomPlay(short board[9][9], short side, int n)	: int
+	PMC(short board[9][9], short side)	: Position
+	randZeroToOne()	: double
+	getState(short board[9][9])	: int
+	getRandomPosition(short board[9][9])	: Position
+	getPositionFromQTable(short board[9][9])	: Position
+	getQTableFromFile()	: void
+	saveQDataToFile()	: void
+	oneRoundTrain()	: void
+	updateQTable()	: void
+	train()	: void

图 6-9　NoGo 类的基本结构

NoGo 类中使用了 Position 结构体、MCPosition 结构体、StateAction 结构体和 MapData 类。

Position 结构体主要记录可以下棋的位置，定义如下：

```
1  struct Position
2  {
3      short x;
4      short y;
5  };
```

MCPosition 结构体主要记录下棋位置，以及在该位置下棋后进行模拟的次数、模拟的胜负情况和胜率，定义如下：

```
1  struct MCPosition
2  {
3      short x;
4      short y;
5      int attempts;
6      int wins;
7      double r;
8  };
```

StateAction 结构体用于记录下棋过程中的棋盘状态和下棋位置，其中 state 用于记录下棋状态，action 用于记录下棋位置，定义如下：

```
1  struct StateAction
2  {
3      int state;
4      int action;
5  };
```

MapData 类用于处理 Q 表中的 Q 值，MapData 类与键值(棋盘状态)对在读/写 Q 表时使用，定义如下：

```
1  class MapData
2  {
3  public:
4      MapData()
5      {
6          int i;
7          for(i=0;i<81;i++)
8          {
9              values[i] = 0.0;
10         }
11     }
12 public:
13     float values[81];
14 };
```

MapData 类的成员变量用于记录 Q 表数据，构造函数用于初始化数据。这里采用类的方式，方便初始化数据，也可以采用结构体的方式，同样需要初始化相应的数据。

NoGo 类中各成员的作用见表 6-1。

表 6-1　NoGo 类中各成员的作用

成 员 名 称	成员的作用
board[9][9]	表示棋盘
playSide	表示下棋方
step	绘制棋盘时定义单元格的大小

续表

成 员 名 称	成员的作用
hashTable[9][9][2]	哈希表，用于计算棋盘状态
vecPlayProcess	记录下棋过程
totalAttempts	模拟的总次数
vecRecordMoves	记录下棋过程中的状态和动作
mapQTable	处理 Q 表数据
NoGo()	构造函数
init()	初始化函数，用于初始化变量
initBoard()	初始化棋盘
displayBoard()	以控制台方式显示棋盘状态
drawBoard()	以图形界面方式显示棋盘状态
copyBoard()	复制棋盘
createHashTable()	生成哈希表
getHashTableFromFile()	从文件中获得哈希表数据
displayHashTable()	以控制台方式显示哈希表，用于检查哈希表
displayQTable()	以控制台方式显示 Q 表
isBlackLose()	判断是否黑方输棋
isWhiteLose()	判断是否白方输棋
Qi()	记录下棋后棋子的数量
genPositions()	生成当前棋盘状态的所有可下位置
genMCPositions()	使用 MCPosition 结构体生成当前状态下的所有可下位置
randomPlay()	以随机方式下棋
nRoundRandomPlay()	进行若干轮随机下棋
PMC()	以纯蒙特卡洛方法获得下棋位置
randZeroToOne()	获得 0~1 之间的随机数
getState()	获得当前棋盘的状态
getRandomPosition()	以随机方式获得当前状态下的所有可下位置
getPositionFromQTable()	从 Q 表中获得下棋位置
getQTableFromFile()	从文件中获得 Q 表数据
saveQDataToFile()	将 Q 表数据保存到文件中
oneRoundTrain()	一轮学习，用于 Q 表训练
updateQTable()	更新 Q 表数据
train()	Q 学习的训练

6.4.2 MC 算法的实现

本节主要介绍 MC 算法的实现，同时介绍一些相关的辅助函数，包括初始化数据、判断输赢和显示棋盘等函数。

1. 辅助函数的实现

辅助函数主要包括初始化数据、判断输赢、显示棋盘等函数。初始化数据包括初始化棋盘和下棋方等。初始化棋盘函数的功能是将棋盘初始化为空状态，具体代码如下：

```
1  void NoGo::initBoard(short board[9][9])
2  {
3      int i,j;
```

```
4        for(i=0;i<9;i++)
5        {
6            for(j=0;j<9;j++)
7            {
8                board[i][j] = EMPTY;
9            }
10       }
11   }
```

初始化数据函数主要初始化棋盘和下棋方、获取哈希表(*Q* 学习中使用)等，代码如下：

```
1    void NoGo::init()
2    {
3        initBoard(board);
4        playSide = BLACKCHESS;
5        step = (710 - MARGIN) / 8;
6        srand(time(0));
7        totalAttempts = 1000000;
8        getHashTableFromFile();       //获取哈希表
9        getQTableFromFile();          //获取 Q 表
10   }
```

上述代码第 4 行初始化下棋方。第 5 行初始化绘制棋盘时单元格的宽度，该变量也可以通过常量设置。第 7 行是 MC 算法中随机模拟的总次数，第 8 行从文件中获得哈希表数据，第 9 行通过文件获得 *Q* 表数据，在 *Q* 学习算法中使用。

init()只在构造函数中调用，完成数据的初始化。构造函数具体代码如下：

```
1    NoGo::NoGo()
2    {
3        init();
4    }
```

本例通过控制台方式和图形界面方式分别显示下棋状态，方便检查下棋过程中状态的变化。控制台显示棋盘状态函数中分别使用 E、B 和 W 来表示棋盘当前位置为空、当前位置为黑棋和当前位置为白棋三种状态。代码如下：

```
1    void NoGo::displayBoard(short board[9][9])
2    {
3        int i,j;
4        for(i=0;i<9;i++)
5        {
6            for(j=0;j<9;j++)
7            {
8                if(board[i][j] == EMPTY)
9                {
10                   printf("E ");
11               }
12               else if(board[i][j] == BLACKCHESS)
13               {
14                   printf("B ");
15               }
16               else
17               {
18                   printf("W ");
19               }
20           }
21           printf("\n");
22       }
23   }
```

图形界面显示下棋状态函数中的棋盘通过图片来显示，棋子通过绘制并填充椭圆的方式来显示，代码如下：

```
1  void NoGo::drawBoard(short board[9][9])
2  {
3      cleardevice();
4      PIMAGE imgBoard = newimage();
5      getimage(imgBoard,"NoGo.jpg");
6      putimage(0,0,imgBoard);
7      int i,j;
8      int x,y;
9      for(i=0;i<9;i++)
10     {
11         for(j=0;j<9;j++)
12         {
13             if(board[i][j] == EMPTY)
14             {
15                 continue;
16             }
17             if(board[i][j] == BLACKCHESS)
18             {
19                 x = MARGIN + j * step;
20                 y = MARGIN + i * step;
21                 setfillstyle(SOLID_FILL,BLACK,NULL);
22                 fillellipse(x,y,step*0.45,step*0.45);
23                 continue;
24             }
25             if(board[i][j] == WHITECHESS)
26             {
27                 x = MARGIN + j * step;
28                 y = MARGIN + i * step;
29                 setfillstyle(SOLID_FILL,WHITE);
30                 fillellipse(x,y,step*0.45,step*0.45);
31                 continue;
32             }
33         }
34     }
35     setrendermode(RENDER_AUTO);
36 }
```

上述代码第 4~6 行以贴图的形式显示棋盘，第 9~34 行根据棋盘中的状态来确定绘制何种棋子，绘制棋子时通过填充颜色的不同来区分黑棋和白棋，第 35 行对图形界面进行渲染。

执行上述函数显示的棋盘实际效果见图 6-10。图中，A8 点的效果是在下棋过程中特别处理的结果，用于显示最后一步下棋的位置，方便在双方下棋过程中查找下棋的位置。图中，因黑棋最后所下位置 A8 会使左侧白棋 4 子被吃掉，黑棋输棋。

不围棋的输赢判断包含两个方面的内容：既要判断是否会吃掉对方棋子，又要判断是否为我方自杀，只要出现以上两种情况之一，则判下棋方输。以黑棋为当前下棋方为例，不围棋的输赢判断可以分为 5 种情况，如图 6-11 所示。

在图 6-11 中，左上角示例和右上角示例为黑棋落子后形成黑棋自杀的情况，黑棋输。左上角的情况是，当棋子 1 落子后，该棋子上、下、左、右均为白棋，气为 0，形成自杀结果。右上角棋子 2 落子后，与 H8 形成的一块棋子，该块棋子的气为 0，形成自杀结果。这两种形态均为黑棋输棋结果。判断下棋方是否输棋可以通过落子位置周围是否有我方棋子和是否有气来进行，若落子位置有气，则未输，若没有气但有我方棋子，则判断与该棋子形成块之后的整块是否有气，若有气则未输。

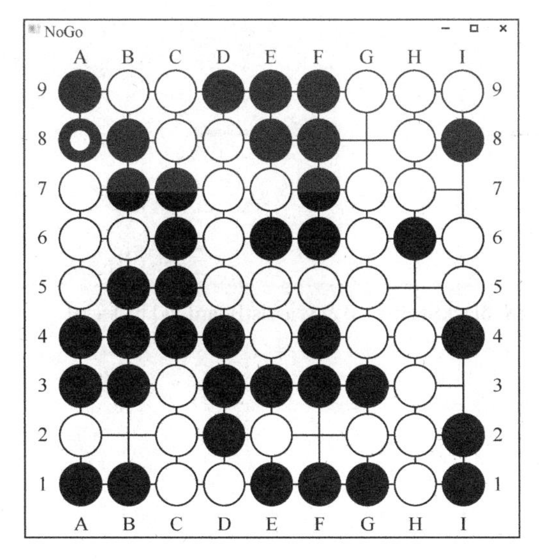

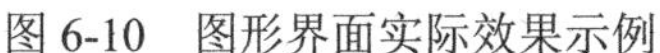
图 6-10 图形界面实际效果示例

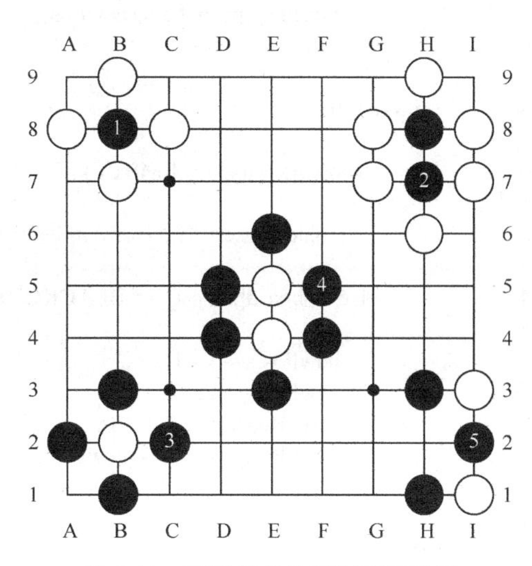

图 6-11 不围棋的输赢判断示意图

图 6-11 中间、左下角和右下角示例为判断黑棋下棋后，周围的白棋是否被吃掉的情况。左下角是只有一个白棋的形态，当棋子 3 落子后，应按上、下、左、右 4 个方向检查是否存在白棋，检查时需分别进行，若存在白棋，则判断白棋是否有气，若没有气，则检查该白棋位置在上、下、左、右 4 个方向上是否形成白棋块，若形成白棋块，则继续检查白棋块是否有气，若有气，则黑棋未输。中间棋子 4 落子后，需要判断白棋块是否有气。右下角棋子 5 落子后，I1 白棋将被吃掉。将 I3 和 I1 白棋联合起来一起判断时，该形状白棋有气，但分别判断时，I1 白棋没气，因此棋子 5 落子后，黑棋输。要判断落子后对方棋子是否有可能被吃掉，必须分别按照 4 个方向进行判断，这样才能得到正确的结果。

判断黑棋是否输棋的函数如下：

```
1   bool NoGo::isBlackLose(short board[9][9],Position pos)
2   {
3       short assistBoard[9][9];
4       initBoard(assistBoard);
5       Position newPos;
6       vector<Position> blackPos;
7       short blackState = 0;
8       short whiteState = 0;
9       int x = pos.x;
10      int y = pos.y;
11      assistBoard[x][y] = 1;
12      //判断黑棋下棋位置四周是否有空位(是否有气)，有气和提子需分别计算
13      //判断黑棋是否有气
14      if((x+1)<9)
15      {
16          if(board[x+1][y] == EMPTY)
17          {
18              blackState = 1;
19          }
20          else if( board[x+1][y] == BLACKCHESS && blackState == 0 && assistBoard[x+1][y]==0)
```

```
21                  {
22                      newPos.x = x + 1;
23                      newPos.y = y;
24                      assistBoard[x+1][y] = 1;
25                      blackPos.push_back(newPos);
26                  }
27              }
28              if(x-1>=0)
29              {
30                  if(board[x-1][y] == EMPTY)
31                  {
32                       blackStatc = 1;
33                  }
34                  else if( board[x-1][y] == BLACKCHESS && blackState == 0 && assistBoard[x-1][y]==0)
35                  {
36                      newPos.x = x - 1;
37                      newPos.y = y;
38                      assistBoard[x-1][y] = 1;
39                      blackPos.push_back(newPos);
40                  }
41              }
42              if(y+1<9)
43              {
44                  if(board[x][y+1] == EMPTY)
45                  {
46                       blackState = 1;
47                  }
48                  else if( board[x][y+1] == BLACKCHESS && blackState == 0 && assistBoard[x][y+1]==0)
49                  {
50                      newPos.x = x;
51                      newPos.y = y + 1;
52                      assistBoard[x][y+1] = 1;
53                      blackPos.push_back(newPos);
54                  }
55              }
56              if(y-1>=0)
57              {
58                  if(board[x][y-1] == EMPTY)
59                  {
60                       blackState = 1;
61                  }
62                  else if( board[x][y-1] == BLACKCHESS && blackState == 0 && assistBoard[x][y-1]==0)
63                  {
64                      newPos.x = x;
65                      newPos.y = y - 1;
66                      assistBoard[x][y-1] = 1;
67                      blackPos.push_back(newPos);
68                  }
69              }
70              if(blackState == 0 && blackPos.size()>0)
71              {
72                  blackState = Qi(board,assistBoard,blackPos,BLACKCHESS);
73              }
74              //黑棋没有气了
75              if(blackState == 0)
76              {
```

```
77                return true;
78            }
79            //分别判断 4 个方向的白棋情况
80            if(x+1<9 && board[x+1][y] == WHITECHESS)
81            {
82                newPos.x = x + 1;
83                newPos.y = y;
84                assistBoard[x+1][y] = 1;
85                vector<Position> whitePos;
86                whitePos.push_back(newPos);
87                whiteState = Qi(board,assistBoard,whitePos,WHITECHESS);
88                if(whiteState == 0)
89                {
90                    return true;
91                }
92            }
93            if(x-1>=0 && board[x-1][y] == WHITECHESS)
94            {
95                newPos.x = x - 1;
96                newPos.y = y;
97                assistBoard[x-1][y] = 1;
98                vector<Position> whitePos;
99                whitePos.push_back(newPos);
100               whiteState = Qi(board,assistBoard,whitePos,WHITECHESS);
101               if(whiteState == 0)
102               {
103                   return true;
104               }
105           }
106           if(y+1<9 && board[x][y+1] == WHITECHESS)
107           {
108               newPos.x = x;
109               newPos.y = y + 1;
110               assistBoard[x][y+1] = 1;
111               vector<Position> whitePos;
112               whitePos.push_back(newPos);
113               whiteState = Qi(board,assistBoard,whitePos,WHITECHESS);
114               if(whiteState == 0)
115               {
116                   return true;
117               }
118           }
119           if(y-1<9 && board[x][y-1] == WHITECHESS)
120           {
121               newPos.x = x;
122               newPos.y = y - 1;
123               assistBoard[x][y-1] = 1;
124               vector<Position> whitePos;
125               whitePos.push_back(newPos);
126               whiteState = Qi(board,assistBoard,whitePos,WHITECHESS);
127               if(whiteState == 0)
128               {
129                   return true;
130               }
131           }
132           return false;
133       }
```

上述代码判断输赢情况时使用了辅助棋盘 assistBoard[9][9]（第 3 行中定义）用来记录棋盘中的对应位置是否已经被探索过，若已经被探索过，则标记为 1，否则标记为 0。第 7 行和第 8 行的两个变量 blackState 和 whiteState 分别用来记录双方的棋子是否有气，有气时记为 1，没气时记为 0。

第 14~69 行判断黑棋情况，检查落子位置是否形成自杀的过程如下：

1）若落子位置的 4 个方向上有空位，则将 blackState 记为 1，表示落子位置有气，没有输。

2）若落子位置还没有找到气，且还没有被探索过，则将该位置加入向量中。

3）在落子位置的 4 个方向都检查完后，若还是没有气，则调用辅助函数 Qi()，检查该位置 4 个方向上存在的黑棋是否有气，检查完后，若还是没气，则返回黑棋输棋的结果，不再需要检查白棋的情况。

第 80~131 行按 4 个方向分别检查是否有白棋，若有白棋，则分别调用 Qi()检查白棋及其四周是否有气，并根据是否有气来返回相应的结果。

在检查黑棋和白棋是否有气时，使用了辅助函数 Qi()，代码如下：

```
1   short NoGo::Qi(short board[9][9],short assistBoard[9][9],vector<Position>
2   vecPos,short side)
3   {
4       vector<Position> vecNewPos;
5       Position pos;
6       int i;
7       int x,y;
8       for(i=0;i<(int)vecPos.size();i++)
9       {
10          x = vecPos[i].x;
11          y = vecPos[i].y;
12          //按 4 个方向进行检查
13          if(x+1<9)
14          {
15              if(board[x+1][y] == EMPTY)
16              {
17                  return 1;
18              }
19              if(board[x+1][y] == side && assistBoard[x+1][y] == 0)
20              {
21                  pos.x = x+1;
22                  pos.y = y;
23                  assistBoard[x+1][y] = 1;
24                  vecNewPos.push_back(pos);
25              }
26          }
27          if(x-1>=0)
28          {
29              if(board[x-1][y] == EMPTY)
30              {
31                  return 1;
32              }
33              if(board[x-1][y] == side && assistBoard[x-1][y] == 0)
34              {
35                  pos.x = x-1;
36                  pos.y = y;
37                  assistBoard[x-1][y] = 1;
38                  vecNewPos.push_back(pos);
```

```
39              }
40          }
41          if(y+1<9)
42          {
43              if(board[x][y+1] == EMPTY)
44              {
45                  return 1;
46              }
47              if(board[x][y+1] == side && assistBoard[x][y+1] == 0)
48              {
49                  pos.x = x;
50                  pos.y = y+1;
51                  assistBoard[x][y+1] = 1;
52                  vecNewPos.push_back(pos);
53              }
54          }
55          if(y-1>=0)
56          {
57              if(board[x][y-1] == EMPTY)
58              {
59                  return 1;
60              }
61              if(board[x][y-1] == side && assistBoard[x][y-1] == 0)
62              {
63                  pos.x = x;
64                  pos.y = y-1;
65                  assistBoard[x][y-1] = 1;
66                  vecNewPos.push_back(pos);
67              }
68          }
69      }
70      if(vecNewPos.size()>0)
71      {
72          return Qi(board,assistBoard,vecNewPos,side);
73      }
74      return 0;
75  }
```

Qi()的参数中包括存储棋子位置的向量，该函数采用递归方式，实现过程如下：

1）对向量中所有的棋子位置按 4 个方向进行检查，若存在空位，则返回 1（表示有气）。

2）4 个方向上存在相同下棋方的棋子，若存在相同下棋方棋子并且没有被探索过，则将该位置加入新的向量中。

3）全部检查完毕后，若新向量中有下棋位置，则以新向量为函数参数，返回第 1）步。

4）返回 0（表示向量中相关位置均没有气）。

在 Qi()中，第 4 行定义一个新的位置向量，用于存放在检查过程中发现的新的我方棋子位置。第 8~69 行按 4 个方向对函数参数中的向量的所有位置进行检查，并按照有空位则返回 1，有我方棋子且未被探索过就存入新向量中的原则进行处理。第 70~73 行的作用是根据新向量的情况，决定是否进行递归检查。

图 6-12 是黑棋输棋判断过程示例图，图中黑棋 1 为最后落子的棋子。在棋盘左上角，黑棋 1 落子后，检查上、下、左、右 4 个方向的情况，将标记为 2 的黑棋加入向量中，使用 Qi()再次进行检查，由于标记为 2 的黑棋周围有空位，因此未输。对于黑棋 1 右侧的白棋 1，需使用 Qi()进行检查，由于 4 个方向均有棋子，按照检查原则将白棋 2 加入向量中，再进行递

归检查，白棋 3 的检查同理。最后由于白棋块没有气了，形成白棋被吃子，黑棋输棋。

对于图 6-12 棋盘右下角的形态，黑棋 1 落子后，检查黑棋，由于黑棋 1 四周有空位，因此黑棋未输，再检查白棋，与黑棋 1 相邻的白棋 1 的四周均有棋子，因此需根据检查原则再检查标记为 2 的白棋，然后检查标记为 3 的白棋，由于标记为 3 的白棋四周有空位，没有形成吃子，故黑棋未输。

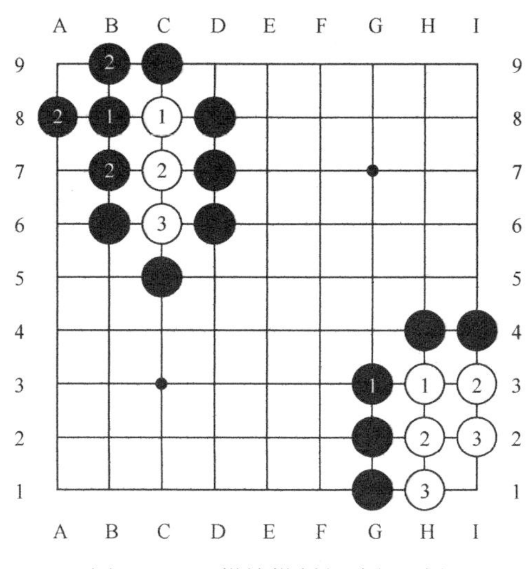

图 6-12　黑棋输棋判断过程示例

判断白棋输赢的原理与黑棋相同，具体代码如下：

```
1  bool NoGo::isWhiteLose(short board[9][9],Position pos)
2  {
3      short assistBoard[9][9];
4      initBoard(assistBoard);
5      Position newPos;
6      vector<Position> whitePos;
7      short blackState = 0;
8      short whiteState = 0;
9      int x = pos.x;
10     int y = pos.y;
11     assistBoard[x][y] = 1;//
12     //判断白棋下棋位置四周是否有空位(是否有气)，有气和提子需分别计算
13     //判断白棋是否有气
14     if((x+1)<9)
15     {
16         if(board[x+1][y] == EMPTY)
17         {
18             whiteState = 1;
19         }
20         else if( board[x+1][y] == WHITECHESS && whiteState == 0 && assistBoard[x+1][y]==0)
21         {
22             newPos.x = x + 1;
23             newPos.y = y;
24             assistBoard[x+1][y] = 1;
25             whitePos.push_back(newPos);
26         }
27     }
28     if(x-1>=0)
```

```
29         {
30             if(board[x-1][y] == EMPTY)
31             {
32                 whiteState = 1;
33             }
34             else if(board[x-1][y] == WHITECHESS && whiteState == 0 && assistBoard[x-1][y]==0)
35             {
36                 newPos.x = x - 1;
37                 newPos.y = y;
38                 assistBoard[x-1][y] = 1;
39                 whitePos.push_back(newPos);
40             }
41         }
42         if(y+1<9)
43         {
44             if(board[x][y+1] == EMPTY)
45             {
46                 whiteState = 1;
47             }
48             else if( board[x][y+1] == WHITECHESS && whiteState == 0 && assistBoard[x][y+1]==0)
49             {
50                 newPos.x = x;
51                 newPos.y = y + 1;
52                 assistBoard[x][y+1] = 1;
53                 whitePos.push_back(newPos);
54             }
55         }
56         if(y-1>=0)
57         {
58             if(board[x][y-1] == EMPTY)
59             {
60                 whiteState = 1;
61             }
62             else if( board[x][y-1] == WHITECHESS && whiteState == 0 && assistBoard[x][y-1]==0)
63             {
64                 newPos.x = x;
65                 newPos.y = y - 1;
66                 assistBoard[x][y-1] = 1;
67                 whitePos.push_back(newPos);
68             }
69         }
70         if(whiteState == 0 && whitePos.size()>0)
71         {
72             whiteState = Qi(board,assistBoard,whitePos,WHITECHESS);
73         }
74         //白棋没有气了
75         if(whiteState == 0)
76         {
77             return true;
78         }
79         //分别判断 4 个方向上黑棋的情况
80         if(x+1<9 && board[x+1][y] == BLACKCHESS)
81         {
82             newPos.x = x + 1;
83             newPos.y = y;
84             assistBoard[x+1][y] = 1;
```

```
85            vector<Position> blackPos;
86            blackPos.push_back(newPos);
87            blackState = Qi(board,assistBoard,blackPos,BLACKCHESS);
88            if(blackState == 0)
89            {
90                return true;
91            }
92        }
93        if(x-1>=0 && board[x-1][y] == BLACKCHESS)
94        {
95            newPos.x = x - 1;
96            newPos.y = y;
97            assistBoard[x-1][y] = 1;
98            vector<Position> blackPos;
99            blackPos.push_back(newPos);
100           blackState = Qi(board,assistBoard,blackPos,BLACKCHESS);
101           if(blackState == 0)
102           {
103               return true;
104           }
105       }
106       if(y+1<9 && board[x][y+1] == BLACKCHESS)
107       {
108           newPos.x = x;
109           newPos.y = y + 1;
110           assistBoard[x][y+1] = 1;
111           vector<Position> blackPos;
112           blackPos.push_back(newPos);
113           blackState = Qi(board,assistBoard,blackPos,BLACKCHESS);
114           if(blackState == 0)
115           {
116               return true;
117           }
118       }
119       if(y-1<9 && board[x][y-1] == BLACKCHESS)
120       {
121           newPos.x = x;
122           newPos.y = y - 1;
123           assistBoard[x][y-1] = 1;
124           vector<Position> blackPos;
125           blackPos.push_back(newPos);
126           blackState = Qi(board,assistBoard,blackPos,BLACKCHESS);
127           if(blackState == 0)
128           {
129               return true;
130           }
131       }
132       return false;
133   }
```

2．MC 算法的实现

MC 算法在本例中可以用于选择下棋位置，也可以用于与 Q 表相结合进行下棋位置的选择。在本例中，MC 算法的基础是随机模拟下棋，先获得棋盘中可下位置向量，然后从向量中随机选择下棋位置。

生成当前局面所有可下位置的函数如下：

```
1  vector<Position> NoGo::genPositions(short board[9][9])
2  {
3      int i,j;
4      Position pos;
5      vector<Position> vecPos;
6      for(i=0;i<9;i++)
7      {
8          for(j=0;j<9;j++)
9          {
10             if(board[i][j] == EMPTY)
11             {
12                 pos.x = i;
13                 pos.y = j;
14                 vecPos.push_back(pos);
15             }
16         }
17     }
18     return vecPos;
19 }
```

该函数将棋盘上所有空位添加到位置向量中，并返回该向量。

随机下棋的过程是从可下位置向量中随机选择一个位置，落子，并从向量中删除该位置，然后判断输赢状况。如果没有结束棋局，则交换下棋方，重复选择下棋过程。

随机下棋函数如下：

```
1  short NoGo::randomPlay(short board[9][9],short side)
2  {
3      vector<Position> vecPos;
4      vecPos = genPositions(board);
5      Position pos;
6      short winSide;
7      short x,y;
8      int index;
9      while(true)
10     {
11         index = rand()%vecPos.size();
12         x = vecPos[index].x;
13         y = vecPos[index].y;
14         pos.x = x;
15         pos.y = y;
16         board[x][y] = side;
17         if(side == BLACKCHESS && isBlackLose(board,pos))
18         {
19             winSide = 1;//黑棋输，返回 1
20             break;
21         }
22         if(side == WHITECHESS && isWhiteLose(board,pos))
23         {
24             winSide = -1;
25             break;
26         }
27         side = -side;
28         vecPos.erase(vecPos.begin()+index);
29     }
30     return winSide;
31 }
```

上述代码第 4 行根据棋盘状态生成所有可下位置，每次选择下棋位置后将该位置从向量中删除，第 28 行将选择过的位置从向量中删除。采用这种方式进行随机下棋，可以避免反复生成可下位置，从而减少大量重复的计算。这种方法适合五子棋、六子棋、海克斯棋等游戏。本书中使用的随机数生成方法是 C 语言库中的方法，若需获得更好的随机模拟，可以自行尝试并选择合适的随机数生成方法。

随机下棋返回的是输棋情况，当黑棋输棋时返回 1，白棋输棋时返回-1，这与其他游戏情况略有不同，一般游戏设计时返回的是赢棋情况，而不围棋最后下棋方是输棋方。

MC 算法中每个下棋位置需要进行若干次模拟，然后根据模拟结果来确定落子的位置。

模拟若干次的函数如下：

```
1   int NoGo::nRoundRandomPlay(short board[9][9],short side,int n)
2   {
3       int wins = 0;
4       int win;
5       int i;
6       short randBoard[9][9];
7       for(i=0;i<n;i++)
8       {
9           copyBoard(board,randBoard);
10          win = randomPlay(randBoard,side);
11          wins += win;
12      }
13      return wins;
14  }
```

上述代码第 6 行复制一个棋盘，每次模拟时，都复制一次原棋盘，并使用复制得到的棋盘进行模拟，避免了模拟过程中棋盘的还原。具体模拟的次数可以根据总的模拟次数或模拟时间确定。

将模拟若干次的结果存储到 MCPosition 结构体中，再根据每个位置胜率情况就可以获得 MC 算法的搜索结果。以 MCPosition 结构体为基础的可下位置生成函数如下：

```
1   vector<MCPosition> NoGo::genMCPositions(short board[9][9])
2   {
3       vector<MCPosition> vecPos;
4       MCPosition pos;
5       int i,j;
6       for(i=0;i<9;i++)
7       {
8           for(j=0;j<9;j++)
9           {
10              if(board[i][j] == EMPTY)
11              {
12                  pos.x = i;
13                  pos.y = j;
14                  pos.attempts = 0;
15                  pos.wins = 0;
16                  pos.r = 0.0;
17                  vecPos.push_back(pos);
18              }
19          }
20      }
21      return vecPos;
22  }
```

可下位置生成函数将当前棋盘中的所有可下位置存放到 MCPosition 结构体中，并初始化结构体中的各成员。

在不围棋的 PMC 算法中，每步下棋都需要考虑是否输棋，针对 MCPosition 结构体中的每个位置，在下棋后都需要还原。PMC 算法的具体实现代码如下：

```
1   Position NoGo::PMC(short board[9][9],short side)
2   {
3       vector<MCPosition> vecPos;
4       vecPos = genMCPositions(board);
5       int i;
6       int x,y;
7       int wins;
8       int index;
9       double bestR;
10      Position pos;
11      int n = totalAttempts / vecPos.size();
12      for(i=0;i<(int)vecPos.size();i++)
13      {
14          x = vecPos[i].x;
15          y = vecPos[i].y;
16          board[x][y] = side;
17          pos.x = x;
18          pos.y = y;
19          if(side == BLACKCHESS && isBlackLose(board,pos))
20          {
21              vecPos[i].wins = -1;
22              vecPos[i].attempts = 1;
23              vecPos[i].r = (double)vecPos[i].wins / vecPos[i].attempts;
24              board[x][y] = EMPTY;
25              continue;
26          }
27          if(side == WHITECHESS && isWhiteLose(board,pos))
28          {
29              vecPos[i].wins = -1;
30              vecPos[i].attempts = 1;
31              vecPos[i].r = (double)vecPos[i].wins / vecPos[i].attempts;
32              board[x][y] = EMPTY;
33              continue;
34          }
35          if(side == BLACKCHESS)
36          {
37              wins = -nRoundRandomPlay(board,-side,n);
38          }
39          else
40          {
41              wins = nRoundRandomPlay(board,-side,n);
42          }
43          vecPos[i].wins = wins;
44          vecPos[i].attempts = n;
45          vecPos[i].r = (double)vecPos[i].wins / vecPos[i].attempts;
46          board[x][y] = EMPTY;
47      }
48      index = 0;
49      bestR = vecPos[0].r;
50      for(i=0;i<(int)vecPos.size();i++)
51      {
52          if(vecPos[i].r > bestR)
```

```
53            {
54                bestR = vecPos[i].r;
55                index = i;
56            }
57        }
58        pos.x = vecPos[index].x;
59        pos.y = vecPos[index].y;
60        return pos;
61    }
```

上述代码第 4 行生成可下位置向量，第 11 行确定每个位置模拟的次数，第 12~47 行对每个可下位置进行若干次的模拟，并将模拟结果保存到位置向量中。第 19~34 行实现模拟操作，若该位置直接产生结果，则不需要再进行进一步的模拟。在模拟结束后根据模拟结果选择最佳结果。

6.4.3　*Q* 学习算法的实现

Q 学习算法根据下棋过程和下棋结果对 *Q* 表数据进行更新，在图 6-13 中，显示了不围棋的 *Q* 表数据更新的基本情况。

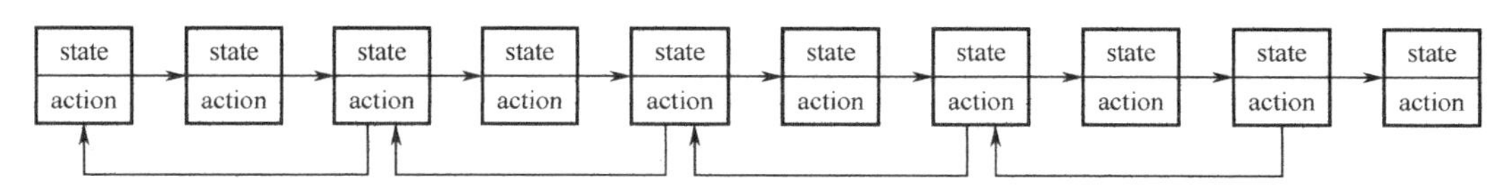

图 6-13　*Q* 表数据更新的基本情况

在图 6-13 中，state 和 action 用于记录下棋过程中的状态和动作，当最后一步棋下完后，按照下方的箭头顺序更新 *Q* 表数据，图中给出的是对获胜方进行奖励的顺序。但由于不围棋的特殊性，下最后一步棋的是失败方，因此，如果仅对获胜方进行奖励，可以采用图中所示的顺序进行奖励。

在训练过程中，每步都涉及记录状态和动作，状态可以通过哈希表进行计算，哈希表可以通过随机数方式生成。可以先生成哈希表，并存放到文件中，每次使用时通过文件获取。

哈希表生成的函数如下：

```
1    void NoGo::createHashTable()
2    {
3        FILE *fHashTable = fopen("hashTable.txt","w");
4        int i,j,k;
5        int hashValue;
6        for(i=0;i<9;i++)
7        {
8            for(j=0;j<9;j++)
9            {
10               for(k=0;k<2;k++)
11               {
12                   hashValue = rand();
13                   hashValue = hashValue<<15;
14                   hashValue = hashValue ^ rand();
15                   hashTable[i][j][k] = hashValue;
16                   fprintf(fHashTable,"%d ",hashTable[i][j][k]);
17               }
18           }
19       }
20       fclose(fHashTable);
21   }
```

上述代码第 3 行打开用于存储哈希表的文件，第 6~19 行生成哈希表数据。由于 C 语言库函数生成的是 15 位的无符号整型数据，本例所需数据是 30 位的，因此，在生成过程采用了移位方法（第 13 行）和异或运算来生成 30 位的随机数，并将其存储到文件中。

本例采用一次生成的方法，在后续使用中只需要从文件中读取哈希表数据，并用于计算棋盘状态。从文件中读取哈希表数据的代码如下：

```
1  void NoGo::getHashTableFromFile()
2  {
3      FILE *fHashTable = fopen("hashTable.txt","r");
4      int i,j,k;
5      for(i=0;i<9;i++)
6      {
7          for(j=0;j<9;j++)
8          {
9              for(k=0;k<2;k++)
10             {
11                 fscanf(fHashTable,"%d",&hashTable[i][j][k]);
12             }
13         }
14     }
15     fclose(fHashTable);
16 }
```

利用哈希表可以记录当前棋盘的状态，对当前棋盘每个位置上的棋子，通过哈希表获取哈希值，并依次与棋盘状态进行异或运算就可以获得当前棋盘的状态。计算当前棋盘状态的代码如下：

```
1  int NoGo::getState(short board[9][9])
2  {
3      int i,j;
4      int state = 0;//空棋盘状态为 0
5      for(i=0;i<9;i++)
6      {
7          for(j=0;j<9;j++)
8          {
9              if(board[i][j] == BLACKCHESS)
10             {
11                 state = state ^ hashTable[i][j][0];
12             }
13             else if(board[i][j] == WHITECHESS)
14             {
15                 state = state ^ hashTable[i][j][1];
16             }
17         }
18     }
19     return state;
20 }
```

上述代码第 9~16 行通过哈希表获得当前棋子的哈希值，并和当前棋盘状态进行异或运算。采用这种方式获得当前棋盘状态比较简明。也可以在学习过程中每下一步棋就计算一次当前棋盘状态，这种方式的计算量相对较小。

一次训练的过程与随机下棋过程类似，根据情况采用随机下棋方式或通过 Q 表获得下棋位置。一次训练函数的流程图如图 6-14 所示。

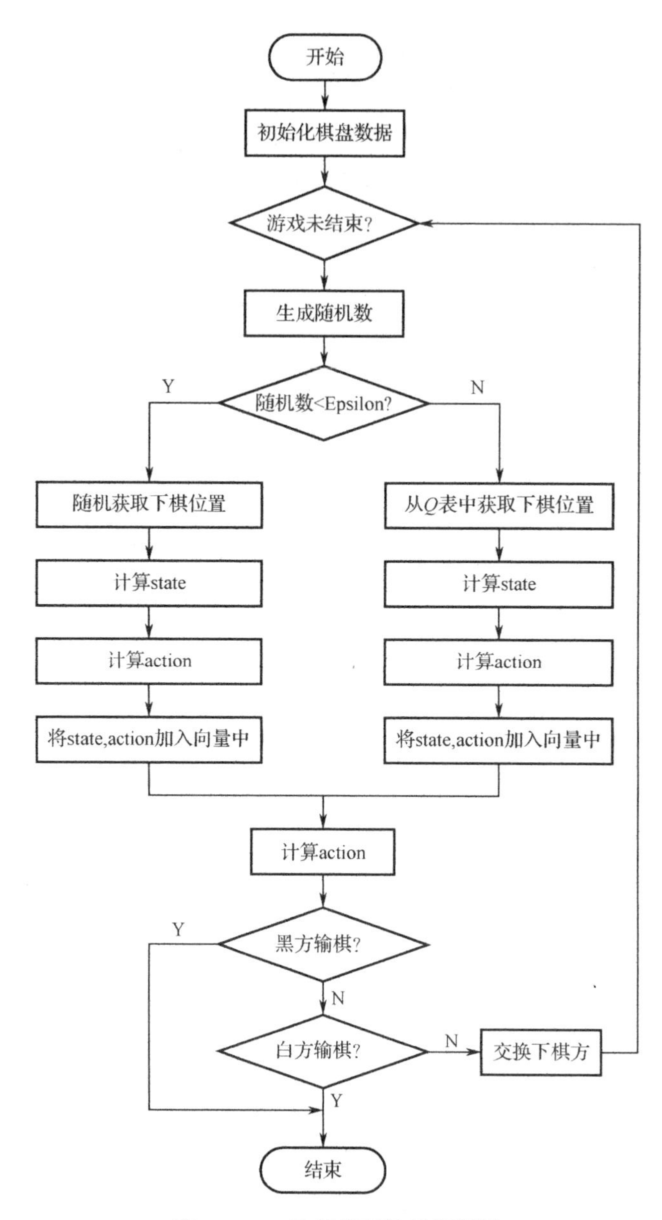

图 6-14　一次训练函数的流程图

在训练过程中需要生成 0~1 之间的随机数，代码如下：

```
1  double NoGo::randZeroToOne()
2  {
3      return (double)rand()/RAND_MAX;
4  }
```

在训练过程中还需要获得随机下棋位置和通过 Q 表获得下棋位置。获得随机下棋位置函数如下：

```
1  Position NoGo::getRandomPosition(short board[9][9])
2  {
3      vector<Position> vecPos;
4      Position pos;
5      int x,y;
6      vecPos = genPositions(board);
```

```
7       int index = rand() % vecPos.size();
8       x = vecPos[index].x;
9       y = vecPos[index].y;
10      pos.x = x;
11      pos.y = y;
12      return pos;
13  }
```

通过 Q 表获得下棋位置函数包括两种情况：一种情况是 Q 表中对应状态已经经过更新，此时根据可下位置选择 Q 表中 Q 值最大的位置；另一种情况是对应状态并没有被训练过，此时通过获得随机下棋位置的方法获得下棋位置，Q 表数据是从文件中获取，并存放在 map 中。map 的结构为 map<int,MapData>，其中，int 为对应的键值（key），即 Q 表中的状态，MapData 为数据项，即对应的 Q 值数组。本例使用类来处理 Q 表数据，该类仅有一个浮点型变量 value[81]，用于存储可能存在的 81 种动作对应的 Q 值。创建 MapData 对象时，通过构造函数直接初始化相应的数据。

从文件中获取 Q 表数据的代码如下：

```
1   void NoGo::getQTableFromFile()
2   {
3       FILE *fileOfQTable;
4       fileOfQTable = fopen("QTable.dat","r");
5       if(fileOfQTable == NULL)
6       {
7           return;
8       }
9       int i;
10      int key;
11      char ch;
12      MapData mpd;
13      while(!feof(fileOfQTable))
14      {
15          fscanf(fileOfQTable,"%d",&key);
16          for(i=0;i<81;i++)
17          {
18              fscanf(fileOfQTable,"%f",&mpd.values[i]);
19          }
20          mapQTable.insert(pair<int,MapData>(key,mpd));
21      }
22      fclose(fileOfQTable);
23  }
```

上述代码中，map 是 STL 的一个关联容器，它提供一对一的数据关联，每个键值只能在 map 中出现一次。使用 map 处理数据时通常采用数据对的方式，数据对的第一项是键值，第二项是数据项。使用 map 处理 Q 表数据，只存储出现过的状态，而没有出现过的状态并不需要存储。

在需要使用 Q 表数据时，可以通过上述函数先从文件中读取 Q 表数据，再使用它。通过 Q 表获取下棋位置是博弈游戏中常见的一种应用，函数的具体代码如下：

```
1   Position NoGo::getPositionFromQTable(short board[9][9])
2   {
3       vector<Position> positions = genPositions(board);
4       int state = getState(board);
5       int i;
6       Position pos;
```

```
7	        int posIndex;
8	        double maxQValue;
9	        int x,y;
10	        map<int,MapData>::iterator it;
11	        it = mapQTable.find(state);
12	        if(it!=mapQTable.end())//在 Q 表中找到对应的状态
13	        {
14	            //将第一个数据作为最大值
15	            pos.x = positions[0].x;
16	            pos.y = positions[0].y;
17	            posIndex = pos.x * 9 + pos.y;
18	            maxQValue = it->second.values[posIndex];
19	            for(i=1;i<(int)positions.size();i++)
20	            {
21	                x = positions[i].x;
22	                y = positions[i].y;
23	                if(it->second.values[x*9+y]>maxQValue)
24	                {
25	                    maxQValue = it->second.values[x*9+y];
26	                    posIndex = x * 9 + y;
27	                }
28	            }
29	            pos.x = positions[posIndex].x;
30	            pos.y = positions[posIndex].y;
31	        }
32	        else
33	        {
34	            posIndex = rand()%positions.size();
35	            pos.x = positions[posIndex].x;
36	            pos.y = positions[posIndex].y;
37	            //创建新的 Q 表数据并插入 Q 表的 map 容器中
38	            MapData mp;//定义成员变量 mp
39	            mapQTable.insert(pair<int,MapData>(state,mp));
40	        }
41	        return pos;
42	}
```

上述代码第 4 行计算当前棋盘的状态值，第 11 行在 Q 表中查找当前的 Q 表数据，第 12~31 行找到对应的状态，并选择动作，若在 Q 表中找到对应的状态，再根据当前状态的所有可行的动作，选择 Q 值最大的动作。若在 Q 表中没有找到对应的状态，则通过函数随机获得下棋位置。

在获取随机下棋位置和通过 Q 表获得下棋位置已实现的条件下，可以完成 Q 表的训练。

一次训练函数的具体代码如下：

```
1	void NoGo::oneRoundTrain()
2	{
3	        init();
4	        srand(rand());
5	        vector<StateAction>(vecRecordMoves).swap(vecRecordMoves);//清空
6	        StateAction sa;
7	        int state;
8	        float randFloat;
9	        Position pos;
10	        while(true)
11	        {
12	            randFloat = randZeroToOne();
```

```
13            state = getState(board);
14            if(randFloat<Epsilon)
15            {
16                pos = getRandomPosition(board);
17                sa.state = state;
18                sa.action = pos.x * 9 + pos.y;
19                vecRecordMoves.push_back(sa);
20            }
21            else
22            {
23                pos = getPositionFromQTable(board);
24                sa.state = state;
25                sa.action = pos.x * 9 + pos.y;
26                vecRecordMoves.push_back(sa);
27            }
28            board[pos.x][pos.y] = playSide;
29            if(playSide == BLACKCHESS && isBlackLose(board,pos))
30            {
31                break;
32            }
33            if(playSide == WHITECHESS && isWhiteLose(board,pos))
34            {
35                break;
36            }
37            playSide = -playSide;
38        }
39    }
```

一次训练函数中根据生成的随机数大小决定是使用随机方式获得下棋位置还是通过 *Q* 表获得下棋位置。上述代码第 14~20 行在获得的随机数小于 Epsilon 时使用随机方式获得下棋位置，第 21~27 行通过 *Q* 表获得下棋位置。无论采用哪种方式获得下棋位置，都需要将状态和动作记录下来，用于更新 *Q* 表。当一次训练结束后可以更新 *Q* 表。

更新 *Q* 表可以仅更新获胜方数据，也可更新双方数据，仅更新获胜方数据时只需要对获胜方进行奖励。如果要更新双方数据，则需要对获胜方进行奖励，对失败方进行惩罚。

Q 表更新函数如下：

```
1   void NoGo::updateQTable()
2   {
3       int length = (int)vecRecordMoves.size();
4       int state;
5       int action;
6       int nextState;
7       int nextAction;
8       double value;
9       double nextValue;
10      int i,j;
11      //总是倒数第二个下棋的赢棋，对其进行奖励
12      //处理最后一步
13      state = vecRecordMoves[length-2].state;
14      action = vecRecordMoves[length-2].action;
15      map<int,MapData>::iterator it = mapQTable.begin();
16      if((it = mapQTable.find(state)) == mapQTable.end())
17      {
18          MapData mp;
19          mapQTable.insert(pair<int,MapData>(state,mp));
```

```
20      }
21      value = mapQTable.find(state)->second.values[action];
22      value = value + Alpha * (Reward - value);
23      mapQTable.find(state)->second.values[action] = value;
24      //处理其他数据
25      for(i=length-4;i>=0;i-=2)
26      {
27          nextState = vecRecordMoves[i+2].state;
28          nextAction = vecRecordMoves[i+2].action;
29          nextValue = mapQTable.find(nextState)->second.values[nextAction];
30          state = vecRecordMoves[i].state;
31          action = vecRecordMoves[i].action;
32          //如果 Q 表里面没有对应的状态
33          if(mapQTable.find(state)==mapQTable.end())
34          {
35              MapData mp;
36              mapQTable.insert(pair<int,MapData>(state,mp));
37          }
38          value = mapQTable.find(state)->second.values[action];
39          value = value + Alpha * (Gamma * nextValue - value);
40          mapQTable.find(state)->second.values[action] = value;
41      }
42  }
```

上述代码只对获胜方进行奖励，在记录状态和动作的向量中，最后一组数据是失败方下棋的情况，因此，更新 Q 表时只需要从向量的倒数第二个数据开始更新，第 13 行和第 14 行从向量中获得获胜方最后一个状态-动作对，并在 Q 表中检查是否存在该状态(第 16 行)，如果不存在，则建立新的状态-动作对并添加到 mapQTable 中；然后进行奖励(第 21 行和第 22 行)。在处理完奖励之后，对获胜方的其余状态-动作对的 Q 值进行更新(第 25~41 行)。在更新过程中，同样要在 Q 表中检查是否存在相应的状态，若不存在，则在创建之后再进行更新。

更新后的 Q 表可以直接用于选择下棋位置，在使用完毕后需保存到文件中，在下一次使用时读取文件中的数据，用于下一步选择。将 Q 表数据存储到文件中的具体代码如下：

```
1   void NoGo::saveQDataToFile()
2   {
3       FILE *fileOfQTable = NULL;
4       fileOfQTable = fopen("QTable.dat","w");
5       map<int,MapData>::iterator it;
6       int i;
7       for(it = mapQTable.begin();it != mapQTable.end();it++)
8       {
9           fprintf(fileOfQTable,"%d ",it->first);
10          for(i=0;i<81;i++)
11          {
12              fprintf(fileOfQTable,"%f ",it->second.values[i]);
13          }
14      }
15      fclose(fileOfQTable);
16  }
```

使用 map 时分为两部分：int 是键值，MapData 为数据项，只需要将这两部分按次序分别存储到文件中即可。

每次的训练次数可以根据需要确定。使用下面函数可以根据需要进行若干次的训练：

```
1  void NoGo::train(int n)
2  {
3      getQTableFromFile();
4      for(int i = 0;i<n;i++)
5      {
6          oneRoundTrain();
7          updateQTable();
8      }
9      saveQDataToFile();
10 }
```

每次训练得到的结果应直接更新 Q 表数据，所有训练结束后需将训练得到的数据存储到文件中。

第7章　西洋跳棋

7.1　西洋跳棋简介

跳棋是目前世界上最为普及的游戏之一，全世界每年有100多万名爱好者参加各种跳棋比赛，是其他各种比赛无法相比的。如图7-1所示为我国较为普及的一种跳棋棋盘。这种跳棋可以双方对下，也可以由最多6名棋手同时下棋。用于娱乐的跳棋规则比较简单，通常的规则是，要么走一步，要么间隔一个或多个棋子跳跃下棋，而具体可以间隔多少个棋子和跳跃多少步，各地的规则也不尽相同。中国跳棋赢的主要判断依据是所有棋子占领对方的位置。

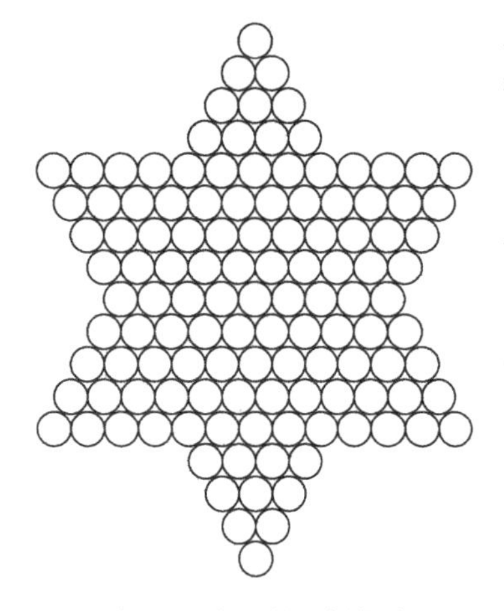
图7-1　我国的跳棋棋盘

由于各国、各地区都有各自的跳棋走法，不利于组织国家间、地区间的比赛，因此，在国际上为用于现场比赛或计算机博弈比赛的跳棋制定了标准，比赛采用棋盘来源于西洋跳棋或国际跳棋。早先比赛的棋盘为8×8的棋盘，开局时棋盘上双方各有12个棋子。由于计算机硬件的发展迅速，8×8的棋盘已经不再适应计算机博弈比赛的要求了，因此修改为10×10的棋盘。（注：也有资料将8×8的棋盘定义为西洋跳棋，将10×10的棋盘定义为国际跳棋。）目前，在国际比赛中存在8×8的棋盘(Checkers)和10×10的棋盘(Draughts)，本书采用中国大学生计算机博弈大赛使用的标准。比赛用的标准西洋跳棋棋盘如图7-2所示。开始下棋时的棋盘如图7-3所示。

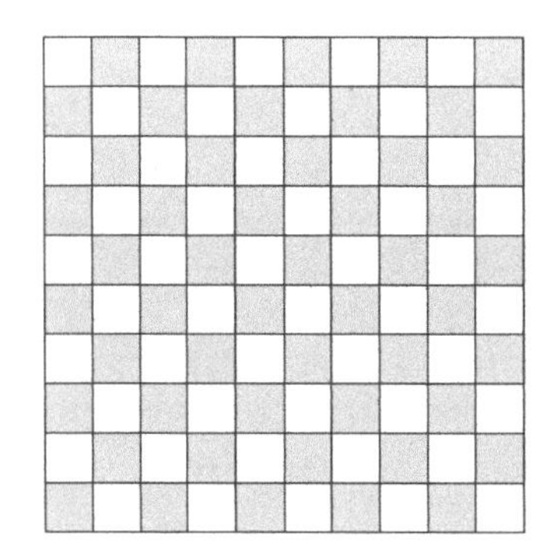
图7-2　标准西洋跳棋棋盘(10×10)

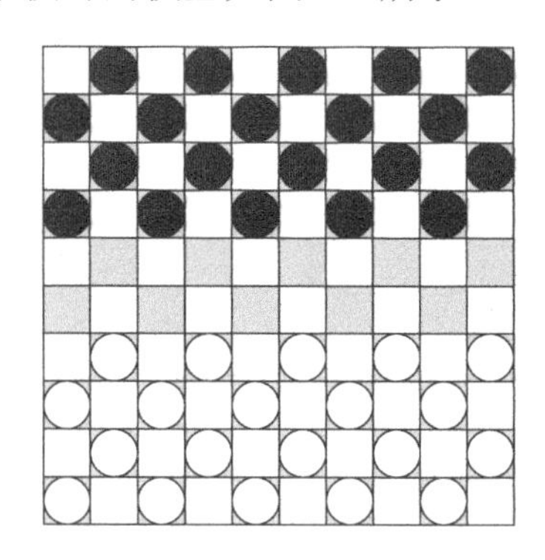
图7-3　开始下棋时的棋盘

20世纪50年代就开始了国际跳棋的计算机博弈研究，软件工程师塞缪尔(Samuel)开发了第一个国际跳棋程序，开创了国际跳棋计算机博弈的先河。1963年，他所开发的程序能与棋力较高的人类选手下棋，并获胜。

1989年，加拿大的科学家开始研究8×8棋盘的国际跳棋，开发了Chinook国际跳棋程序，并在1990年获得与世界冠军比赛的资格。在1992年的人机博弈大赛中，当时的世界冠军Marion Tinsley勉强战胜了Chinook。到1996年，已经没有人类选手能够战胜Chinook了。经过了 18 年的研究之后，证明在下棋双方都不出错的情况下，下棋的结果是和棋。这个项目采用了 200 多个处理器进行数据处理，到目前为止，这是世界上用时最长的计算过程。

目前，西洋跳棋的棋盘大小设置为 10×10，由于棋盘增大和棋子数量的增加，大大提高了西洋跳棋计算机博弈的计算复杂度，更有利于计算机博弈比赛的开展。

西洋跳棋的计算机博弈历史较长，它的规则比较完善，详细规则如下：

1) 棋盘：西洋跳棋的棋盘为一个 10×10 的黑白相间的方格棋盘。（注：实际上并不一定是白色和黑色的格子，只要与白色和黑色相对应就可以。）棋盘放在对弈双方的中间，每个玩家的右下角应该是白色的格子（见图 7-2）。

2) 棋子：黑白双方各有 20 个棋子，通过掷硬币的方式决定谁是黑方。

3) 棋位：黑格为合理棋位，棋位已统一编码，如图 7-4 所示。

4) 开局：开局时黑白双方的棋子各摆在棋盘靠近自己一方的 4 行黑格中（见图 7-3）。总是黑方先手，然后双方轮流走动自己的棋子。

5) 目标：在整个对弈过程中，白格是用不到的。棋子自始至终都在黑格中沿对角线方向移动或停止。对弈的目标是将对方所有的棋子吃掉或者形成一个局面逼使对方棋子不能移动。

6) 跳吃：只要对角线方向邻近的黑格内有对方的棋子并且再过去的黑格是空位，就可以跳过对方的棋子并将对方棋子吃掉。

7) 如果没有跳吃的走法，那就只能沿对角线方向前移一格。

8) 加冕：任何一个棋子到达并停止在对方底线上便立刻加冕，从此以后便成为“王”。这时应在升王的棋子上面再放一个棋子，以便和普通棋子相区别。

9) 连续跳吃可以由多次跳吃组成，如果具备连续跳吃的条件，则必须连续跳吃。除非不再具备连续跳吃的条件或者普通棋子到达并停止在对方的底线，才可以结束跳吃。

10) 普通棋子只能向前移动，但是在跳吃或者连续跳吃的时候可以向前、向后或者前后组合移动。

11) 只有停止在对方底线上的棋子才能加冕。所以，如果一个棋子在跳吃过程中行进到底线处又离开了底线，最后没有停止在底线上，则该棋子不能升王。

12) 王可以在对角线方向上移动任意多个空位。在跳吃的时候，王可以跳过对方棋子前后任意数量的空位。因此王比普通棋子要强大和珍贵。不过普通棋子是可以吃掉王的。

13) 当某个走法结束之后才将吃掉的棋子从棋盘上移出，在这之前，任何被吃掉的棋子虽然还没有被从棋盘上移出也不许再跳经该棋子。也就是说，被吃掉的棋子形成了屏障。

14) 跳吃的时候，在具有多种选择的情况下，必须选择吃子数量最多的走法。如果不止一个棋子或者不止一个路径均可以使吃子数量最多，则玩家可以自主选择哪个棋子或者向哪个方向行进。

15) 对弈过程中，经双方同意可以和棋。如果一方拒绝和棋，则该方需要在后续的 40 步内获胜，或者明确地显示出优势。对于西洋跳棋，和棋是经常的，特别是在高水平的对弈中。

在西洋跳棋的规则中，跳吃是其中较为特殊的地方，当具备连续跳吃条件的时候必须连续跳吃，直至不再具备连续跳吃条件。图 7-5 为连续跳吃的情况，此时白棋 2 必须完成连续跳吃才能结束这一轮下棋。

另一个较为特殊的地方就是，当棋子加冕为王后，王可以在对角线方向上移动任意多个空位，在跳吃的时候也可以跳过对方棋子前后任意数量的空位。

	1		2		3		4		5
6		7		8		9		10	
	11		12		13		14		15
16		17		18		19		20	
	21		22		23		24		25
26		27		28		29		30	
	31		32		33		34		35
36		37		38		39		40	
	41		42		43		44		45
46		47		48		49		50	

图 7-4 西洋跳棋的棋位编码

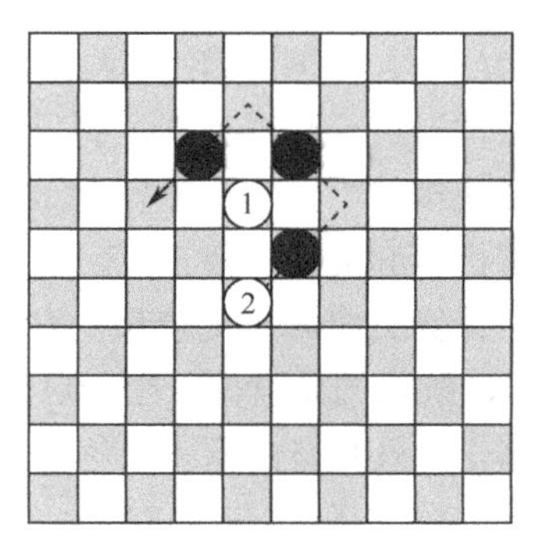

图 7-5 连续跳吃示意图

7.2 西洋跳棋的实现

西洋跳棋实现的主要内容包括基本功能、走法生成、估值函数和搜索算法 4 部分。其中，走法生成是本节要解决的主要问题。

7.2.1 基本结构

西洋跳棋主要以 Draughts 类为主，该类的基本结构如图 7-6 所示。

Draughts	
- board[10][10] : short	
- playSide : int	
- stepX : double	
- stepY : double	
- left : double	
- top : double	
+ Draughts ()	
+ initBoard (short board[10][10])	: void
+ init ()	: void
+ displayBoard (short board[10][10])	: void
+ drawBoard (short board[10][10])	: void
+ eatCount (short board[10][10], int i, int j)	: short
+ eatCountMax (short board[10][10], short side)	: short
+ kingEatCount (short board[10][10], int i, int j)	: short
+ kingDisOfLeftTop (short board[10][10], int x, int y)	: short
+ kingDisOfRightTop (short board[10][10], int x, int y)	: short
+ kingDisOfLeftBottom (short board[10][10], int x, int y)	: short
+ kingDisOfRightBottom (short board[10][10], int x, int y)	: short
+ maxFour (short h1, short h2, short h3, short h4)	: short
+ produceKing (short board[10][10])	: void
+ findBeginPosition (short board[10][10], short side)	: vector<Position>
+ findEndPosition (short board[10][10], short side, int xStart, int yStart, int maxx)	: vector<Position>
+ combineTwoVector (vector<Position> vec1, vector<Position> vec2)	: vector<Position>
+ findKingMovePos (short board[10][10], int xStart, int yStart)	: vector<Position>
+ generateMovePosition (short board[10][10], int side)	: vector<TreadPosition>
+ genPawnEatMove (short board[10][10], int xStart, int yStart, int xEnd, int yEnd, PawnMove* L, int height, int side)	: int
+ genKingEatMove (short board[10][10], int xStart, int yStart, int xEnd, int yEnd, PawnMove* L, int height, int side)	: int
+ moveOrJump (short board[10][10], int side, int xStart, int yStart, int xEnd, int yEnd)	: void
+ isLegal (int side, int xStart, int yStart, int xEnd, int yEnd)	: int
+ isWin (short board[10][10], int side)	: int
+ value (short board[10][10], int side)	: int
+ alphaBeta (short board[10][10], int side, int alpha, int beta, int depth)	: int
+ alphaBetaPos (int side, int depth)	: TreadPosition
+ alphaBetaVsAlphaBeta ()	: int

图 7-6 Draughts 类的基本结构

Draughts 类中包含了三个用于处理位置的结构体：Position 用于记录下棋位置、TreadPosition 用于记录下棋的开始位置和结束位置、PawnMove 用于记录棋子的走法。

Position 结构体中的成员变量用于记录棋盘中棋子的位置，代码如下：

```
1  struct Position
2  {
3      int x;
4      int y;
5  };
```

TreadPosition 结构体中的成员变量用于分别记录下棋的开始位置和结束位置，代码如下：

```
1  struct TreadPosition//下棋走法
2  {
3      Position begPos;
4      Position endPos;
5  };
```

PawnMove 结构体中的成员变量用于记录棋子的具体走法，代码如下：

```
1  struct PawnMove//棋子走法
2  {
3      int x;
4      int y;
5      PawnMove *next;
6      PawnMove *prior;
7  };
```

Draughts 类中各成员的作用见表 7-1。

表 7-1　Draughts 类中各成员的作用

成 员 名 称	成员的作用
board[10][10]	表示棋盘
playSide	表示下棋方
stepX	棋盘格子的宽度
stepY	棋盘格子的高度
left	棋盘左侧的空位
top	棋盘顶部的空位
Draughts()	构造函数，用于初始化对象
initBoard()	初始化棋盘
init()	初始化 Draughts 类的各个成员变量
displayBoard()	以控制台方式显示棋盘
drawBoard()	以图形界面方式显示棋盘
eatCount()	计算吃子数量
eatCountMax()	计算最大吃子数量
kingEatCount()	计算王的吃子数量
kingDisOfLeftTop()	统计王左上方未被占空位的数量
kingDisOfRightTop()	统计王右上方未被占空位的数量
kingDisOfLeftBottom()	统计王左下方未被占空位的数量
kingDisOfRightBottom()	统计王右下方未被占空位的数量
maxFour()	计算 4 个数中的最大值
produceKing()	处理升王状态
findBeginPosition()	查找开始位置
findEndPosition()	查找结束位置
combineTwoVector()	合并两个向量

续表

成 员 名 称	成员的作用
findKingMovePos()	查找王的下棋位置
generateMovePosition()	生成下棋位置
genPawnEatMove()	生成普通棋子跳吃走法
genKingEatMove()	生成王跳吃走法
moveOrJump()	下棋
isLegal()	判断下棋是否合法
isWin()	判断赢棋情况
value()	局面评估
alphaBeta()	Alpha-Beta 算法
alphaBetaPos()	获得 Alpha-Beta 算法搜索得到的位置
alphaBetaVsAlphaBeta()	采用 Alpha-Beta 算法进行对战

7.2.2 基本功能的实现

在 Draughts 类中，基本功能如下：

1）初始化各成员变量。

2）通过控制台显示棋盘状态。

3）通过图形界面显示棋盘状态。

4）判断输赢。

初始化包括单独初始化棋盘状态、初始化其他成员变量以及在构造函数内进行初始化。

初始化棋盘函数如下：

```
1   void Draughts::initBoard(short board[10][10])
2   {
3       int i,j;
4       for(i=0; i<4; i++)
5       {
6           for(j=0; j<10; j++)
7           {
8               if((i+j)%2 == 1)
9               {
10                  board[i][j] = BLACKPAWN;
11              }
12              else
13              {
14                  board[i][j] = EMPTY;
15              }
16          }
17      }
18      for(i=4; i<6; i++)
19      {
20          for(j=0; j<10; j++)
21          {
22              board[i][j] = EMPTY;
23          }
24      }
25      for(i=6; i<10; i++)
26      {
27          for(j=0; j<10; j++)
```

```
28              {
29                  if((i+j)%2 == 1)
30                  {
31                      board[i][j] = WHITEPAWN;
32                  }
33                  else
34                  {
35                      board[i][j] = EMPTY;
36                  }
37              }
38          }
39  }
```

上述代码第 4~17 行初始化黑棋状态，第 18~24 行初始化中间地带，第 25~38 行初始化白棋状态。

其他成员变量初始化在 init()中完成，代码如下：

```
1   void Draughts::init()
2   {
3       initBoard(board);
4       playSide = BLACKPAWN;
5       left = 50.0;
6       top = 48.0;
7       stepX = 70.9;
8       stepY = 69.3;
9   }
```

在构造函数中直接调用初始化函数，当构造对象时可以直接完成初始化。代码如下：

```
1   Draughts::Draughts()
2   {
3       init();
4   }
```

棋盘状态既可以通过控制台方式显示，也可以通过图形界面显示。以控制台方式显示棋盘状态主要用于区别不同棋子和空位情况，方便在检查程序各部分功能时快速显示结果。以控制台方式显示棋盘状态函数如下：

```
1   void Draughts::displayBoard(short board[10][10])
2   {
3       int i,j;
4       for(i=0; i<10; i++)
5       {
6           for(j=0; j<10; j++)
7           {
8               switch(board[i][j])
9               {
10              case BLACKPAWN:
11                  printf(" B");
12                  break;
13              case WHITEPAWN:
14                  printf(" W");
15                  break;
16              case BLACKKING:
17                  printf(" K");
18                  break;
19              case WHITEKING:
20                  printf(" Q");
21                  break;
22              default:
```

```
23                          printf(" _");
24                          break;
25                      }
26                  }
27              printf("\n");
28          }
29  }
```

以图形界面显示棋盘状态函数如下：

```
1   void Draughts::drawBoard(short board[10][10])
2   {
3       cleardevice();
4       PIMAGE imgBoard;
5       imgBoard = newimage();
6       getimage(imgBoard,"Board.jpg");
7       putimage_transparent(NULL,imgBoard,0,0,BLACK);
8       int i,j;
9       int x,y;
10      for(i=0; i<10; i++)
11      {
12          for(j=0; j<10; j++)
13          {
14              if(board[i][j] == BLACKPAWN)
15              {
16                  x = left + (j + 0.5) * stepX;
17                  y = top + (i + 0.5) * stepY;
18                  setfillstyle(SOLID_FILL,BLACK,NULL);
19                  fillellipse(x,y,stepX*0.45,stepX*0.45);
20                  continue;
21              }
22              if(board[i][j] == WHITEPAWN)
23              {
24                  x = left + (j + 0.5) * stepX;
25                  y = top + (i + 0.5) * stepY;
26                  setfillstyle(SOLID_FILL,WHITE,NULL);
27                  fillellipse(x,y,stepX*0.45,stepX*0.45);
28                  continue;
29              }
30              if(board[i][j] == BLACKKING)
31              {
32                  x = left + (j + 0.5) * stepX;
33                  y = top + (i + 0.5) * stepY;
34                  setfillstyle(SOLID_FILL,BLACK,NULL);
35                  fillellipse(x,y,stepX*0.45,stepX*0.45);
36                  setfillstyle(SOLID_FILL,WHITE,NULL);
37                  fillellipse(x,y,stepX*0.15,stepX*0.15);
38                  continue;
39              }
40              if(board[i][j] == WHITEKING)
41              {
42                  x = left + (j + 0.5) * stepX;
43                  y = top + (i + 0.5) * stepY;
44                  setfillstyle(SOLID_FILL,WHITE,NULL);
45                  fillellipse(x,y,stepX*0.45,stepX*0.45);
46                  setfillstyle(SOLID_FILL,BLACK,NULL);
47                  fillellipse(x,y,stepX*0.15,stepX*0.15);
48              }
```

```
49
50              }
51          }
52          setrendermode(RENDER_AUTO);
53  }
```

棋盘通过加载图片的方式显示。上述代码第4~7行加载棋盘图片。棋子根据棋子状态进行处理，普通棋子用绘制椭圆(长短轴相同)的方式，王除绘制椭圆外，其中再绘制反色小圆以示区别，图形的大小可以根据需要进行调整。第52行的作用是及时进行自动刷新，以确保及时更新局面。

西洋跳棋的输赢可以通过两种情况确定：一种情况是对方没有位置可以下了，另一种情况是对方所有棋子都被吃掉了。利用可下位置向量可以判断是否存在可下位置，若该向量的大小为0，则表示一方已经没有可下位置了，判其输。输赢判断函数如下：

```
1   int Draughts::isWin(short board[][10],int side)
2   {
3       vector<TreadPosition> vecStart;
4       vecStart = generateMovePosition(board,-side);   //找出对方的开始位置
5       int i,j;
6       int kind1,kind2;
7       if(vecStart.empty())        //对方开始位置为空，我方赢
8       {
9           return true;
10      }
11      if(side==1)                 //对下棋方分别进行讨论
12      {
13          kind1 = WHITEPAWN;
14          kind2 = WHITEKING;
15      }
16      else if(side==-1)
17      {
18          kind1 = BLACKPAWN;
19          kind2 = BLACKKING;
20      }
21
22      for(i=0;i<10;i++)           //扫描整个棋盘
23      {
24          for(j=0;j<10;j++)
25          {
26              if(board[i][j]==kind1 || board[i][j]==kind2)
27  {
28                  return false; //我方没赢
29              }
30          }
31      }
32      return true;                //我方赢
33  }
```

上述代码第4行找出对方所有可行走法(在7.2.3节中描述)，第7~10行检查是否有可行走法，若对方没有可行走法，则我方获胜。第22~31行扫描整个棋盘，检查是否存在对方棋子，若存在对方棋子，则我方没有获胜，否则，我方获胜。

7.2.3 走法生成

走法生成是西洋跳棋博弈程序的核心，走法生成主要解决以下问题：

1）如果存在跳吃情况，则根据棋盘状态找出最大吃子数量。

2）根据吃子数量，找出下棋的开始位置和结束位置。

3）根据下棋的开始位置和结束位置生成走法。

1. 吃子数量的计算

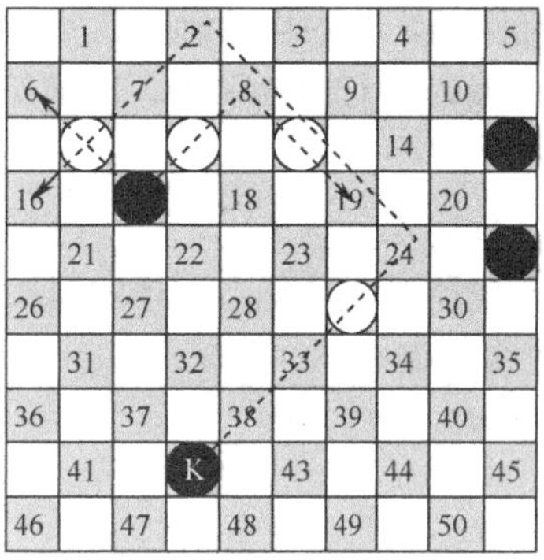

在西洋跳棋规则中，当存在跳吃情况时，需要从可以跳吃的路径中选择吃子数量最多的路径进行下棋，在进行跳吃时，还需要考虑普通棋子跳吃和王跳吃的情况，普通棋子跳吃只能跳一格进行跳吃，而王跳吃只需要在被跳吃位置的前方没有阻挡，同时后方存在落子位置即可。图 7-7 显示了王跳吃的具体情况。

图 7-7　跳吃状态示意图

图 7-7 中，17 号位置的黑棋可以跳吃，42 号位置的黑王也可以跳吃，17 号位置的黑棋可以跳到 6 号位置，吃掉 11 号位置的白棋，吃子数量为 1 个。也可以跳到 8 号位置，吃掉 12 号位置的白棋，再跳到 19 号位置，吃掉 13 号位置的白棋，吃子数量为 2 个。在 42 号位置的黑棋（王，标记为 K）可以跳到 24 号位置，吃掉 29 号白棋，继续跳到 2 号位置吃掉 13 号位置的白棋，再跳到 16 号位置吃掉 11 号位置的白棋，此时，吃子数量为 3 个。因此，按照西洋跳棋的规则，必须选择 42 号位置的王作为下棋棋子。

由上述过程可以看出，在程序设计时需要找出跳吃路径并计算得到吃子数量，根据吃子数量选择吃子数量最大的走法。如果存在两个或两个以上吃子数量最大的走法，可以在搜索算法中根据估值等选择对应的走法。

针对每个棋子，在生成可下位置时需要判断跳吃情况，对普通棋子和王要分别进行处理。

判断跳吃情况的函数如下：

```
1   short Draughts::eatCount(short board[10][10],short i,short j)
2   {
3       short h1,h2,h3,h4;//4 个方向的吃子数量
4       short maxi = 0;
5       short kind = board[i][j];
6       short kind1,kind2,kind3;
7       if(kind == BLACKPAWN || kind == BLACKKING)
8       {
9           kind1 = WHITEPAWN;
10          kind2 = WHITEKING;
11      }
12      else if(kind == WHITEPAWN || kind == WHITEKING)
13      {
14          kind1 = BLACKPAWN;
15          kind2 = BLACKKING;
16      }
17      //如果是普通棋子
18      if(board[i][j] == BLACKPAWN || board[i][j] == WHITEPAWN)
19      {
20          //右下方
21          if((board[i+1][j+1] == kind1 || board[i+1][j+1] == kind2) && \
22              i+2<10 && j+2<10 && board[i+2][j+2] == EMPTY)
23          {
```

```
24          kind3 = board[i+1][j+1];//得到被吃棋子的类型
25          //进行跳吃
26          board[i+1][j+1] = EMPTY;
27          board[i][j] = EMPTY;
28          board[i+2][j+2] = kind;
29          h1 = eatCount(board,i+2,j+2) + 1;
30          //还原棋盘
31          board[i][j] = kind;
32          board[i+1][j+1] = kind3;
33          board[i+2][j+2] = EMPTY;
34      }
35      else
36      {
37          h1 = 0;
38      }
39      //左上方
40      if((board[i-1][j-1]==kind1 || board[i-1][j-1] == kind2) && \
41          i>=2 && j>=2 && board[i-2][j-2] == EMPTY)
42      {
43          kind3 = board[i-1][j-1];
44          board[i-1][j-1] = EMPTY;
45          board[i][j] = EMPTY;
46          board[i-2][j-2] = kind;
47          h2 = eatCount(board,i-2,j-2) + 1;
48          board[i][j] = kind;
49          board[i-1][j-1] = kind3;
50          board[i-2][j-2] = EMPTY;
51      }
52      else
53      {
54          h2 = 0;
55      }
56      //左下方
57      if((board[i+1][j-1]==kind1 || board[i+1][j-1] == kind2) && \
58          i+2<10 && j>=2 && board[i+2][j-2] == EMPTY)
59      {
60          kind3 = board[i+1][j-1];
61          board[i+1][j-1] = EMPTY;
62          board[i][j] = EMPTY;
63          board[i+2][j-2] = kind;
64          h3 = eatCount(board,i+2,j-2) + 1;
65          board[i][j] = kind;
66          board[i+1][j-1] = kind3;
67          board[i+2][j-2] = EMPTY;
68      }
69      else
70      {
71          h3 = 0;
72      }
73      //右上方
74      if((board[i-1][j+1]==kind1 || board[i-1][j+1] == kind2) && \
75          i>=2 && j+2<10 && board[i-2][j+2] == EMPTY)
76      {
77          kind3 = board[i-1][j+1];
78          board[i-1][j+1] = EMPTY;
79          board[i][j] = EMPTY;
```

```
80                board[i-2][j+2] = kind;
81                h4 = eatCount(board,i-2,j+2) + 1;
82                board[i][j] = kind;
83                board[i-1][j+1] = kind3;
84                board[i-2][j+2] = EMPTY;
85            }
86            else
87            {
88                h4 = 0;
89            }
90            maxi = maxFour(h1,h2,h3,h4);
91            return   maxi;
92        }
93        if(board[i][j] == BLACKKING || board[i][j] == WHITEKING)
94        {
95            maxi = kingEatCount(board,i,j);
96            return maxi;
97        }
98    }
```

上述函数适用于黑白双方，如果当前位置的棋子是普通棋子，则在函数内直接计算吃子数量，如果棋子是王，则调用专门处理王跳吃情况的函数进行处理。

上述代码第 5 行确定当前位置的棋子类型，然后根据获得的棋子类型决定其他棋子类型的表示方式。如果当前棋子是普通棋子，则按照上、下、左、右 4 个方向递归检查是否存在连续跳吃的情况，并计算连续跳吃的步数。如果当前棋子是王，则调用王跳吃函数(第 93~97 行)，计算最大吃子数量。

在跳吃过程中，被吃棋子又分成普通棋子和王两种类型，因此需要记录被吃棋子的类型，例如，第 24 行在向右下方查找跳吃状态时记录被吃棋子的类型，第 32 行在递归后还原。

在处理王跳吃时，由于王可以跳过若干空位进行跳吃，因此，首先要计算与被吃棋子的距离，同时，由于跳吃后可以离开被吃棋子若干空位，因此，还要考虑在跳吃后的落子位置，得找到吃子数量最多的跳吃路径。

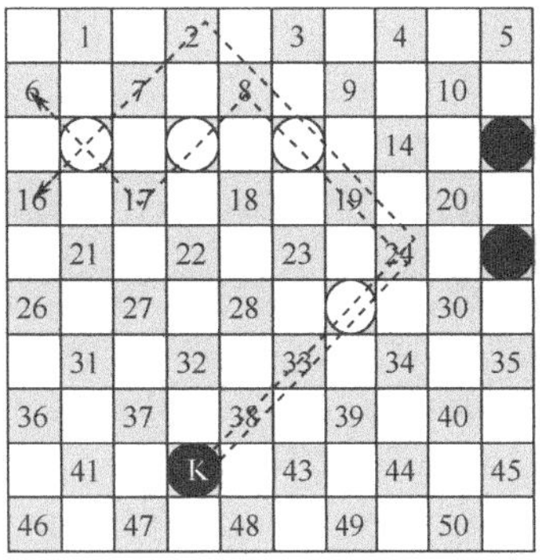

图 7-8 王跳吃示意图

图 7-8 中，黑王的跳吃路径一条为 42→24→2→16，另外还有一条跳吃路径为 42→24→8→17→6，第一条跳吃路径只能吃掉 3 个白棋，第二条路径可以吃掉 4 个白棋，因此，第二条跳吃路径才是合法路径，因此在王跳吃时，不仅需要统计被吃棋子位置前面的空位数量，还需要考虑被吃棋子位置后面各个空位的后继跳吃情况，才能获得最大吃子数量。

在一个方向上的王跳吃基本过程如下：

1) 计算王与被吃棋子之间的距离。

2) 判断是否能够进行跳吃(被吃棋子后面是否直接存在空位)，如果可以进行跳吃，则进行下一步，否则结束。

3) 获得被吃棋子的类型。

4) 如果有可以落子的位置，则模拟跳吃，回到 1)，否则进行下一步。

5) 还原跳吃过程，计算吃子数量。

跳吃过程需要在上、下、左、右 4 个方向上进行递归处理，最终获得最大吃子数量，同时在递归过程中要进行模拟跳吃，因此，需要记录被吃棋子的类型，在还原过程中会用到。

王跳吃函数如下：

```
short Draughts::kingEatCount(short board[10][10],short i,short j)
{
    int maxx = 0;
    int countOfEat;//记录最大吃子数量
    int dis;
    int p;
    int kind;
    int kind1,kind2,kind3;
    int h1,h2,h3,h4;
    kind = board[i][j];//得到王的类型
    if(kind == BLACKKING)
    {
        kind1 = WHITEPAWN;
        kind2 = WHITEKING;
    }
    else if(kind == WHITEKING)
    {
        kind1 = BLACKPAWN;
        kind2 = BLACKKING;
    }
    countOfEat = 0;
    //处理左上方
    dis = kingDisOfLeftTop(board,i,j);
    if((board[i-dis-1][j-dis-1] == kind1 || board[i-dis-1][j-dis-1] == kind2) && \
        board[i-dis-2][j-dis-2] == EMPTY && i-dis>=2 && j-dis>=2 && \
        i>=0 && j>=0 && i<10 && j<10)
    {
        kind3 = board[i-dis-1][j-dis-1];//得到被吃棋子的类型
        for(p=2; p<i-dis+1,p<j-dis+1; p++)
        {
            if(board[i-dis-p][j-dis-p] == EMPTY)
            {
                board[i-dis-p][j-dis-p] = kind;
                board[i-dis-1][j-dis-1] = UNABLE;
                board[i][j] = EMPTY;
                h1 = kingEatCount(board,i-dis-p,j-dis-p) + 1;
                //还原棋盘
                board[i-dis-p][j-dis-p] = EMPTY;
                board[i-dis-1][j-dis-1] = kind3;
                board[i][j] = kind;
                if(countOfEat<h1)
                {
                    countOfEat = h1;
                }
            }
            else
            {
                break;
            }
        }
        h1 = countOfEat;
    }
    else
    {
        h1 = 0;
```

```
56      }
57      //处理右上方
58      countOfEat = 0;
59      dis = kingDisOfRightTop(board,i,j);
60      if((board[i-dis-1][j+dis+1] == kind1 || board[i-dis-1][j+dis+1] == kind2) && \
61          board[i-dis-2][j+dis+2] == EMPTY && i-dis-2>=0 && j+dis+2<10 && \
62          i>=0 && j>=0 && i<10 && j<10)
63      {
64          kind3 = board[i-dis-1][j+dis+1];//得到被吃棋子的类型
65          for(p=2; p<i-dis+1,p<10-(j+dis); p++)
66          {
67              if(board[i-dis-p][j+dis+p] == EMPTY)
68              {
69                  board[i-dis-p][j+dis+p] = kind;
70                  board[i-dis-1][j+dis+1] = UNABLE;
71                  board[i][j] = EMPTY;
72                  h2 = kingEatCount(board,i-dis-p,j+dis+p) + 1;
73                  //还原棋盘
74                  board[i-dis-p][j+dis+p] = EMPTY;
75                  board[i-dis-1][j+dis+1] = kind3;
76                  board[i][j] = kind;
77                  if(countOfEat<h2)
78                  {
79                      countOfEat = h2;
80                  }
81              }
82              else
83              {
84                  break;
85              }
86          }
87          h2 = countOfEat;
88      }
89      else
90      {
91          h2 = 0;
92      }
93      //处理右下方
94      countOfEat = 0;
95      dis = kingDisOfRightBottom(board,i,j);
96      if((board[i+dis+1][j+dis+1] == kind1 || board[i+dis+1][j+dis+1] == kind2) && \
97          board[i+dis+2][j+dis+2] == EMPTY && i+dis+2<10 && \
98          j+dis+2<10 && i>=0 && j>=0 && i<10 && j<10)
99      {
100         kind3 = board[i+dis+1][j+dis+1];//得到被吃棋子的类型
101         for(p=2; p<10-(i+dis),p<10-(j+dis); p++)
102         {
103             if(board[i+dis+p][j+dis+p] == EMPTY)
104             {
105                 board[i+dis+p][j+dis+p] = kind;
106                 board[i+dis+1][j+dis+1] = UNABLE;
107                 board[i][j] = EMPTY;
108                 h3 = kingEatCount(board,i+dis+p,j+dis+p) + 1;
109                 //还原棋盘
110                 board[i+dis+p][j+dis+p] = EMPTY;
111                 board[i+dis+1][j+dis+1] = kind3;
```

```
112                     board[i][j] = kind;
113                     if(countOfEat<h3)
114                     {
115                         countOfEat = h3;
116                     }
117                 }
118                 else
119                 {
120                     break;
121                 }
122             }
123             h3 = countOfEat;
124         }
125         else
126         {
127             h3 = 0;
128         }
129         //处理左下方
130         countOfEat = 0;
131         dis = kingDisOfLeftBottom(board,i,j);
132         if((board[i+dis+1][j-dis-1] == kind1 || board[i+dis+1][j-dis-1] == kind2) && \
133             board[i+dis+2][j-dis-2] == EMPTY && i+dis+2<10 && j-dis-2>=0 && \
134             i>=0 && j>=0 && i<10 && j<10)
135         {
136             kind3 = board[i+dis+1][j-dis-1];//得到被吃棋子的类型
137             for(p=2; p<10-(i+dis),p<j-dis+1; p++)
138             {
139                 if(board[i+dis+p][j-dis-p] == EMPTY)
140                 {
141                     board[i+dis+p][j-dis-p] = kind;
142                     board[i+dis+1][j-dis-1] = UNABLE;
143                     board[i][j] = EMPTY;
144                     h4 = kingEatCount(board,i+dis+p,j-dis-p) + 1;
145                     //还原棋盘
146                     board[i+dis+p][j-dis-p] = EMPTY;
147                     board[i+dis+1][j-dis-1] = kind3;
148                     board[i][j] = kind;
149                     if(countOfEat<h4)
150                     {
151                         countOfEat = h4;
152                     }
153                 }
154                 else
155                 {
156                     break;
157                 }
158             }
159             h4 = countOfEat;
160         }
161         else
162         {
163             h4 = 0;
164         }
165         maxx = maxFour(h1,h2,h3,h4);
166         return maxx;
167 }
```

王跳吃函数与普通棋子跳吃函数类似，主要区别是，先要计算王与被吃棋子之间空位的数量，然后进行跳吃，在跳吃完成后，落子位置可以是被吃棋子后面的所有空位，再按上、下、左、右 4 个方向递归检查下一步跳吃情况。

在跳吃过程中需要计算王与被吃棋子之间空位的距离，计算左上方王与被吃棋子之间距离函数如下：

```
1   short Draughts::kingDisOfLeftTop(short board[10][10],int x,int y)
2   {
3       short num = 0;
4       int i;
5       for(i=1; x-i>=0 && y-i>=0; i++)
6       {
7           if(board[x-i][y-i] == EMPTY)
8           {
9               num ++;
10          }
11          else
12          {
13              break;
14          }
15      }
16      return num;
17  }
```

计算右上方王与被吃棋子之间距离函数如下：

```
1   short Draughts::kingDisOfRightTop(short board[10][10],int x,int y)
2   {
3       short num = 0;
4       int i;
5       for(i=1; x-i>=0 && y+i<10; i++)
6       {
7           if(board[x-i][y+i] == EMPTY)
8           {
9               num ++;
10          }
11          else
12          {
13              break;
14          }
15      }
16      return num;
17  }
```

计算左下方王与被吃棋子之间距离函数如下：

```
1   short Draughts::kingDisOfLeftBottom(short board[10][10],int x,int y)
2   {
3       short num = 0;
4       int i;
5       for(i=1; x+i<10 && y-i>=0; i++)
6       {
7           if(board[x+i][y-i] == EMPTY)
8           {
9               num ++;
10          }
11          else
12          {
```

```
13                  break;
14              }
15          }
16          return num;
17  }
```

计算右下方王与被吃棋子之间距离函数如下：

```
1   short Draughts::kingDisOfRightBottom(short board[10][10],int x,int y)
2   {
3       short num = 0;
4       int i;
5       for(i=1; x+i<10 && y+i<10; i++)
6       {
7           if(board[x+i][y+i] == EMPTY)
8           {
9               num ++;
10          }
11          else
12          {
13              break;
14          }
15      }
16      return num;
17  }
```

利用 eatCount()可以找到各个位置的最大吃子数量，通过对棋盘上每个位置进行比较，可以找出最大吃子数量，查找过程：遍历棋盘，若某位置上是当前下棋方的棋子，则调用 eatCount()计算吃子数量，再根据当前下棋方所有棋子的位置获得最大吃子数量。

计算最大吃子数量函数如下：

```
1   short Draughts::eatCountMax(short board[10][10],short side)
2   {
3       short i,j;
4       short maxx = 0;
5       short countt = 0;
6       short kind1,kind2;//设置棋子类型
7       if(side == 1)
8       {
9           kind1 = BLACKPAWN;
10          kind2 = BLACKKING;
11      }
12      else if(side = -1)
13      {
14          kind1 = WHITEPAWN;
15          kind2 = WHITEKING;
16      }
17      for(i=0; i<10; i++)
18      {
19          for(j=0; j<10; j++)
20          {
21              if(board[i][j] == kind1 || board[i][j] == kind2)
22              {
23                  countt = eatCount(board,i,j);
24                  if(countt > maxx)
25                  {
26                      maxx = countt;
27                  }
```

```
28                }
29            }
30        }
31        return maxx;
32    }
```

上述代码第 7~16 行确定需要查找的棋子类型，第 17~30 行根据棋子类型计算最大吃子数量。

2. 跳吃走法的开始位置和结束位置

通过计算最大吃子数量可以找到跳吃路径的开始位置和结束位置。查找开始位置分两种情况：一种情况是存在跳吃，最大吃子数量大于 0，这种情况将根据可以跳吃的位置分别计算吃子数量，若吃子数量等于最大吃子数量，则将相应位置加入跳吃路径的开始位置中；另一种情况是最大吃子数量为 0，此时，只需要将可下位置加入下棋位置中，在处理具体下棋方时，可以通过函数参数确定。

查找开始位置函数如下：

```
1    vector<Position> Draughts::findBeginPosition(short board[10][10],short side)
2    {
3        vector<Position> vecBegPos;
4        Position begPos;
5        int maxx = eatCountMax(board,side);
6        int i,j;
7        int kind1,kind2;
8        if(maxx>0)
9        {
10           if(side == 1)
11           {
12               kind1 = BLACKPAWN;
13               kind2 = BLACKKING;
14           }
15           else if(side == -1)
16           {
17               kind1 = WHITEPAWN;
18               kind2 = WHITEKING;
19           }
20           //扫描整个棋盘
21           for(i=0; i<10; i++)
22           {
23               for(j=0; j<10; j++)
24               {
25                   if(board[i][j] == kind1 || board[i][j] == kind2)
26                   {
27                       if(eatCount(board,i,j) == maxx)
28                       {
29                           begPos.x = i;
30                           begPos.y = j;
31                           vecBegPos.push_back(begPos);
32                       }
33                   }
34               }
35           }
36       }
37       else if(maxx == 0)
38       {
```

```
39          for(i=0; i<10; i++)
40          {
41              for(j=0; j<10; j++)
42              {
43                  //如果轮到黑棋下棋，则只能向下走
44                  if(side == 1 && board[i][j] == BLACKPAWN)
45                  {
46                      if((board[i+1][j+1] == EMPTY && i+1<10 && j+1<10) || \
47                        (board[i+1][j-1]==EMPTY && i+1<10 && j-1>=0))
48                      {
49                          begPos.x = i;
50                          begPos.y = j;
51                          vecBegPos.push_back(begPos);
52                      }
53                      continue;
54                  }
55                  //白棋只能向上走
56                  if(side == -1 && board[i][j] == WHITEPAWN)
57                  {
58                      if((board[i-1][j+1] == EMPTY && i-1>=0 && j+1<10) || \
59                        (board[i-1][j-1] == EMPTY && i-1>=0 && j-1>=0))
60                      {
61                          begPos.x = i;
62                          begPos.y = j;
63                          vecBegPos.push_back(begPos);
64                      }
65                      continue;
66                  }
67                  //如果是黑王
68                  if(side == 1 && board[i][j] == BLACKKING)
69                  {
70                      if((board[i-1][j-1] == EMPTY && i-1>=0 && j-1>=0) || \
71                        (board[i+1][j+1] == EMPTY && i+1<10 && j+1<10) || \
72                        (board[i+1][j-1] == EMPTY && i+1<10 && j-1>=0) || \
73                        (board[i-1][j+1] == EMPTY && i-1>=0 && j+1<10))
74                      {
75                          begPos.x = i;
76                          begPos.y = j;
77                          vecBegPos.push_back(begPos);
78                      }
79                      continue;
80                  }
81                  //如果是白王
82                  if(side == -1 && board[i][j] == WHITEKING)
83                  {
84                      if((board[i-1][j-1] == EMPTY && i-1>=0 && j-1>=0) || \
85                        (board[i+1][j+1] == EMPTY && i+1<10 && j+1<10) || \
86                        (board[i+1][j-1] == EMPTY && i+1<10 && j-1>=0) || \
87                        (board[i-1][j+1] == EMPTY && i-1>=0 && j+1<10))
88                      {
89                          begPos.x = i;
90                          begPos.y = j;
91                          vecBegPos.push_back(begPos);
92                      }
93                      continue;
94                  }
```

```
95                    }
96                }
97            }
98            return vecBegPos;
99    }
```

查找结束位置也分为两种情况：一种情况是存在跳吃，此时，需针对王和普通棋子分别进行处理，当被吃棋子(王或普通棋子)数量为最大吃子数量时，将结束位置记录下来，在处理过程中需对 4 个方向分别进行处理；另一种情况是最大吃子数量为 0，此时，只需记录位置即可。注意，普通棋子在不能跳吃时，黑棋和白棋走子的方向是不同的，需分别进行处理。

查找结束位置函数如下：

```
1     vector<Position> Draughts::findEndPosition(short board[10][10],short side,int xStart,int
2     yStart,int maxx)
3     {
4         vector<Position> vecEndPos,vecRecord,vecTran;
5         Position endPos;
6         int kind = board[xStart][yStart];                //记录棋子的类型
7         int h1,h2,h3,h4;                                 //记录王 4 个方向的空位数量
8         int i;
9         int kind1,kind2,kind3;
10        int maxText = eatCount(board,xStart,yStart); //计算当前局面的最大吃子数量
11        if(maxx>0)                                       //针对连跳的情况
12        {
13            if(kind==BLACKPAWN || kind==WHITEPAWN) //针对普通棋子的情况
14            {
15                if(kind==BLACKPAWN)              //对棋子的类型进行变量代换
16                {
17                    kind1 = WHITEPAWN;
18                    kind2 = WHITEKING;
19                }
20                if(kind==WHITEPAWN)
21                {
22                    kind1 = BLACKPAWN;
23                    kind2 = BLACKKING;
24                }
25                if((board[xStart+1][yStart+1]==kind1 || \
26                   board[xStart+1][yStart+1]==kind2) && \
27                   board[xStart+2][yStart+2]==EMPTY && \
28                   xStart+2<10 && yStart+2<10)         //右下角能跳吃
29                {
30                    kind3 = board[xStart+1][yStart+1]; //记录被吃棋子类型
31                    board[xStart][yStart] = EMPTY;   //进行跳吃
32                    board[xStart+1][yStart+1] = EMPTY;
33                    board[xStart+2][yStart+2] = kind;
34                    //如果是跳吃的最后一步
35                    if(maxText==1 && eatCount(board,xStart+2,yStart+2)==0)
36                    {
37                        endPos.x = xStart+2;   //记录位置
38                        endPos.y = yStart+2;
39                        vecEndPos.push_back(endPos);
40                    }
41                    //跳吃后位置的吃子数量为上一个局面减 1
42                    if(eatCount(board,xStart+2,yStart+2)==maxText-1)
43                    {
44                        //利用递归进行跳吃后的局面判断
```

```
45                  vecRecord = findEndPosition(board,side,xStart+2,yStart+2,maxx);
46                  //合并两个向量
47                  vecRecord = combineTwoVector(vecEndPos,vecRecord);
48              }
49              board[xStart][yStart] = kind;          //还原局面
50              board[xStart+1][yStart+1] = kind3;
51              board[xStart+2][yStart+2] = EMPTY;
52          }
53          if((board[xStart+1][yStart-1]==kind1 || \
54              board[xStart+1][yStart-1]==kind2) && \
55              board[xStart+2][yStart-2]==EMPTY && \
56              xStart+2<10 && yStart-2>=0)        //左下角能跳吃
57          {
58              kind3 = board[xStart+1][yStart-1]; //记录被吃棋子类型
59              board[xStart][yStart] = EMPTY;   //进行跳吃
60              board[xStart+1][yStart-1] = EMPTY;
61              board[xStart+2][yStart-2] = kind;
62              //如果是跳吃的最后一步
63              if(maxText==1 && eatCount(board,xStart+2,yStart-2)==0)
64              {
65                  endPos.x = xStart+2;          //记录位置
66                  endPos.y = yStart-2;
67                  vecEndPos.push_back(endPos);
68              }
69              //跳吃后位置的吃子数量为上一个局面减 1
70              if(eatCount(board,xStart+2,yStart-2)==maxText-1)
71              {
72                  //利用递归进行跳吃后的局面判断
73                  vecRecord = findEndPosition(board,side,xStart+2,yStart-2,maxx);
74                  //合并两个向量
75                  vecRecord = combineTwoVector(vecEndPos,vecRecord);
76              }
77              board[xStart][yStart] = kind;          //还原局面
78              board[xStart+1][yStart-1] = kind3;
79              board[xStart+2][yStart-2] = EMPTY;
80          }
81          if((board[xStart-1][yStart-1]==kind1 || \
82              board[xStart-1][yStart-1]==kind2) && \
83              board[xStart-2][yStart-2]==EMPTY && \
84              xStart-2>=0 && yStart-2>=0)        //左上角能跳吃
85          {
86              kind3 = board[xStart-1][yStart-1]; //记录被吃棋子类型
87              board[xStart][yStart] = EMPTY;   //进行跳吃
88              board[xStart-1][yStart-1] = EMPTY;
89              board[xStart-2][yStart-2] = kind;
90              //如果是跳吃的最后一步
91              if(maxText==1 && eatCount(board,xStart-2,yStart-2)==0)
92              {
93                  endPos.x = xStart-2;          //记录位置
94                  endPos.y = yStart-2;
95                  vecEndPos.push_back(endPos);
96              }
97              //跳吃后位置的吃子数量为上一个局面减 1
98              if(eatCount(board,xStart-2,yStart-2)==maxText-1)
99              {
100                 vecRecord = findEndPosition(board,side,xStart-2,yStart-2,maxx);
```

```
101                     //合并两个向量
102                     vecRecord = combineTwoVector(vecEndPos,vecRecord);
103                 }
104                 board[xStart][yStart] = kind;         //还原局面
105                 board[xStart-1][yStart-1] = kind3;
106                 board[xStart-2][yStart-2] = EMPTY;
107             }
108             if((board[xStart-1][yStart+1]==kind1 || \
109                board[xStart-1][yStart+1]==kind2) && \
110                board[xStart-2][yStart+2]==EMPTY && \
111                xStart-2>=0 && yStart+2<10)           //右上角能跳吃
112             {
113                 kind3 = board[xStart-1][yStart+1];   //记录被吃棋子类型
114                 board[xStart][yStart] = EMPTY;       //进行跳吃
115                 board[xStart-1][yStart+1] = EMPTY;
116                 board[xStart-2][yStart+2] = kind;
117                 //如果是跳吃的最后一步
118                 if(maxText==1 && eatCount(board,xStart-2,yStart+2)==0)
119                 {
120                     endPos.x = xStart-2;                    //记录位置
121                     endPos.y = yStart+2;
122                     vecEndPos.push_back(endPos);
123                 }
124                 //跳吃后位置的吃子数量为上一个局面减 1
125                 if(eatCount(board,xStart-2,yStart+2)==maxText-1)
126                 {
127                     //利用递归进行跳吃后局面的判断
128                     vecRecord = findEndPosition(board,side,xStart-2,yStart+2,maxx);
129                     //合并两个向量
130                     vecRecord = combineTwoVector(vecEndPos,vecRecord);
131                 }
132                 board[xStart][yStart] = kind;                  //还原局面
133                 board[xStart-1][yStart+1] = kind3;
134                 board[xStart-2][yStart+2] = EMPTY;
135             }
136         }
137         else if(kind==BLACKKING || kind==WHITEKING) //针对王的情况
138         {
139             if(kind==BLACKKING)                            //对王的棋子类型进行讨论
140             {
141                 kind1 = WHITEPAWN;
142                 kind2 = WHITEKING;
143             }
144             if(kind==WHITEKING)
145             {
146                 kind1 = BLACKPAWN;
147                 kind2 = BLACKKING;
148             }
149             h1 = kingDisOfLeftTop(board,xStart,yStart); //判断左上方空位数量
150             if((board[xStart-h1-1][yStart-h1-1]==kind1 || \
151                board[xStart-h1-1][yStart-h1-1]==kind2) && \
152                board[xStart-h1-2][yStart-h1-2]==EMPTY && \
153                xStart-h1-2>=0 && yStart-h1-2>=0)        //如果左上方能跳吃
154             {
155                 kind3 = board[xStart-h1-1][yStart-h1-1]; //记录被吃棋子类型
156                 //对跳吃后的每个空位进行判断
```

```
157                 for(i=2;i<=xStart-h1 && i<=yStart-h1;i++)
158                 {
159                     if(board[xStart-h1-i][yStart-h1-i]!=EMPTY)//跳吃后遇障碍
160                     {
161                         break;
162                     }
163                     board[xStart][yStart] = EMPTY;       //进行跳吃
164                     board[xStart-h1-1][yStart-h1-1] = UNABLE;
165                     board[xStart-h1-i][yStart-h1-i] = kind;
166                     //满足最后一步的条件
167                     if(maxText==1 && kingEatCount(board,xStart-h1-i,yStart-h1-i)==0)
168                     {
169                         endPos.x = xStart-h1-i;              //记录位置
170                         endPos.y = yStart-h1-i;
171                         vecEndPos.push_back(endPos);
172                     }
173                     //没达到最后一步的条件
174                     if(kingEatCount(board,xStart-h1-i,yStart-h1-i)==maxText-1 && maxText!=1)
175                     {
176                         //利用递归方式对跳吃后的局面进行分析
177                         vecTran = findEndPosition(board,side,xStart-h1-i,yStart-h1-i,maxx);
178                     }
179                     if(vecTran.size()!=0) //递归结果不为空，还可以跳吃
180                     {
181                         //合并递归中所有满足条件的位置
182                         vecRecord = combineTwoVector(vecRecord,vecTran);
183                         vecTran.clear();
184                     }
185                     board[xStart][yStart] = kind;  //还原局面
186                     board[xStart-h1-1][yStart-h1-1] = kind3;
187                     board[xStart-h1-i][yStart-h1-i] = EMPTY;
188                 }
189                 //合并所有的结束位置
190                 vecRecord = combineTwoVector(vecEndPos,vecRecord);
191                 vecEndPos.clear();
192                 vecTran.clear();
193             }
194             h2 = kingDisOfRightTop(board,xStart,yStart); //判断右上方空位数量
195             if((board[xStart-h2-1][yStart+h2+1]==kind1 || \
196                board[xStart-h2-1][yStart+h2+1]==kind2) && \
197                board[xStart-h2-2][yStart+h2+2]==EMPTY && \
198                xStart-h2-2>=0 && yStart+h2+2<10)       //如果右上方能跳吃
199             {
200                 kind3 = board[xStart-h2-1][yStart+h2+1]; //记录被吃棋子类型
201                 //对跳吃后的每个空位进行判断
202                 for(i=2;i<=xStart-h2 && i<10-yStart-h2;i++)
203                 {
204                     //跳吃后遇到障碍
205                     if(board[xStart-h2-i][yStart+h2+i]!=EMPTY)
206                     {
207                         break;
208                     }
209                     board[xStart][yStart] = EMPTY;       //进行跳吃
210                     board[xStart-h2-1][yStart+h2+1] = UNABLE;
211                     board[xStart-h2-i][yStart+h2+i] = kind;
212                     //满足最后一步的条件
```

```
213                 if(maxText==1 && kingEatCount(board,xStart-h2-i,yStart+h2+i)==0)
214                 {
215                     endPos.x = xStart-h2-i;
216                     endPos.y = yStart+h2+i;
217                     vecEndPos.push_back(endPos);
218                 }
219                 //没达到最后一步的条件
220                 if(kingEatCount(board,xStart-h2-i,yStart+h2+i)==maxText-1 && maxText!=1)
221                 {
222                     //利用递归方式对跳吃后的局面进行分析
223                     vecTran = findEndPosition(board,side,xStart-h2-i,yStart+h2+i,maxx);
224                 }
225                 if(vecTran.size()!=0) //递归结果不为空，还可以跳吃
226                 {
227                     //合并递归中所有满足条件的位置
228                     vecRecord = combineTwoVector(vecRecord,vecTran);
229                     vecTran.clear();
230                 }
231                 board[xStart][yStart] = kind;                   //还原局面
232                 board[xStart-h2-1][yStart+h2+1] = kind3;
233                 board[xStart-h2-i][yStart+h2+i] = EMPTY;
234             }
235             vecRecord = combineTwoVector(vecEndPos,vecRecord);//合并所有的结束位置
236             vecEndPos.clear();
237             vecTran.clear();
238         }
239         //判断右下方空位数量
240         h3 = kingDisOfRightBottom(board,xStart,yStart);
241         if((board[xStart+h3+1][yStart+h3+1]==kind1 || \
242            board[xStart+h3+1][yStart+h3+1]==kind2) && \
243            board[xStart+h3+2][yStart+h3+2]==EMPTY && \
244            xStart+h3+2<10 && yStart+h3+2<10)                //右下方能跳吃
245         {
246             kind3 = board[xStart+h3+1][yStart+h3+1];         //记录被吃棋子类型
247             //对跳吃后的每个空位进行判断
248             for(i=2;i<10-xStart-h3 && i<10-yStart-h3;i++)
249             {
250                 //跳吃后遇到障碍
251                 if(board[xStart+h3+i][yStart+h3+i]!=EMPTY)
252                 {
253                     break;
254                 }
255                 board[xStart][yStart] = EMPTY;       //进行跳吃
256                 board[xStart+h3+1][yStart+h3+1] = UNABLE;
257                 board[xStart+h3+i][yStart+h3+i] = kind;
258                 //满足最后一步的条件
259                 if(maxText==1 && kingEatCount(board,xStart+h3+i,yStart+h3+i)==0)
260                 {
261                     endPos.x = xStart+h3+i;
262                     endPos.y = yStart+h3+i;
263                     vecEndPos.push_back(endPos);
264                 }
265                 //没达到最后一步的条件
266                 if(kingEatCount(board,xStart+h3+i,yStart+h3+i)==maxText-1 && maxText!=1)
267                 {
268                     //利用递归方式对跳吃后的局面进行分析
```

```
269                     vecTran = findEndPosition(board,side,xStart+h3+i,yStart+h3+i,maxx);
270                 }
271                 if(vecTran.size()!=0) //递归结果不为空，还可以跳吃
272                 {
273                     //合并递归中所有满足条件的位置
274                     vecRecord = combineTwoVector(vecRecord,vecTran);
275                     vecTran.clear();
276                 }
277                 board[xStart][yStart] = kind;           //还原局面
278                 board[xStart+h3+1][yStart+h3+1] = kind3;
279                 board[xStart+h3+i][yStart+h3+i] = EMPTY;
280             }
281             vecRecord = combineTwoVector(vecEndPos,vecRecord);//合并所有的结束位置
282             vecEndPos.clear();
283             vecTran.clear();
284         }
285         h4 = kingDisOfLeftBottom(board,xStart,yStart);//判断左下方空位数量
286         if((board[xStart+h4+1][yStart-h4-1]==kind1 || \
287            board[xStart+h4+1][yStart-h4-1]==kind2) && \
288            board[xStart+h4+2][yStart-h4-2]==EMPTY && \
289            xStart+h4+2<10 && yStart-h4-2>=0)          //左下方能跳吃
290         {
291             kind3 = board[xStart+h4+1][yStart-h4-1];   //记录被吃棋子类型
292             //对跳吃后的每个空位进行判断
293             for(i=2;i<10-xStart-h4 && i<=yStart-h4;i++)
294             {
295                 //跳吃后遇到障碍
296                 if(board[xStart+h4+i][yStart-h4-i]!=EMPTY)
297                 {
298                     break;
299                 }
300                 board[xStart][yStart] = EMPTY;         //进行跳吃
301                 board[xStart+h4+1][yStart-h4-1] = UNABLE;
302                 board[xStart+h4+i][yStart-h4-i] = kind;
303                 //满足最后一步的条件
304                 if(maxText==1 && kingEatCount(board,xStart+h4+i,yStart-h4-i)==0)
305                 {
306                     endPos.x = xStart+h4+i;
307                     endPos.y = yStart-h4-i;
308                     vecEndPos.push_back(endPos);
309                 }
310                 //没达到最后一步的条件
311                 if(kingEatCount(board,xStart+h4+i,yStart-h4-i)==maxText-1&& maxText!=1)
312                 {
313                     //利用递归方式对跳吃后的局面进行分析
314                     vecTran = findEndPosition(board,side,xStart+h4+i,yStart-h4-i,maxx);
315                 }
316                 if(vecTran.size()!=0) //递归结果不为空，还可以跳吃
317                 {
318                     //合并递归中所有满足条件的位置
319                     vecRecord = combineTwoVector(vecRecord,vecTran);
320                     vecTran.clear();
321                 }
322                 board[xStart][yStart] = kind;         //还原局面
323                 board[xStart+h4+1][yStart-h4-1] = kind3;
324                 board[xStart+h4+i][yStart-h4-i] = EMPTY;
```

```
325                     }
326                     vecRecord = combineTwoVector
327                         (vecEndPos,vecRecord); //合并所有的结束位置
328                     vecEndPos.clear();
329                     vecTran.clear();
330                 }
331             }
332         }
333         else if(maxx==0) //针对走子的情况
334         {
335             if(board[xStart][yStart]==BLACKPAWN)      //针对黑棋的情况
336             {
337                 //黑棋只能往下走，针对左下方的情况
338                 if(board[xStart+1][yStart-1]==EMPTY && yStart-1>=0 && xStart+1<10)
339                 {
340                     endPos.x = xStart+1;
341                     endPos.y = yStart-1;
342                     vecRecord.push_back(endPos);
343                 }
344                 //针对右下方的情况
345                 if(board[xStart+1][yStart+1]==EMPTY && xStart+1<10 && yStart+1<10)
346                 {
347                     endPos.x = xStart+1;
348                     endPos.y = yStart+1;
349                     vecRecord.push_back(endPos);
350                 }
351             }
352             if(board[xStart][yStart]==WHITEPAWN)      //针对白棋的情况
353             {
354                 //白棋只能往上走，针对左上方的情况
355                 if(board[xStart-1][yStart-1]==EMPTY && xStart-1>=0 && yStart-1>=0)
356                 {
357                     endPos.x = xStart-1;
358                     endPos.y = yStart-1;
359                     vecRecord.push_back(endPos);
360                 }
361                //针对右上方的情况
362                 if(board[xStart-1][yStart+1]==EMPTY && xStart-1>=0 && yStart+1<10)
363                 {
364                     endPos.x = xStart-1;
365                     endPos.y = yStart+1;
366                     vecRecord.push_back(endPos);
367                 }
368             }
369
370             if(board[xStart][yStart]==BLACKKING) //针对黑王的情况
371             {
372                 vecRecord= findKingMovePos(board,xStart,yStart);
373             }
374             if(board[xStart][yStart]==WHITEKING) //针对白王的情况
375             {
376                 vecRecord = findKingMovePos(board,xStart,yStart);
377             }
378         }
379         return vecRecord;
380 }
```

由于黑王和白王的跳吃方式或下棋方式与普通棋子不同，查找王可下位置需要单独处理，王的结束位置可以是被吃棋子后面的任意空位，只要在相应位置没有遇到障碍均可作为王的最后落子位置，具体函数如下：

```
1   vector<Position> Draughts::findKingMovePos(short board[10][10],int xStart,int
2   yStart)
3   {
4       vector<Position> vecEndPos;//存放王的行走路径
5       Position endPos;
6       int i;
7       for(i=1;i<10-yStart,i<10-xStart;i++)
8       {
9           //保存王右下方的空位
10          if(board[xStart+i][yStart+i] == EMPTY && xStart + i<10 \
11             && yStart + i < 10)
12          {
13              endPos.x = xStart + i;
14              endPos.y = yStart + i;
15              vecEndPos.push_back(endPos);
16          }
17          else if(board[xStart+i][yStart+i] != EMPTY)
18          {
19              break;
20          }
21      }
22      //处理左上方
23      for(i=1;i<yStart+1,i<xStart+1;i++)
24      {
25          if(board[xStart-i][yStart-i] == EMPTY && xStart-i>=0 && yStart-i>=0)
26          {
27              endPos.x = xStart - i;
28              endPos.y = yStart - i;
29              vecEndPos.push_back(endPos);
30          }
31          else if(board[xStart-i][yStart-i] != EMPTY)
32          {
33              break;
34          }
35      }
36      //处理左下方
37      for(i=1;i<yStart+1,i<10-xStart;i++)
38      {
39          if(board[xStart+i][yStart-i] == EMPTY && xStart+i<10 && yStart-i>=0)
40          {
41              endPos.x = xStart + i;
42              endPos.y = yStart - i;
43              vecEndPos.push_back(endPos);
44          }
45          else if(board[xStart+i][yStart-i] != EMPTY)
46          {
47              break;
48          }
49      }
50      //处理右上方
51      for(i=1;i<10-yStart,i<xStart+1;i++)
52      {
```

```
53          if(board[xStart-i][yStart+i] == EMPTY && xStart-i>=0 && yStart+i<10)
54          {
55              endPos.x = xStart - i;
56              endPos.y = yStart + i;
57              vecEndPos.push_back(endPos);
58          }
59          else if(board[xStart-i][yStart+i] != EMPTY)
60          {
61              break;
62          }
63      }
64      return vecEndPos;
65  }
```

3. 走法生成

走法生成就是根据吃子数量、开始位置和结束位置生成可行走法，并记录到 TreadPosition 结构体向量中。走法生成函数如下：

```
1   vector<TreadPosition> Draughts::generateMovePosition(short board[][10],int side)
2   {
3       vector<TreadPosition> vecGenPos;            //合成所有的走法
4       vector<Position> vecBegPos,vecEndPos;   //开始位置和结束位置
5       TreadPosition pos;
6       int maxx = eatCountMax(board,side);
7       vecBegPos = findBeginPosition(board,side);//找出开始位置
8       int i,j;
9       int xStart,yStart;
10      int xEnd,yEnd;
11      for(i=0;i<vecBegPos.size();i++)             //对于每个开始位置
12      {
13          xStart = vecBegPos[i].x;
14          yStart = vecBegPos[i].y;
15          //找出该开始位置所能到达的结束位置
16          vecEndPos = findEndPosition(board,side,xStart,yStart,maxx);
17          for(j=0;j<vecEndPos.size();j++)
18          {
19              xEnd = vecEndPos[j].x;
20              yEnd = vecEndPos[j].y;
21              pos.begPos.x = xStart;              //保存位置
22              pos.begPos.y = yStart;
23              pos.endPos.x = xEnd;
24              pos.endPos.y = yEnd;
25              vecGenPos.push_back(pos);
26          }
27      }
28      return vecGenPos;     //返回所有的走法
29  }
```

7.2.4 估值函数

本例采用比较简单的估值方法，估值函数中包括棋子的估值（普通棋子的估值和王的估值）、棋子位置的估值、棋子在中心区域的估值，以及双方棋子平衡因子、是否构成斜列等各方面的估值，最终估值采用简单的比例系数进行调整。估值函数的具体代码如下：

```
1   int Draughts::value(short board[][10],int side)
2   {
3       int BlackNum = 0;                    //记录黑棋个数
4       int WhiteNum = 0;                    //记录白棋个数
5       int BlackKingNum = 0;                //记录黑王个数
6       int WhiteKingNum = 0;                //记录白王个数
7       int BlackCentreNum = 0;              //记录黑棋在棋盘中间的个数
8       int WhiteCentreNum = 0;              //记录白棋在棋盘中间的个数
9       int BlackListNum = 0;                //记录黑棋的列数
10      int WhiteListNum = 0;                //记录白棋的列数
11      int BlackEquFactor = 0;              //记录黑棋的平衡因子
12      int WhiteEquFactor = 0;              //记录白棋的平衡因子
13      int piecesNumValue = 0;              //记录棋盘上棋子数量的估值
14      int boardCenterValue = 0;            //记录棋盘上中间棋子数量的估值
15      int EquFactorValue = 0;              //记录平衡因子的估值
16      int ListNumValue = 0;                //记录列数的估值
17      int i,j;
18
19      for(i=0;i<10;i++)
20      {
21          for(j=0;j<10;j++)
22          {
23              switch(board[i][j])
24              {
25                  case BLACKPAWN:
26                  {
27                      BlackNum++;              //黑棋个数加 1
28                      BlackEquFactor+=(i+1); //求黑棋的平衡因子
29                      //判断是否在中间位置
30                      if(i>=2 && i<=7 && j>=2 && j<=7)
31                      {
32                          BlackCentreNum++;
33                      }
34                      //判断是否构成左斜的列
35                      if(i+3<=9 && j-3>=0 && board[i][j]==board[i+1][j-1] && \
36                          board[i+2][j-2]==board[i][j] &&\
37                          board[i+3][j-3]==board[i][j])
38                      {
39                          BlackListNum++;
40                      }
41                      //判断是否构成右斜的列
42                      if(i+3<=9 && j+3<=9 && board[i+1][j+1]==board[i][j] && \
43                          board[i+2][j+2]==board[i][j] &&\
44                          board[i+3][j+3]==board[i][j])
45                      {
46                          BlackListNum++;
47                      }
48                      break;
49                  }
50                  case WHITEPAWN:
51                  {
52                      WhiteNum++;              //白棋个数加 1
53                      WhiteEquFactor+=(10-i); //求白棋的平衡因子
54                      //判断是否在中间位置
55                      if(i>=2 && i<=7 && j>=2 && j<=7)
56                      {
```

```
57                      WhiteCentreNum++;
58                  }
59                  //判断是否构成左斜的列
60                  if(i+3<=9 && j-3>=0 && board[i][j]==board[i+1][j-1] && \
61                      board[i+2][j-2]==board[i][j] &&\
62                      board[i+3][j-3]==board[i][j])
63                  {
64                      WhiteListNum++;
65                  }
66                  //判断是否构成右斜的列
67                  if(i+3<=9 && j+3<=9&& board[i+1][j+1]==board[i][j] && \
68                      board[i+2][j+2]==board[i][j] &&\
69                      board[i+3][j+3]==board[i][j])
70                  {
71                      WhiteListNum++;
72                  }
73                  break;
74              }
75              case BLACKKING:
76              {
77                  BlackKingNum++;           //黑王个数加 1
78                  BlackEquFactor+=(i+1);    //求黑棋的平衡因子
79                  //判断是否在中间位置
80                  if(i>=2 && i<=7 && j>=2 && j<=7)
81                  {
82                      BlackCentreNum++;
83                  }
84                   //判断是否构成左斜的列
85                  if(i+3<=9 && j-3>=0 && board[i][j]==board[i+1][j-1] && \
86                      board[i+2][j-2]==board[i][j] &&\
87                      board[i+3][j-3]==board[i][j])
88                  {
89                      BlackListNum++;
90                  }
91                  //判断是否构成右斜的列
92                  if(i+3<=9 && j+3<=9 && board[i+1][j+1]==board[i][j] && \
93                      board[i+2][j+2]==board[i][j] &&\
94                      board[i+3][j+3]==board[i][j])
95                  {
96                      BlackListNum++;
97                  }
98                  break;
99              }
100             case WHITEKING:
101             {
102                 WhiteKingNum++;            //白王个数加 1
103                 WhiteEquFactor+=(10-i);    //求白棋的平衡因子
104                 //判断是否在中间位置
105                 if(i>=2 && i<=7 && j>=2 && j<=7)
106                 {
107                     WhiteCentreNum++;
108                 }
109                 //判断是否构成左斜的列
110                 if(i+3<=9 && j-3>=0 && board[i][j]==board[i+1][j-1] && \
111                     board[i+2][j-2]==board[i][j] &&\
112                     board[i+3][j-3]==board[i][j])
```

```
113                         {
114                             WhiteListNum++;
115                         }
116                         //判断是否构成右斜的列
117                         if(i+3<=9 && j+3<=9 && board[i+1][j+1]==board[i][j] && \
118                             board[i+2][j+2]==board[i][j] &&\
119                             board[i+3][j+3]==board[i][j])
120                         {
121                             WhiteListNum++;
122                         }
123                         break;
124                     }
125                 }
126             }
127         }
128         if(side==1) //如果是黑棋
129         {
130             //记录棋盘上棋子数量的估值
131             piecesNumValue = BlackNum - WhiteNum + 2*(BlackKingNum - WhiteKingNum);
132             //记录平衡因子的估值
133             EquFactorValue = BlackEquFactor - WhiteEquFactor;
134             ListNumValue = BlackListNum - WhiteListNum; //记录列数的估值
135             //记录棋盘上中间棋子数量的估值
136             boardCenterValue = BlackCentreNum - WhiteCentreNum;
137         }
138         if(side==-1) //如果是白棋
139         {
140             //记录棋盘上棋子数量的估值
141             piecesNumValue = WhiteNum - BlackNum + 2*(WhiteKingNum - BlackKingNum);
142             //记录平衡因子的估值
143             EquFactorValue = WhiteEquFactor - BlackEquFactor;
144             ListNumValue = WhiteListNum - BlackListNum; //记录列数的估值
145             //记录棋盘上中间棋子数量的估值
146             boardCenterValue = WhiteCentreNum - BlackCentreNum;
147         }
148         return 4*piecesNumValue + 2*ListNumValue + 2*boardCenterValue + 2*EquFactorValue;
149     }
```

7.2.5 搜索算法的实现

在本例中，西洋跳棋的搜索算法采用 Alpha-Beta 算法，并对算法进行适当的改进，使其适合西洋跳棋的搜索过程。具体代码如下：

```
1   int Draughts::alphaBeta(short board[][10],int side,int alpha,int beta,int depth)
2   {
3       if(depth<=0)                //搜索深度为 0
4       {
5           return value(board,side);
6       }
7       if(isWin(board,-side))      //有一方赢
8       {
9           return value(board,side);
10      }
11      short tempBoard[10][10];    //临时棋盘
12      int i,j,k;
13      int val;
14      //获取可下位置
```

```
15      vector<TreadPosition> vecPos = generateMovePosition(board,side);
16      for(i=0;i<vecPos.size();i++)
17      {
18          for(j=0;j<10;j++)       //复制临时棋盘
19          {
20              for(k=0;k<10;k++)
21              {
22                  tempBoard[j][k] = board[j][k];
23              }
24          }
25          moveOrJump(tempBoard,side,vecPos[i].begPos.x,vecPos[i].begPos.y,\
26              vecPos[i].endPos.x,vecPos[i].endPos.y); //移动或跳吃
27          produceKing(tempBoard);   //升王
28          //递归调用
29          val = -alphaBeta(tempBoard,-side,-beta,-alpha,depth-1);
30          if(val>=beta)                    //剪枝操作
31          {
32              return beta;
33          }
34          if(val>alpha)                     //得到最优估值
35          {
36              alpha = val;
37          }
38      }
39      return alpha;                         //返回估值
40  }
```

Alpha-Beta 算法实现包括下棋、递归调用 Alpha-Beta 算法和还原，而由于跳棋的下棋过程具有不确定步数的问题，因此，这里针对每种可行走法都构造了临时棋盘，并将当前棋盘状态复制到临时棋盘中，从而避免了棋盘还原的问题。具体下棋的过程通过函数 moveOrJump()完成，代码如下：

```
1   void Draughts::moveOrJump(short board[][10],int side,int xStart,int yStart,int xEnd,int yEnd)
2   {
3       int maxx = eatCountMax(board,side); //求出该局面所对应的最大吃子数量
4       int h;
5       int kind = board[xStart][yStart];
6   
7       if(eatCountMax(board,side)==0)        //针对走子的情况
8       {
9           board[xStart][yStart] = EMPTY; //进行棋子位置替换(相当于下棋)
10          board[xEnd][yEnd] = kind;
11      }
12      else if(eatCountMax(board,side)>0)   //针对连续跳吃的情况
13      {
14          //对黑棋和白棋
15          if(board[xStart][yStart]==BLACKPAWN || \
16              board[xStart][yStart]==WHITEPAWN)
17          {
18              PawnMove *head,*p;
19              head = (PawnMove*)malloc(sizeof(PawnMove));   //分配内存
20              head->x = xStart;                             //初始化链表
21              head->y = yStart;
22              //对普通棋子进行跳吃
23              h = genPawnEatMove(board,xStart,yStart,xEnd,yEnd,head,maxx,side);
24              p = head;
25              while(p->prior!=NULL)                         //释放内存
```

```
26                {
27                    p = p->prior;
28                    free(head);
29                    head = p;
30                }
31                free(p);
32            }
33            //对黑王和白王
34            else if(board[xStart][yStart]==BLACKKING || board[xStart][yStart]==WHITEKING)
35            {
36                PawnMove *head,*p;
37                head = (PawnMove*)malloc(sizeof(PawnMove));  //分配内存
38                head->x = xStart;                             //初始化链表
39                head->y = yStart;
40                //对王进行跳吃
41                h = genKingEatMove(board,xStart,yStart,xEnd,yEnd,head,maxx,side);
42                p = head;
43                while(p->prior!=NULL)                         //释放内存
44                {
45                    p = p->prior;
46                    free(head);
47                    head = p;
48                }
49                free(p);
50            }
51        }
52    }
```

上述函数中下棋过程分三种情况：不满足跳吃条件，直接下棋；若满足跳吃条件，需要分别处理普通棋子跳吃和王跳吃两种情况。

普通棋子跳吃函数如下：

```
1   int Draughts::genPawnEatMove(short board[][10],int xStart,int yStart,\
2                                int xEnd,int yEnd,PawnMove *L,int height,int side)
3   {
4       int h1,h2,h3,h4;                          //保存棋子各个方向的吃子数量
5       int kind,kind1,kind2,kind3;               //等量代换时用
6       int eatNum = eatCount(board,xStart,yStart);//所需的吃子数量
7       kind = board[xStart][yStart];             //所需的棋子类型
8       if(kind == BLACKPAWN)                     //进行等量代换
9       {
10          kind1 = WHITEPAWN;
11          kind2 = WHITEKING;
12      }
13      if(kind ==WHITEPAWN)
14      {
15          kind1 = BLACKPAWN;
16          kind2 = BLACKKING;
17      }
18      //如果吃子数量为 0，并且剩余吃子数量为 0，即为结束位置
19      if(eatNum==0 && height==0)
20      {
21          PawnMove *node;
22          node = (PawnMove*)malloc(sizeof(PawnMove)); //分配内存
23          node->next = NULL;                            //初始化链表
24          node->prior = NULL;
25          if(xStart==xEnd && yStart==yEnd) //所对应的结束位置与给定的相同
```

```
26          {
27              node->x = xEnd;                              //保存位置
28              node->y = yEnd;
29              node->next = L;                              //链表指向
30              L->prior = node;
31              return height+1;
32          }
33          else//所对应的结束位置与给定的不同
34          {
35              free(node);                                  //释放内存
36          }
37          return 0;
38      }
39      //如果左上方能跳吃
40      if((board[xStart-1][yStart-1]==kind1 || board[xStart-1][yStart-1]==kind2) && \
41          board[xStart-2][yStart-2]==EMPTY && xStart-2>=0 && yStart-2>=0
42      {
43          PawnMove *node;
44          node = (PawnMove*)malloc(sizeof(PawnMove));//分配内存
45          node->next = NULL;                               //初始化链表
46          node->prior = NULL;
47          kind3 = board[xStart-1][yStart-1];               //保存棋子的类型
48          board[xStart][yStart] = EMPTY;                   //跳吃
49          board[xStart-1][yStart-1] = EMPTY;
50          board[xStart-2][yStart-2] = kind;
51          //进行递归处理，处理跳吃后的局面
52          h1 = genPawnEatMove(board,xStart-2,yStart-2,xEnd,yEnd,node,height-1,side);
53          if(h1==height)              //如果跳吃后的局面与吃子数量匹配
54          {
55              node->x = xStart-2;     //记录位置
56              node->y = yStart-2;
57              node->next = L;         //保存位置到链表中
58              L->prior = node;
59              return height+1;        //返回上一步的吃子数量
60          }
61          else                        //跳吃后的局面不匹配
62          {
63              free(node);             //释放内存
64          }
65          board[xStart][yStart] = kind; //还原局面
66          board[xStart-1][yStart-1] = kind3;
67          board[xStart-2][yStart-2] = EMPTY;
68      }
69      else                            //左上方不能跳吃
70      {
71          h1 = 0;
72      }
73      //如果右上方能跳吃
74      if((board[xStart-1][yStart+1]==kind1 || board[xStart-1][yStart+1]==kind2) && \
75          board[xStart-2][yStart+2]==EMPTY && xStart-2>=0 && yStart+2<10)
76      {
77          PawnMove *node;
78          node = (PawnMove*)malloc(sizeof(PawnMove));//分配内存
79          node->next = NULL;                               //初始化链表
80          node->prior = NULL;
81          kind3 = board[xStart-1][yStart+1];               //保存棋子的类型
```

```
82          board[xStart][yStart] = EMPTY;                    //跳吃
83          board[xStart-1][yStart+1] = EMPTY;
84          board[xStart-2][yStart+2] = kind;
85          h2 = genPawnEatMove(board,xStart-2,yStart+2,xEnd,yEnd,node,height-1,side);
86          if(h2==height)                  //如果跳吃后的局面与吃子数量匹配
87          {
88              node->x = xStart-2;     //记录位置
89              node->y = yStart+2;
90              node->next = L;          //保存位置到链表中
91              L->prior = node;
92              return height+1;         //返回上一步的吃子数量
93          }
94          else                         //跳吃后的局面不匹配
95          {
96              free(node);              //释放内存
97          }
98          board[xStart][yStart] = kind;//还原局面
99          board[xStart-1][yStart+1] = kind3;
100         board[xStart-2][yStart+2] = EMPTY;
101     }
102     else                             //右上方不能跳吃
103     {
104         h2 = 0;
105     }
106     //如果右下方能跳吃
107     if((board[xStart+1][yStart+1]==kind1 || board[xStart+1][yStart+1]==kind2) && \
108         board[xStart+2][yStart+2] ==EMPTY && xStart+2<10 && yStart+2<10)
109     {
110         PawnMove *node;
111         node = (PawnMove*)malloc(sizeof(PawnMove));//分配内存
112         node->next = NULL;                            //初始化链表
113         node->prior = NULL;
114         kind3 = board[xStart+1][yStart+1];            //保存棋子的类型
115         board[xStart][yStart] = EMPTY;                //跳吃
116         board[xStart+1][yStart+1] = EMPTY;
117         board[xStart+2][yStart+2] = kind;
118         h3 = genPawnEatMove(board,xStart+2,yStart+2,xEnd,yEnd,node,height-1,side);
119         if(h3==height)                  //如果跳吃后的局面与吃子数量匹配
120         {
121             node->x = xStart+2;     //记录位置
122             node->y = yStart+2;
123             node->next = L;          //保存位置到链表中
124             L->prior = node;
125             return height+1;         //返回上一步的吃子数量
126         }
127         else                         //跳吃后的局面不匹配
128         {
129             free(node);              //释放内存
130         }
131         board[xStart][yStart] = kind; //还原局面
132         board[xStart+1][yStart+1] = kind3;
133         board[xStart+2][yStart+2] = EMPTY;
134     }
135     else                             //右下方不能跳吃
136     {
137         h3 = 0;
```

```
138         }
139         //如果左下方能跳吃
140         if((board[xStart+1][yStart-1]==kind1 || board[xStart+1][yStart-1]==kind2) && \
141             board[xStart+2][yStart-2]==EMPTY && xStart+2<10 && yStart-2>=0)
142         {
143             PawnMove *node;
144             node = (PawnMove*)malloc(sizeof(PawnMove)); //分配内存
145             node->next = NULL;                          //初始化链表
146             node->prior = NULL;
147             kind3 = board[xStart+1][yStart-1];           //保存棋子的类型
148             board[xStart][yStart] = EMPTY;               //跳吃
149             board[xStart+1][yStart-1] = EMPTY;
150             board[xStart+2][yStart-2] = kind;
151             h4 = genPawnEatMove(board,xStart+2,yStart-2,xEnd,yEnd,node,height-1,side);
152             if(h4==height)              //如果跳吃后的局面与吃子数量匹配
153             {
154                 node->x = xStart+2;    //记录位置
155                 node->y = yStart-2;
156                 node->next = L;        //保存位置到链表中
157                 L->prior = node;
158                 return height+1;       //返回上一步的吃子数量
159             }
160             else                        //跳吃后的局面不匹配
161             {
162                 free(node);             //释放内存
163             }
164             board[xStart][yStart] = kind;//还原局面
165             board[xStart+1][yStart-1] = kind3;
166             board[xStart+2][yStart-2] = EMPTY;
167         }
168         else                            //左下方不能跳吃
169         {
170             h4 = 0;
171         }
172         return 0;
173 }
```

王跳吃函数如下：

```
1   int Draughts::genKingEatMove(short board[][10],int xStart,int yStart,int xEnd,\
2                                int yEnd,PawnMove *L,int height,int side)
3   {
4       int h1,h2,h3,h4;                        //保存棋子各个方向的吃子数量
5       int i;
6       int count1,count2,count3,count4;   //记录各个方向的空位数量
7       int kind = board[xStart][yStart];     //记录选择开始位置王的类型
8       int kind1,kind2,kind3;
9       int eatNum = kingEatCount(board,xStart,yStart);//求出该位置王的吃子数量
10      if(kind==BLACKKING)               //对该王的类型进行分类讨论
11      {
12          kind1 = WHITEPAWN;
13          kind2 = WHITEKING;
14      }
15      if(kind==WHITEKING)
16      {
17          kind1 = BLACKPAWN;
18          kind2 = BLACKKING;
19      }
```

```
20        //如果吃子数量为 0，并且剩余吃子数量为 0，即为结束位置
21        if(eatNum==0 && height==0)
22        {
23            PawnMove *node;
24            node = (PawnMove*)malloc(sizeof(PawnMove));    //分配内存
25            node->next = NULL;                              //初始化链表
26            node->prior = NULL;
27            if(xStart==xEnd && yStart==yEnd)  //所对应的结束位置与给定的相同
28            {
29                node->x = xEnd;                //保存位置
30                node->y = yEnd;
31                node->next = L;                //链表指向
32                L->prior = node;
33                return height+1;               //返回上一步的吃子数量
34            }
35            else                               //所对应的结束位置与给定的不同
36            {
37                free(node);                    //释放内存
38            }
39            return 0;
40        }
41        count1 = kingDisOfLeftTop(board,xStart,yStart);
42        //如果左上方能跳吃
43        if((board[xStart-count1-1][yStart-count1-1]==kind1 || \
44           board[xStart-count1-1][yStart-count1-1]==kind2) && \
45           board[xStart-count1-2][yStart-count1-2]==EMPTY && \
46           xStart-count1-2>=0 && yStart-count1-2>=0)
47        {
48            PawnMove *node1;
49            //对左上方跳吃后的每个空位进行判断
50            for(i=2;i<=xStart-count1 && i<=yStart-count1;i++)
51            {
52                if(board[xStart-count1-i][yStart-count1-i]!=EMPTY) //没有遇到障碍
53                {
54                    break;
55                }
56                node1 = (PawnMove*)malloc(sizeof(PawnMove));//分配内存
57                node1->next = NULL;                              //初始化链表
58                node1->prior = NULL;
59                kind3 = board[xStart-count1-1][yStart-count1-1];
60                board[xStart-count1-1][yStart-count1-1] = UNABLE; //进行跳吃
61                board[xStart][yStart] = EMPTY;
62                board[xStart-count1-i][yStart-count1-i] = kind;
63                //对跳吃后的局面进行下一次判断
64                h1 = genKingEatMove(board,xStart-count1-i, yStart-count1-i,xEnd,yEnd,\
65                                    node1,height-1,side);
66                if(h1==height)                 //如果跳吃后的局面与吃子数量匹配
67                {
68                    node1->x = xStart-count1-i; //记录位置
69                    node1->y = yStart-count1-i;
70                    node1->next = L;           //保存位置到链表中
71                    L->prior = node1;
72                    board[xStart-count1-1][yStart-count1-1] = EMPTY;
73                    return height+1;           //返回上一步的吃子数量
74                }
75                else                           //如果跳吃后的局面不匹配
```

```
76                  {
77                      free(node1);                 //释放内存
78                  }
79                  board[xStart][yStart] = kind;     //还原局面
80                  board[xStart-count1-1][yStart-count1-1] = kind3;
81                  board[xStart-count1-i][yStart-count1-i] = EMPTY;
82              }
83          }
84          else                                     //左上方不能跳吃
85          {
86              h1 = 0;
87          }
88          count2 = kingDisOfRightTop(board,xStart,yStart);
89          if((board[xStart-count2-1][yStart+count2+1]==kind1 || \
90              board[xStart-count2-1][yStart+count2+1]==kind2) && \
91              board[xStart-count2-2][yStart+count2+2]==EMPTY && \
92              xStart-count2-2>=0 && yStart+count2+2<10) //如果右上方能跳吃
93          {
94              PawnMove *node;
95              //对右上方跳吃后的每个空位进行判断
96              for(i=2;i<=xStart-count2 && i<10-yStart-count2;i++)
97              {
98                  if(board[xStart-count2-i][yStart+count2+i]!=EMPTY)//没有遇到障碍
99                  {
100                     break;
101                 }
102                 node = (PawnMove*)malloc(sizeof(PawnMove));   //分配内存
103                 node->next = NULL;                            //初始化链表
104                 node->prior = NULL;
105                 kind3 = board[xStart-count2-1][yStart+count2+1];
106                 board[xStart][yStart] = EMPTY;                //进行跳吃
107                 board[xStart-count2-1][yStart+count2+1] = UNABLE;
108                 board[xStart-count2-i][yStart+count2+i] = kind;
109                 //对跳吃后的局面进行下一次判断
110                 h2 = genKingEatMove(board,xStart-count2-i,yStart+count2+i,xEnd,yEnd,\
111                                     node,height-1,side);
112                 if(h2==height)                 //如果跳吃后的局面与吃子数量匹配
113                 {
114                     node->x = xStart-count2-i;//记录位置
115                     node->y = yStart+count2+i;
116                     node->next = L;             //保存位置到链表中
117                     L->prior = node;
118                     board[xStart-count2-1][yStart+count2+1] = EMPTY;
119                     return height+1;            //返回上一步的吃子数量
120                 }
121                 else                            //如果跳吃后的局面不匹配
122                 {
123                     free(node);                 //释放内存
124                 }
125                 board[xStart][yStart] = kind;    //还原局面
126                 board[xStart-count2-1][yStart+count2+1] = kind3;
127                 board[xStart-count2-i][yStart+count2+i] = EMPTY;
128             }
129         }
130         else                                    //右上方不能跳吃
131         {
```

```
132             h2 = 0;
133         }
134         count3 = kingDisOfRightBottom(board,xStart,yStart);
135         if((board[xStart+count3+1][yStart+count3+1]==kind1 || \
136             board[xStart+count3+1][yStart+count3+1]==kind2) && \
137             board[xStart+count3+2][yStart+count3+2]==EMPTY && \
138             xStart+count3+2<10 && yStart+count3+2<10) //如果右下方能跳吃
139         {
140             PawnMove *node;
141             //对右下方跳吃后的每个空位进行判断
142             for(i=2;i<10-xStart-count3 && i<10-yStart-count3;i++)
143             {
144                 if(board[xStart+count3+i][yStart+count3+i]!=EMPTY) //没有遇到障碍
145                 {
146                     break;
147                 }
148                 node = (PawnMove*)malloc(sizeof(PawnMove)); //分配内存
149                 node->next = NULL;                          //初始化链表
150                 node->prior = NULL;
151                 kind3 = board[xStart+count3+1][yStart+count3+1];
152                 board[xStart][yStart] = EMPTY;              //进行跳吃
153                 board[xStart+count3+1][yStart+count3+1] = UNABLE;
154                 board[xStart+count3+i][yStart+count3+i] = kind;
155                 //对跳吃后的局面进行下一次判断
156                 h3 = genKingEatMove(board,xStart+count3+i,yStart+count3+i,xEnd,yEnd,\
157                                 node,height-1,side);
158                 if(h3==height)                  //如果跳吃后的局面与吃子数量匹配
159                 {
160                     node->x = xStart+count3+i;//记录位置
161                     node->y = yStart+count3+i;
162                     node->next = L;             //保存位置到链表中
163                     L->prior = node;
164                     board[xStart+count3+1][yStart+count3+1] = EMPTY;
165                     return height+1;            //返回上一步的吃子数量
166                 }
167                 else                            //如果跳吃后的局面不匹配
168                 {
169                     free(node);                 //释放内存
170                 }
171                 board[xStart][yStart] = kind;   //还原局面
172                 board[xStart+count3+1][yStart+count3+1] = kind3;
173                 board[xStart+count3+i][yStart+count3+i] = EMPTY;
174             }
175         }
176         else                                    //右下方不能跳吃
177         {
178             h3 = 0;
179         }
180         count4 = kingDisOfLeftBottom(board,xStart,yStart);
181         //如果左下方能跳吃
182         if((board[xStart+count4+1][yStart-count4-1]==kind1 || \
183             board[xStart+count4+1][yStart-count4-1]==kind2) && \
184             board[xStart+count4+2][yStart-count4-2]==EMPTY && \
185             xStart+count4+2<10 && yStart-count4-2>=0)
186         {
187             PawnMove *node;
188             //对右下方跳吃后的每个空位进行判断
```

```
189            for(i=2;i<10-xStart-count4 && i<=yStart-count4;i++)
190            {
191                if(board[xStart+count4+i][yStart-count4-i]!=EMPTY) //没有遇到障碍
192                {
193                    break;
194                }
195                node = (PawnMove*)malloc(sizeof(PawnMove));     //分配内存
196                node->next = NULL;                                //初始化链表
197                node->prior = NULL;
198                kind3 = board[xStart+count4+1][yStart-count4-1];
199                board[xStart][yStart] = EMPTY;                    //进行跳吃
200                board[xStart+count4+1][yStart-count4-1] = UNABLE;
201                board[xStart+count4+i][yStart-count4-i] = kind;
202                h4 = genKingEatMove(board,xStart+count4+i,yStart-count4-i,xEnd,yEnd,\
203                                    node,height-1,side);
204                //对跳吃后的局面进行下一次判断
205                if(h4==height)                  //如果跳吃后的局面与吃子数量匹配
206                {
207                    node->x = xStart+count4+i;//记录位置
208                    node->y = yStart-count4-i;
209                    node->next = L;             //保存位置到链表中
210                    L->prior = node;
211                    board[xStart+count4+1][yStart-count4-1] = EMPTY;
212                    return height+1; //返回上一步的吃子数量
213                }
214                else                            //如果跳吃后的局面不匹配
215                {
216                    free(node);                 //释放内存
217                }
218                board[xStart][yStart] = kind;//还原局面
219                board[xStart+count4+1][yStart-count4-1] = kind3;
220                board[xStart+count4+i][yStart-count4-i] = EMPTY;
221            }
222        }
223        else                                    //左下方不能跳吃
224        {
225            h4 = 0;
226        }
227        return 0;
228    }
```

具体下棋位置通过以下函数获得：

```
1   TreadPosition Draughts::alphaBetaPos(int side,int depth)
2   {
3       short tempBoard[10][10];          //临时棋盘
4       vector<TreadPosition> vecPos = generateMovePosition(board,side);//可下位置
5       TreadPosition bestPosition;       //最佳下棋位置
6       int i,j,k;
7       int val;                          //估值
8       int alpha = -1000;                //alpha 值
9       int beta = 1000;                  //beta 值
10
11      bestPosition.begPos.x = vecPos[0].begPos.x;
12      bestPosition.begPos.y = vecPos[0].begPos.y;
13      bestPosition.endPos.x = vecPos[0].endPos.x;
14      bestPosition.endPos.y = vecPos[0].endPos.y;
15
```

```
16      for(i=0;i<vecPos.size();i++)
17      {
18          for(j=0;j<10;j++)            //复制棋盘
19          {
20              for(k=0;k<10;k++)
21              {
22                  tempBoard[j][k] = board[j][k];
23              }
24          }
25          moveOrJump(tempBoard,side,vecPos[i].begPos.x,vecPos[i].begPos.y,\
26                      vecPos[i].endPos.x,vecPos[i].endPos.y); //移动或跳吃
27          produceKing(tempBoard);                  //升王
28          //递归调用
29          val = -alphaBeta(tempBoard,-side,-beta,-alpha,depth-1);
30          if(val>alpha)    //得到最大的估值
31          {
32              alpha = val;
33              bestPosition.begPos.x = vecPos[i].begPos.x;
34              bestPosition.begPos.y = vecPos[i].begPos.y;
35              bestPosition.endPos.x = vecPos[i].endPos.x;
36              bestPosition.endPos.y = vecPos[i].endPos.y;
37          }
38      }
39      return bestPosition;   //返回最佳下棋位置
40  }
```

在采用 Alpha-Beta 算法获得下棋位置函数中，由于西洋跳棋的下棋和还原过程比较复杂，因此在函数中使用了复制棋盘的方法，这样，对原棋盘就不需要进行还原了。

第 8 章　军　　棋

8.1　军棋简介

军棋又称陆战棋，是我国特有的一种棋种，深受大众尤其是青少年的喜爱。目前的军棋既支持两人对战，也支持四人同时对战。早期的军棋只能两人对战，游戏时，两人分别占据棋盘的上下两边进行作战。后来，从上海发展起来四国军棋。在进行游戏时，4 个人分别占据棋盘的四边，分成两方，相对的两人结为同盟组成一方，相互配合与另外两人组成的同盟进行对战。随着网络技术的发展，很多网站相继推出了在线军棋游戏，吸引了越来越多的人参与到游戏当中。同时，随着人工智能浪潮的到来，机器博弈作为人工智能的一个重要研究方向也得到了长足的发展。军棋游戏由于其本身的特点和趣味性吸引了不少研究者的目光，并发展出了若干适用于军棋游戏的机器博弈算法。

8.1.1　游戏规则

本章主要讨论二人军棋游戏的机器博弈问题。二人军棋棋盘如图 8-1 所示。

军棋棋盘由 12 行 5 列共 60 个停靠点和它们之间的连线组成，停靠点分为兵站、行营和大本营，连线分为公路(细线)和铁路(粗线)。

进行对局的每方各拥有 12 种棋子，其中司令、军长、军旗各一枚，师长、旅长、团长、营长、炸弹各两枚，连长、排长、工兵、地雷各三枚，共 25 枚。

对局规则包括布局规则、行棋规则、碰子规则和胜负判定规则。

1．布局规则

布局时，选手只能将我方的 25 枚棋子扣放在我方区域的兵站和大本营中，行营中不能布子。军旗必须放在大本营中，地雷必须放在最后两排中，炸弹不能放在第一排中。

2．行棋规则

军旗和地雷不可移动，在大本营里的棋子不可移动，其他棋子均可移动。移动时不可跨越棋子，但可以碰对方不在行营中的任何棋子，并根据碰子规则决定碰子结果。移动路线包括公路和铁路。棋子沿着公路移动时每次只能走一步，到达相邻的停靠点。工兵沿着铁路移动时可以不限格数直行或转弯到达铁路上未被阻挡的任何兵站，其他棋子沿着铁路移动时不可转弯，只可不限格数地直行到达未被阻挡的兵站。

3．碰子规则

军棋棋子的子力大小依据军阶的高低决定，由高到低分别为司令、军长、师长、旅长、团长、营长、连长、排长、工兵。基本的碰子规则：双方棋子相碰时，军阶低的棋子战败被吃掉(移出棋盘)，如果相碰的两个棋子军阶相同则同归于尽(双方棋子均被移出棋盘)。

炸弹碰到对方任何棋子(包括军旗和地雷)时均与对方同归于尽。地雷被工兵碰到时被工兵吃掉，被炸弹碰到时与炸弹同归于尽，被其他棋子碰到时可吃掉其他棋子。如果一方的司令被吃掉或同归于尽，则无司令的一方(或双方)暴露出其军旗所在位置。

此外，行营是个安全岛，其中的棋子受到保护，任何一方都不能碰对方行营中的棋子。

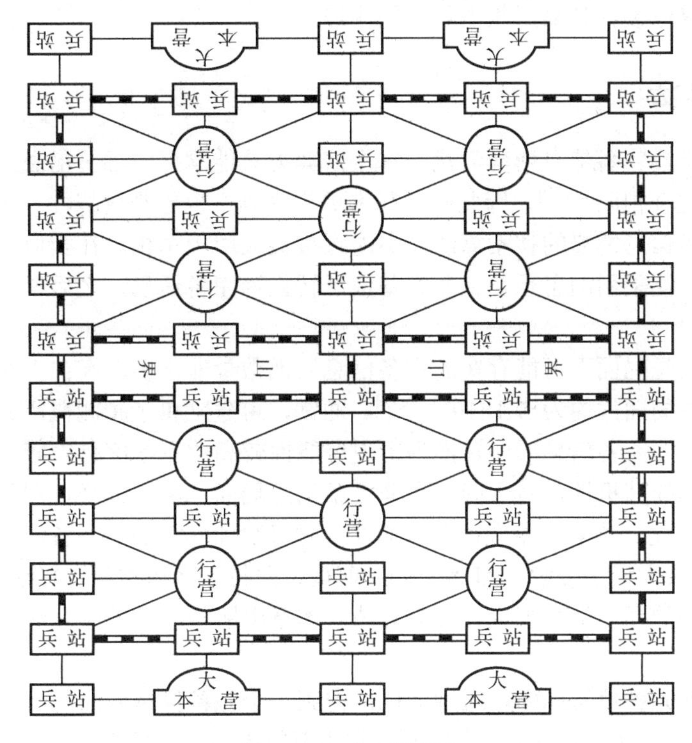

图 8-1　二人军棋棋盘

4．胜负判定规则

军旗被吃掉或被炸掉的一方为负。双方都无棋可走时为和棋，只有一方无棋可走时，无棋可走的一方为负。

8.1.2　游戏特点

(1) 非完备信息。军棋是典型的非完备信息博弈游戏。开局时，玩家不知道对手各个棋子的位置。随着游戏的进行，可通过对手的行棋、棋子排列以及棋子之间的拼杀结果推理得到对手棋子的部分信息。与牌类游戏相比，玩家获得的信息相对较少，因为牌类游戏中玩家打出的牌是可见的。

(2) 玩家布局。在围棋、五子棋、点格棋等游戏中由玩家向棋盘落子，游戏开始时棋盘是空的，因此没有布局的概念；在牌类游戏中玩家手中的牌是随机发放的，因此没有位置的概念；在象棋、跳棋等游戏中各个玩家的布局相同并且是固定的。与以上各类游戏不同，在军棋中，玩家通过棋子之间位置的交换进行布局，布局有阵型之分，不同玩家通常会根据自己的兴趣偏好选择不同的布局阵型。通常，布局中相近位置的棋子存在一定的关联性，可能是攻击型的强强联合、协防型的环环相扣或者其他策略下的棋子组合。这些相关性隐藏在布局当中，玩家需要在游戏过程中根据行棋结果逐步判断和发现，并通过布局的相关性减少布局不确定性的影响，以便逐步推断出对手大部分棋子的类型。

(3) 博弈树复杂。二人军棋棋盘大小是 12×5，由于行棋规则简单，每个局面下都存在较多的合法走法。二人军棋博弈树的平均分支约为 150 个，因此博弈树复杂度较高。此外，军棋不是收敛性游戏。随着游戏的进行，棋子的灵活性逐渐增加，博弈树的复杂度不会降低，这为军棋博弈的算法设计带来了相当程度的挑战。

8.2 搜索算法

由于军棋属于非完备信息博弈游戏，每个博弈方只能掌握一部分信息，而且每个博弈方所掌握的信息不完全相同[28, 29]，因此研究起来更为困难，也更具挑战性。由于信息不完备的原因，适用于完备信息博弈的搜索算法并不能直接被应用于军棋。在类似于军棋的非完备信息博弈问题中，广泛采用的思想是将非完备信息转换为完备信息，之后使用完备信息搜索算法进行搜索。

一个非完备信息局面下可能存在的完备信息局面数量非常多。在二人军棋游戏中，开局时可能的完备信息局面大约为 7.1×10^{17} 个[3]。通常，可建立棋子猜测概率表，依据概率表对局面进行抽样，将非完备信息局面转换为出现可能性较高的完备信息局面。

由于抽样过程的随机性，对于同一个非完备信息局面，两次抽样过程可能得到不同的完备信息局面[30]。因此，通常需要进行多次抽样，对每次抽样得到的完备信息局面利用经典的博弈搜索算法(如极大极小搜索、Alpha-Beta 剪枝、蒙特卡洛树搜索等算法)进行搜索，找到一个在大多数可能的局面下均表现较好的走法。本章中所使用的搜索算法的大致流程可概括如下：

1)对当前的非完备信息局面，通过抽样，得到一个完备信息局面。

2)对于步骤 1)中得到的完备信息局面，利用蒙特卡洛树进行搜索，得到一个最佳走法。

3)如果步骤 2)中得到的最佳走法此前已经出现过，则将该走法的选中次数加 1；否则，记录该最佳走法，并将其选中次数置为 1。

4)重复步骤 1)~3)，进行多次抽样并搜索，然后遍历所有出现过的最佳走法，把选中次数最多的那个走法作为最终的最佳走法。

例如，进行 4 次抽样。第一次抽样后，对得到的完备信息局面进行搜索，得到最佳走法为工兵扛军旗，则记录此走法，将其选中次数置为 1；第二次抽样后，搜索得到的最佳走法为炸掉对方司令，该走法之前未出现过，于是记录此走法，将其选中次数置为 1；第三次抽样后，搜索得到的最佳走法是工兵扛军旗，此走法之前出现过，因此将其选中次数加 1，变成 2；第四次抽样后，搜索得到的最佳走法为挖对方地雷，该走法之前未出现过，于是记录此走法，将其选中次数置为 1。最后遍历所有出现过的最佳走法，发现工兵扛军旗的选中次数最多，因此将该走法作为最终的最佳走法。

8.3 非完备信息局面的抽样

8.3.1 概率表

要想将非完备信息局面转换为完备信息局面，需要根据对方每个棋子所属类型的概率分布进行抽样。为此，需要建立棋子猜测概率表，记录当前局面中对方每个棋子的概率信息。

棋盘上的每个位置可以根据所处的行和列来定位。如图 8-1 所示二人军棋棋盘上，从上到下依次为第 0~11 行，从左到右依次为第 0~4 列。布局时，对方占据棋盘的第 0~5 行，我方占据第 6~11 行。

根据初始布局位置，将对方所有棋子编号为0~24，棋盘左上角位置的对方棋子编号为0，右下角位置的对方棋子编号为24。数组PiecePosition记录了当前局面中对方每个棋子的位置。如果当前局面中某个位置没有对方棋子(为空位或我方棋子)，则PiecePosition中相应位置的元素为-1，否则，PiecePosition中相应位置的元素记录占据该位置的对方棋子编号。PiecePosition的初值如下：

```
1   int PiecePosition[12][5] = {
2       { 0,    1,   2,   3,   4 },
3       { 5,    6,   7,   8,   9 },
4       { 10,  -1,   11,  -1,  12 },
5       { 13,  14,   -1,  15,  16 },
6       { 17,  -1,   18,  -1,  19 },
7   { 20,  21,    22,  23,  24 },      //以上为对方
8   { -1,   -1,   -1,  -1,  -1 },      //以下为我方
9   { -1,   -1,   -1,  -1,  -1 },
10  { -1,   -1,   -1,  -1,  -1 },
11  { -1,   -1,   -1,  -1,  -1 },
12  { -1,   -1,   -1,  -1,  -1 },
13  { -1,   -1,   -1,  -1,  -1 }
14  };
```

设 X_k 是对方编号为 k 的棋子所归属的棋子类型，则 X_k 是离散型随机变量，共有12个可能的取值，X_k 的概率分布即为棋子 k 的猜测概率分布。数组PieceProbTable是由对方所有棋子的猜测概率分布组成的猜测概率表，它的第 k 行记录了对方编号为 k 的棋子属于各个类型的猜测概率，其中第0~11个元素分别表示该棋子是司令、军长、师长、旅长、团长、营长、连长、排长、工兵、地雷、炸弹、军旗的概率。需要注意的是，在任何情况下，PieceProbTable中每行元素之和一定为1。PieceProbTable的初值如下：

```
1   int PieceProbTable[25][12] = {
2     { 0, 0, 0, 0.05, 0.05, 0.05, 0.05, 0.05, 0.15, 0.45, 0.15, 0 },//编号 0
3     …
4     { 0, 0, 0, 0, 0, 0.05, 0.05, 0.15, 0, 0.1, 0.15, 0.5 },          //编号 3
5     …
6     { 0.15, 0.15, 0.15, 0.15, 0.1, 0.1, 0.1, 0.05, 0.05, 0, 0, 0 },//编号 24
7   };
```

在上述概率表中，第4行对应编号为3的棋子，其属于棋子类型 X_3 的概率分布为{0, 0, 0, 0, 0, 0.05, 0.05, 0.15, 0, 0.1, 0.15, 0.5}，这表明，该棋子是军旗的概率为0.5，是营长和连长的概率均为0.05，是排长和炸弹的概率均为0.15，是地雷的概率为0.1。由于编号为3的棋子位于对方大本营中，因此它是工兵或司令、军长、师长、旅长、团长等高阶棋子类型的概率均为0。

初始的棋子猜测概率表依托布局库建立，布局库是以往对局中出现的布局以及从网络上搜集到的常用经典布局的集合。考察布局库中所有的布局，根据每个位置上各个棋子类型出现的频率确定相应编号的棋子的初始猜测概率。例如，考察棋盘左上角这个位置，布局时对应棋子编号为0。假设布局库中共有 n 种布局，其中，左上角位置司令出现了 k_1 次，军长出现了 k_2 次，……，于是对方编号为0的棋子是司令的初始猜测概率为 k_1/n，是军长的初始猜测概率为 k_2/n，……。为对方所有棋子按照此方法建立初始猜测概率，形成初始棋子猜测概率表。

在对猜测概率进行更新以及对局面进行抽样时，需要用到辅助数组PieceTypeNum。PieceTypeNum的第 k 个元素表示对方编号为 k 的棋子所属类型的数量：该元素为0，当且仅

当对方编号为 k 的棋子已经被消灭掉；如果对方编号为 k 的棋子还没有被消灭掉，则该元素等于 PieceProbTable 第 k 行中非零元素的个数。PieceTypeNum 的初值依据初始棋子猜测概率表进行设置，一个典型的 PieceTypeNum 初值设置如下：

```
1  int PieceTypeNum[25] = {
2        8,   6,   8,   6,   8,
3        11,  11,  11,  11,  11,
4        10,  10,  10,
5        10,  10,  10,  10,
6        10,  10,  10,
7        9,   9,   9,   9,   9
8  };
```

8.3.2 概率更新

在对局过程中，需要根据双方行棋的走法以及碰子结果更新对方棋子位置和猜测概率表。棋子猜测概率表的更新过程由“置零”和“归一化”这两个基本操作组成，各种情况下的猜测概率更新过程都可以分解为这两个操作的组合。

(1) 置零操作：将棋子属于某种或某几种类型的概率置为 0。

假设某个棋子 i 所属类型 X_i 的概率分布为 $P=\{p_1,p_2,\cdots,p_{12}\}$，通过行棋走法、我方棋子信息和碰子结果能够确定棋子 i 一定不属于类型 j，则令 $p_j=0$。

(2) 归一化操作：令棋子所属类型的概率分布中所有概率之和为 1。

假设置零操作之后棋子 i 所属类型 X_i 的概率分布为 $P=\{\tilde{p}_1,\tilde{p}_2,\cdots,\tilde{p}_{12}\}$，令

$$\mathrm{sum}_i=\sum_{j=1}^{12}\tilde{p}_j$$

$$\hat{p}_k=\frac{\tilde{p}_k}{\mathrm{sum}_i},\quad k=1,2,\cdots,12$$

则归一化操作之后棋子 i 所属类型 X_i 的概率分布为 $P=\{\hat{p}_1,\hat{p}_2,\cdots,\hat{p}_{12}\}$。

下面举例说明上述猜测概率更新过程。假设对方编号为 5 的棋子所属类型 X_5 的概率分布为{0, 0, 0.05, 0.1, 0.1, 0.1, 0.2, 0.1, 0.1, 0.2, 0.05, 0}。如果该棋子发生移动，则说明该棋子不可能是地雷，于是将该棋子是地雷的概率置为 0，然后归一化，得到新的概率分布为{0, 0, 0.0625, 0.125, 0.125, 0.125, 0.25, 0.125, 0.125, 0, 0.0625, 0}。接下来，该棋子与我方营长发生碰子，结果为我方营长牺牲，于是可知该棋子比营长军阶高，并且不可能是炸弹。因此将该棋子是营长及营长以下类型的概率以及是炸弹的概率均置为 0，然后归一化，得到新的概率分布为{0, 0, 0.2, 0.4, 0.4, 0, 0, 0, 0, 0, 0, 0}。

在依据对方行棋结果更新猜测概率表时，要考虑如下几种情况：

(1) 如果对方后两排（棋盘第 0 行和第 1 行）的某个棋子首次移动，则该棋子一定不是地雷。

(2) 如果对方行棋之后未碰子，则无须修改猜测概率表，仅更新棋子的位置信息即可。

(3) 如果行棋之前对方司令存在，但是此次行棋之后裁判给出了对方军旗的位置，则说明此次行棋导致对方司令被消灭。这时，将对方所有剩余棋子是司令的概率均应置为 0。如果此前未发现对方军旗位置，则将编号为 armyflag 的棋子是军旗的概率置为 1，将另外一个大本营中的棋子是军旗的概率置为 0。

(4) 在一般情况下，可以根据碰子的胜负结果更新对方棋子的猜测概率。

函数 UpdateProbTablebyOpponentMove()给出了根据对方行棋走法和结果更新猜测概率表

的过程。该函数中，board 是对方行棋之前的局面，其中空位为'0'，我方棋子为'a'~'l'，分别表示司令、军长、……、军旗，对方棋子为'X'；r0，c0 分别是走法起点的行、列；r1，c1 分别是走法终点的行、列；result 是行棋结果，result 为 0 表示我方胜，result 为 1 表示我方败，result 为 2 表示同归于尽，result 为 3 表示未碰子；armyflag 为 0 表示对方军旗位置暂时未知，否则，armyflag 的值为裁判给出的对方军旗位置的列号，即 1 或 3。

函数中用到了两个全局变量和两个数组。bool 型变量 CommanderExist 表示对方司令是否存在，bool 型变量 FindFlag 表示是否已经发现对方军旗位置。注意，我方有两种方式可以确定对方军旗位置，即攻占对方（非军旗位置的）大本营，以及消灭对方司令。bool 型数组 IsLandMine[10]表示对方后两排（编号从 0 到 9）的棋子是否可能是地雷，初值均为 true。整型数组 PieceNumUB[12]表示对方剩余司令、军长、……、炸弹、军旗等各类棋子的数量上限。

代码如下：

```
1   void UpdateProbTablebyOpponentMove( const char board[12][5], int r0, int c0, int r1, int c1, \
2                                       int result, int armyflag )
3   {
4       int index = PiecePosition[r0][c0]; //走法起点对方棋子的编号
5
6       if ( ( r0 == 0 || r0 == 1 ) && IsLandMine[ index ] == true )
7       {
8           IsLandMine[index] = false;      //该棋子一定不是地雷
9           PieceTypeNum[index] -= 1;       //该棋子所属类型数量减 1
10
11          int k;  //循环变量
12          for (k = 0; k < 12; k++ ) //归一化操作
13          {
14              PieceProbTable[index][k] /= (1 - PieceProbTable[index][9]);
15          }
16          PieceProbTable[index][9] = 0.0; //该棋子是地雷的概率置为 0
17      }
18
19      if ( result == 3 ) //对方行棋，且未碰子
20      {
21          PiecePosition[r1][c1] = PiecePosition[r0][c0]; //走法起点的棋子走到走法终点
22          PiecePosition[r0][c0] = -1; //走法起点变成空位
23          return;
24      }
25
26      if ( ( CommanderExist == true ) && ( armyflag > 0 ) ) //此次行棋导致对方司令被消灭
27      {
28          PieceNumUB[0] = 0; //对方剩余司令个数为 0
29
30          int i, j; //循环变量
31          PiecePosition[r0][c0] = -1;   //走法起点变成空位
32          PieceTypeNum[index] = 0;  //走法起点的棋子(司令)被消灭，所属类型数量置为 0
33          for (i=0; i<25; i++)
34          {
35              if ( i == index )
36                  continue;
37              if ((PieceTypeNum[i]>0) && (PieceProbTable[i][0]>0))//棋子 i 原来可能是司令
38              {
39                  for ( j = 1; j < 12; j++ )
40                  {
41                      PieceProbTable[i][j] /= (1 - PieceProbTable[i][0]); //归一化
```

```
42                    }
43                    PieceProbTable[i][0] = 0.0; //将棋子 i 是司令的概率置为 0
44                    PieceTypeNum[i] -= 1;       //棋子 i 所属类型数量减 1
45                }
46            }
47
48            if ( FindFlag == false ) //此前并未发现对方军旗，即未攻击过对方大本营
49            {
50                for (i=0; i<11; i++)
51                {
52                    PieceProbTable[armyflag][i] = 0;          //置零操作
53                }
54                PieceProbTable[armyflag][11] = 1;              //编号为 armyflag 的棋子是军旗的概率置 1
55                PieceTypeNum[armyflag] = 1;
56
57                int anotherbasecamp = (armyflag == 1) ? 3 : 1;//另一个大本营位置(棋子编号)
58                for ( i = 0; i < 11; i++ )
59                {
60                    PieceProbTable[anotherbasecamp][i] /= (1 - PieceProbTable[anotherbasecamp][11]);
61                }
62                PieceProbTable[anotherbasecamp][11] = 0;//另一个大本营位置的棋子一定不是军旗
63                PieceTypeNum[anotherbasecamp] -= 1;
64                FindFlag = true; //此次行棋之后，已经发现对方军旗的位置
65            }
66            CommanderExist = false; //此次行棋之后，对方司令被消灭
67            return;
68        }
69        UpdateProbTablebyOpponentCollisionResult(board,r0,c0,r1,c1,result);//根据碰子结果更新猜测概率
70        return;
71    }
```

在根据对方行棋的碰子结果更新猜测概率时，考虑如下几种情况：

① 若我方司令或者地雷与对方同归于尽，则对方一定是炸弹(双方司令同归于尽的情况已经在前面考虑过)，于是将对方剩余炸弹的数量减 1。

② 若我方地雷败，则对方一定是工兵。

③ 若我方非地雷棋子败，则对方棋子军阶比我方的高。这时，将对方棋子军阶等于和低于我方的概率置为 0。

④ 若我方胜，则对方棋子被消灭，取消对方棋子编号即可。

函数 UpdateProbTablebyOpponentCollisionResult()实现了前面描述的概率更新过程，其参数含义与 UpdateProbTablebyOpponentMove()相同，具体代码如下：

```
1    void UpdateProbTablebyOpponentCollisionResult( const char board[12][5], int r0, int c0, \
2                                                   int r1, int c1, int result )
3    {
4        int index = PiecePosition[r0][c0]; //走法起点对方棋子的编号
5
6        if ( result == 2 )   //同归于尽
7        {
8            if ( (board[r1][c1] == 'a') || (board[r1][c1] == 'j') ) //我方棋子是司令或地雷
9                PieceNumUB[10] -= 1;                          //对方剩余炸弹数量减 1
10           PiecePosition[r0][c0] = -1;
11           PieceTypeNum[index] = 0;
12           return;
13       }
14
```

```
15      int i; //循环变量
16      if( result == 1 ) //我方败
17      {
18          if ( board[r1][c1] == 'j' ) //我方是地雷，则对方一定是工兵
19          {
20              PieceTypeNum[index] = 1;
21              for(i = 0; i < 12; i++)
22              {
23                  PieceProbTable[index][i] = 0;   //置零操作
24              }
25              PieceProbTable[index][8] = 1;           //归一化操作
26
27              PiecePosition[r1][c1] = PiecePosition[r0][c0];
28              PiecePosition[r0][c0] = -1; //行棋之后，起点没有对方棋子，编号置为-1
29              return;
30          }
31
32          int mypiece = board[r1][c1] - 'a'; //我方棋子。若 mypiece 为 0 则我方棋子为司令，其余类推
33          int count = 0; //计数器，表示更新之后对方棋子(编号为 index)所属类型的数量
34          double accumprob = 0; //置零操作之后对方棋子猜测概率之和
35          for (i = mypiece; i < 12; i++) //置零操作
36          {
37              accumprob += PieceProbTable[index][i];
38              PieceProbTable[index][i] = 0; //对方棋子为第 i 种类型的概率置为 0
39          }
40          accumprob = 1 - accumprob; //置零操作之后对方棋子猜测概率之和
41
42          for(i = 0; i < mypiece; i++) //归一化操作
43          {
44              if ( PieceProbTable[index][i] > 0 )
45              {
46                  PieceProbTable[index][i] /= accumprob;
47                  count++;
48              }
49          }
50          PieceTypeNum[index] = count; //重置对方棋子(编号为 index)所属类型的数量
51          PiecePosition[r1][c1] = PiecePosition[r0][c0];
52          PiecePosition[r0][c0] = -1; //行棋之后，起点没有对方棋子，编号置为-1
53      }
54      else //我方胜，则对方被消灭，说明我方棋子子力比对方高
55      {
56          PiecePosition[r0][c0] = -1;
57          PieceTypeNum[index] = 0;
58      }
59      return;
60  }
```

可以采用类似的方法依据我方行棋走法和碰子结果更新猜测概率表。

8.3.3 局面抽样

在建立棋子猜测概率表之后，就可以对当前局面进行抽样了。对于每个对方棋子，具体的抽样步骤如下：

1) 设棋子 i 所属类型 X_i 的概率分布为 $P=\{p_1,p_2,\cdots,p_{12}\}$。将区间[0,1]分成 12 个小区间，分点为 $a_0,a_1,\cdots,a_{12}$，其中，$a_0=0$，$a_k=\sum_{j=1}^{k}p_j$，$k=1,2,\cdots,12$。

2）生成介于 0 和 1 之间的一个随机数 s，根据 s 所落入的区间来确定该棋子的类型。若 $a_{k-1} < s \leqslant a_k$，则将该棋子抽样为第 k 种类型。

3）如果此前抽样得到的第 k 种类型的棋子个数已经达到该类型棋子剩余个数上限，则将 p_k 置为 0，并对置零操作之后的概率分布 P 进行归一化操作，重复步骤 1）与 2），直到对棋子 i 抽样成功为止。

在抽样时所面对的局面中，对方各个类型棋子的数量存在差异。有些类型棋子的数量可能较多，有些可能较少，有时甚至可以完全确定棋子类型，例如，对方司令被消灭后即可根据裁判反馈信息确定对方哪个大本营中的棋子一定为军旗。如果对棋子进行随机抽样，由于某类型的棋子数量较少，可能已经在先前的抽样中达到了上限，所以会导致抽样失败。

例如，某个棋子所属类型的概率分布为{0, 0, 0.5, 0.5, 0, 0, 0, 0, 0, 0, 0, 0}，这说明该棋子只可能是师长或旅长。如果最后对该棋子进行抽样，则有可能在此前的抽样中已经抽取出了两个师长和两个旅长，于是导致对该棋子的抽样失败。

为避免上述抽样失败的情况出现，这里按照各种类型棋子的数量由少到多的次序对棋子进行抽样。结构体 PieceInfo 记录了对方每个棋子的编号、所属类型棋子的数量、行位置、列位置等信息，代码如下：

```
1   typedef struct PieceInfo{
2       int index;      //对方棋子的编号
3       int typenum; //对方棋子所属类型的数量
4       int row;         //对方棋子在棋盘中的行号
5       int col;         //对方棋子在棋盘中的列号
6   }PIECEINFO;
```

信息比较函数依据所属类型棋子的数量对所有对方棋子进行排序，代码如下：

```
1   int Comp( const void * p1, const void * p2 )
2   {
3       const PIECEINFO * piece1 = ( const PIECEINFO * ) p1; //转换成正确的类型
4       const PIECEINFO * piece2 = ( const PIECEINFO * ) p2;
5       if ( piece1 -> typenum < piece2 -> typenum )
6           return -1;
7       else if ( piece1 -> typenum == piece2 -> typenum )
8           return 0;
9       else
10          return 1;
11  }
```

函数 BoardSampling 实现对非完备信息局面的抽样。参数 board 是抽样之前的非完备信息局面，sampledboard 是抽样得到的完备信息局面。函数首先扫描整个棋盘，若遇到空位或我方棋子，则直接复制到抽样之后的局面中；若遇到对方棋子，则将其信息存入结构体 PieceInfo 中。扫描完整个棋盘之后，将对方棋子排序，再逐个抽样。抽样之前的对方棋子均用大写字母 X 表示，抽样之后的对方棋子分别用大写字母 A~L 表示。

抽样时，需要保证得到的完备信息局面中有且只有一个军旗。因此，在对一个大本营棋子抽样之后，如果没有抽到军旗，则将另一个大本营中的棋子直接抽样为军旗。此外，在对某个棋子进行抽样时，由于浮点数误差的影响，有很小的可能会抽样失败，这时重新生成随机数，对该棋子进行抽样即可。

```
1   void BoardSampling( const char board[12][5], char sampledboard[12][5] )
2   {
3       int i, j;   //循环变量
4       double prob[12];  //对方某个棋子的猜测概率表
```

```
5       int sampledpiecenum[12] = {0};    //已经抽取出来的各类型棋子的数量
6
7       int count = 0;     //对方未知棋子的数量
8       PIECEINFO pieceinfo[25];   //存储对方每个棋子的编号、所属类型棋子的数量、行号、列号
9       for (i=0; i<12; i++)
10      {
11          for(j=0; j<5; j++)
12          {
13              if ( board[i][j] == 'X' ) //遇到对方棋子
14              {
15                  pieceinfo[count].index = PiecePosition[i][j]; //对方(i,j)位置棋子的编号
16                  pieceinfo[count].typenum = PieceTypeNum[ PiecePosition[i][j] ];//所属类型棋子的数量
17                  pieceinfo[count].row = i;    //对方(i,j)位置棋子的行号
18                  pieceinfo[count].col = j;    //对方(i,j)位置棋子的列号
19                  count++;
20              }
21              else //遇到我方棋子或空位，直接从原棋盘复制过来
22              {
23                  sampledboard[i][j] = board[i][j];
24              }
25          }
26      }
27
28      qsort( pieceinfo, count, sizeof( PIECEINFO ), Comp ); //排序
29
30      bool isbasecampsampled = false; //对方大本营中的棋子是否已经抽样过了
31      int index, row, col; //对方棋子的编号、行号、列号
32      int s; //循环变量
33      for ( s=0; s<count; s++ ) //逐一抽样
34      {
35          row    = pieceinfo[s].row;        //对方棋子的行号
36          col    = pieceinfo[s].col;        //对方棋子的列号
37          index = pieceinfo[s].index;      //对方棋子的编号
38          if( (row == 0) && ( (col==1) || (col==3) ) ) //对方大本营位置
39          {
40              if( isbasecampsampled && (sampledpiecenum[11] == 0) ) //此前未抽取到军旗
41              {
42                  sampledboard[ row ][ col ] = 'L';    //此时，该大本营位置中的棋子抽样为军旗
43                  sampledpiecenum[11] += 1;
44                  continue;    //继续对下一个对方棋子进行抽样
45              }
46              else //首次对大本营中的棋子进行抽样
47              {
48                  isbasecampsampled = true; //正常抽样
49              }
50          }
51          int k; //循环变量
52          for (k=0; k<12; k++) //将棋子的猜测概率存入 prob 数组中
53          {
54              prob[k] = PieceProbTable[index][k];
55          }
56          //对编号为 index 的棋子进行抽样
57          int piecetype;    //(i,j)位置棋子的抽样类型，0 为司令，1 为军长，……，11 为军旗
58          srand( (unsigned int) time ( NULL ) );
59          while (true)
60          {
```

```
61                  double accum = 0; //该棋子猜测概率的累加值
62                  double randvalue = ( rand()%101 ) / 100.0;    //生成 0~1 之间的随机数
63                  for (k = 0; k < 12; k++)
64                  {
65                      accum += prob[k];
66                      if (randvalue <= accum)
67                      {
68                          piecetype = k;
69                          break;
70                      }
71                  }
72                  if ( k == 12 ) //存在浮点数误差，有可能找不到棋子类型，重新抽样
73                      continue;
74                  if ( sampledpiecenum[ piecetype ] == PieceNumUB[ piecetype ] )//棋子数量达到上限
75                  {
76                      prob[ piecetype ] = 0; //将该棋子猜测为该类型的概率置为 0
77                      double totalprob = 0;    //prob 中所有概率之和
78                      for ( k=0; k<12; k++ )
79                      {
80                          totalprob += prob[k];
81                      }
82                      for ( k=0; k<12; k++ ) //prob 中所有概率分别除以 totalprob，保证概率之和为 1
83                      {
84                          prob[k] = prob[k] / totalprob;
85                      }
86                  }
87                  else //否则，(i,j)位置的棋子类型抽样为 piecetype，且该类型的已抽样棋子数量+1
88                  {
89                      sampledboard[row][col] = 'A' + piecetype;
90                      sampledpiecenum[ piecetype ] += 1;
91                      break;
92                  }
93              }
94          }
95          return;
96  }
```

8.4 走法生成

对于军棋，要进行多次抽样和蒙特卡洛树搜索，因此，需要设计有效的走法生成机制以提高搜索效率。由于在军棋中，棋子在公路与铁路上移动的规则不同，工兵的移动规则也不同，因此，要分别针对铁路、公路和工兵设计相应的走法生成机制。

这里，将棋盘上全部 60 个位置按照从左到右、从上到下的次序编号为 0~59，其中，左上角位置(0 行 0 列)编号为 0，右下角位置(11 行 4 列)编号为 59。

8.4.1 公路走法生成

对于非大本营中的棋子，只要它不是地雷，均可以在有公路连接且没有阻碍的情况下，沿着公路每次移动一步。因此，在生成公路走法时，搜索的重点在于公路的连通性，即棋盘上每个位置与周围相邻位置(邻居)是否有公路连接。由于在整个对弈过程中，发生移动的仅是双方棋子，棋盘上各个位置及公路、铁路连通性均保持不变，因此可以将所有位置的公路连通性存储为一个常量数组，以方便进行走法的搜索。

二维常量数组 RoadLinks[60][8]用于存储公路连通性。数组的第 i 行表示棋盘上编号为 i 的位置与其周围邻居之间是否有公路连接。每个位置有 8 个邻居，依次为左上、上、右上、左、右、左下、下和右下方邻居。如果位置 i 与其第 k 个邻居之间存在公路，则 RoadLinks[i][k]存储该邻居的位置编号；如果位置 i 的第 k 个邻居不存在，或者两者之间没有公路，则 RoadLinks[i][k]的值为-1。

如下代码给出了数组 RoadLinks 的前几行初值(注意，由于大本营中的棋子不能移动，因此大本营位置完全不具备公路连通性)：

```
1  const int RoadLinks[60][8] = {
2       { -1, -1, -1, -1, 1, -1, 5, -1 },      //位置(0,0)
3       { -1, -1, -1, -1, -1, -1, -1, -1 },    //位置(0,1)，大本营
4       { -1, -1, -1, 1, 3, -1, 7, -1 },       //位置(0,2)
5       { -1, -1, -1, -1, -1, -1, -1, -1 },    //位置(0,3)，大本营
6       { -1, -1, -1, 3, -1, -1, 9, -1 },      //位置(0,4)
7       ……
8  };
```

函数 MyMovesAlongRoad 在轮到我方行棋时，搜索我方沿着公路行棋的全部走法。参数 board 存储当前局面；数组 moves 存储找到的我方沿着公路行棋的所有合法走法，其中一行表示一个走法，4 个元素依次为走法起点的行、列号以及终点的行、列号；MovesNum 返回找到的走法数量。

我方从某个位置沿着公路走到目标位置需要满足 3 个条件：① 该位置是我方棋子，且不是地雷；② 该位置与目标位置之间有公路连通；③ 目标位置为空，或者目标位置不是行营且被对方棋子占据。

棋盘上共有 98 条公路，沿着每条公路至多存在一种合法走法，因此沿着公路行棋的走法数量的上限是 98 种。

生成我方公路走法函数代码如下：

```
1  void MyMovesAlongRoad( const char board[12][5], int moves[98][4], int * MovesNum )
2  {
3      int count = 0; //计数器
4      int i, j, k; //循环变量
5      for (i=0; i<12; i++)
6      {
7          for (j=0; j<5; j++)
8          {
9              if ( (board[i][j] >= 'a' && board[i][j] <= 'k') && (board[i][j] != 'j') )//我方非地雷棋子
10             {
11                 int index = 5*i + j;   //该位置的编号
12                 for (k=0; k<8; k++)   //扫描该位置周围的 8 个邻居
13                 {
14                     int dest = RoadLinks[index][k];   //第 k 个邻居的位置编号
15                     if ( dest == -1 )
16                         continue;
17
18                     int RowIndex = dest / 5;   //第 k 个邻居的行号
19                     int ColIndex = dest % 5;   //第 k 个邻居的列号
20                     if ( board[RowIndex][ColIndex] == '0' )   //第 k 个邻居是空位
21                     {
22                         moves[count][0] = i;              moves[count][1] = j;
23                         moves[count][2] = RowIndex;   moves[count][3] = ColIndex;
24                         count++;
```

```
25                          continue;
26                      }
27                      if ((board[RowIndex][ColIndex]>='A' && board[RowIndex][ColIndex]<='L') && \
28                          (dest != 11 && dest != 13 && dest != 17 && dest != 21 && dest != 23 && \
29                          dest != 36 && dest != 38 && dest != 42 && dest != 46 && dest != 48) ) \
30                      {
31                          /* 第 k 个邻居不是行营，且被对方棋子占据 */
32                          moves[count][0] = i;            moves[count][1] = j;
33                          moves[count][2] = RowIndex;     moves[count][3] = ColIndex;
34                          count++;
35                      }
36                  }
37              }
38          }
39      }
40      *MovesNum = count;   //返回找到的走法的总数
41      return;
42  }
```

可以按照类似的方式生成对方沿着公路行棋的所有合法走法。

8.4.2 铁路走法生成

棋盘上有 3 纵 4 横共 7 条铁路，非工兵棋子在铁路上行走时，只能沿着铁路朝一个方向作直线移动。因此，只需逐一考察每条铁路，对其上的每个棋子，向上、向下(或向左、向右)搜索可能的行棋位置即可。

函数 MyMovesAlongRailway()实现了搜索过程，其参数含义与 MyMovesAlongRoad()的相同。我方棋子可以沿着铁路走到目标位置需要满足两个条件：① 我方棋子不是地雷；② 目标位置为空或有对方棋子。在沿着一个方向搜索时，如果遇到空位，则可以行棋并可以继续向前搜索；如果遇到对方棋子，则可以行棋但结束此次搜索；如果遇到我方棋子，则无法行棋，结束此次搜索。

铁路上共有 32 个位置，每个位置至多有 5 个可以作为我方走法的终点，起点分别为该位置上、下(或左、右)最近邻的我方棋子以及 3 个我方工兵。因此，沿着铁路行棋，走法数量的上限为 $(32-5)\times 5=135$ 种。

当然，这只是一种比较粗糙的估计，实际博弈中，沿着铁路行棋的走法通常不会超过 90 种。

生成我方铁路走法函数如下：

```
1   void MyMovesAlongRailway( const char board[12][5], int moves[135][4], int * MovesNum )
2   {
3       int i,j,k;                          //循环变量
4       int m,n;                            //循环变量
5       int count = 0;                      //计数器
6       int ColIndex[2] = {0, 4};           //纵向铁路在棋盘中的列号(中间短的纵向铁路可单独考虑)
7       int RowIndex[4] = {1, 5, 6, 10}; //横向铁路在棋盘中的行号
8
9       for (i=0; i<2; i++)                 //搜索两条纵向铁路
10      {
11          j = ColIndex[i];                //从左至右第 i 条纵向铁路的列号
12          for (k=1; k<11; k++)            //从上至下搜索每个位置的走法
13          {
14              if ( (board[k][j] < 'a') || (board[k][j] > 'l') )
```

```
15                  continue;
16              if ( board[k][j] == 'j' ) //如果第 k 个位置是我方地雷，则不能行棋
17                  continue;
18
19              if ( board[k][j] == 'i' ) //如果第 k 个位置是我方工兵，则调用生成工兵走法函数
20              {
21                  //调用生成工兵走法函数
22                  int moveends[31][2]; //记录找到的工兵走法终点
23                  int w=0; //找到的工兵走法数量
24                  OurEngineerMovesAlongRailway( board, k, j, moveends, &w );
25                  if (w>0)
26                  {
27                      int s; //循环变量
28                      for (s=0; s<w; s++)
29                      {
30                          moves[count][0] = k;                    moves[count][1] = j;
31                          moves[count][2] = moveends[s][0];    moves[count][3] = moveends[s][1];
32                          count++;
33                      }
34                  }
35              }
36              else
37              {
38                  for (m=1; ;m++) //沿着铁路向上方搜索
39                  {
40                      if ( (k-m < 1) || ((board[k-m][j] >= 'a') && (board[k-m][j] <= 'l')) )
41                      {
42                          break;
43                      }
44                      if ( board[k-m][j] == '0' )
45                      {
46                          moves[count][0] = k;      moves[count][1] = j;     //起点
47                          moves[count][2] = k-m;    moves[count][3] = j;     //终点
48                          count++;
49                      }
50                      else
51                      {
52                          moves[count][0] = k;      moves[count][1] = j;     //起点
53                          moves[count][2] = k-m;    moves[count][3] = j;     //终点
54                          count++;
55                          break;
56                      }
57                  }
58                  for (n=1; ;n++) //沿着铁路向下方搜索
59                  {
60                      if ( (k+n > 10) || ((board[k+n][j] >= 'a') && (board[k+n][j] <= 'l')) )
61                      {
62                          break;
63                      }
64                      if ( board[k+n][j] == '0' )
65                      {
66                          moves[count][0] = k;      moves[count][1] = j;     //起点
67                          moves[count][2] = k+n;    moves[count][3] = j;     //终点
68                          count++;
69                      }
70                      else
```

```
71                          {
72                              moves[count][0] = k;      moves[count][1] = j;      //起点
73                              moves[count][2] = k+n;    moves[count][3] = j;      //终点
74                              count++;
75                              break;
76                          }
77                      }
78                  }
79              }
80          }
81          ……  //搜索其他方向
82      }
```

可以按照类似的方式生成对方沿着铁路行棋的所有合法走法。

8.4.3 工兵走法生成

铁路上的工兵可以在不受阻挡的情况下沿着铁路走到任何位置，其走法生成较为复杂[31]，这里借助于图的搜索生成工兵走法。

将铁路上的所有位置按照从左至右、从上至下的次序编号，形成一个无向图，每个位置是图的一个顶点，共 32 个顶点，如图 8-2 所示。

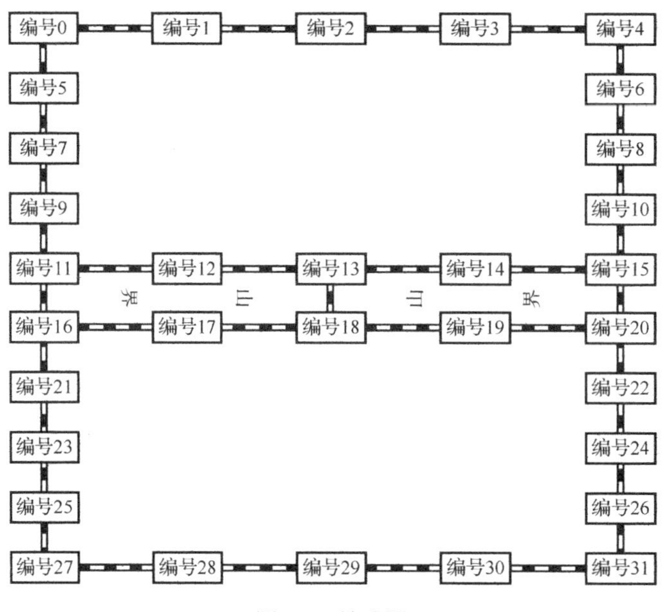

图 8-2　铁路图

常量数组 RailwayBoard[12][5]用于存放铁路上每个位置的编号。如果棋盘上 i 行 j 列位置在铁路上，则 RailwayBoard[i][j]的值为该位置在铁路图中的顶点编号；否则，RailwayBoard[i][j]的值为-1。该数组初值如下：

```
1   const int RailwayBoard[12][5] {
2       {-1, -1, -1, -1, -1},
3       {0, 1, 2, 3, 4},
4       {5, -1, -1, -1, 6},
5       {7, -1, -1, -1, 8},
6       {9, -1, -1, -1, 10},
7       {11, 12, 13, 14, 15},
```

```
8       {16, 17, 18, 19, 20},
9       {21, -1, -1, -1, 22},
10      {23, -1, -1, -1, 24},
11      {25, -1, -1, -1, 26},
12      {27, 28, 29, 30, 31},
13      { -1, -1, -1, -1, -1}
14  };
```

常量数组 RailwayPositionIndex[32][3]存储了铁路图中每个顶点在整个棋盘中的位置。数组第 k 行的 3 个元素分别为铁路图第 k 个顶点在棋盘中的行、列号，以及在整个棋盘中的编号(从左上角的 0 到右下角的 59)。例如，铁路图中编号为 0 的顶点，在棋盘中位于 1 行 0 列位置，其在棋盘中的位置编号为 5，所以数组第 0 行的 3 个元素分别为 1、0、5。该数组初值如下：

```
1   const int RailwayPositionIndex[32][3] = {
2       {1, 0, 5},      {1, 1, 6},      {1, 2, 7},      {1, 3, 8},      {1, 4, 9},
3       {2, 0, 10},                                                     {2, 4, 14},
4       {3, 0, 15},                                                     {3, 4, 19},
5       {4, 0, 20},                                                     {4, 4, 24},
6       {5, 0, 25},     {5, 1, 26},     {5, 2, 27},     {5, 3, 28},     {5, 4, 29},
7       {6, 0, 30},     {6, 1, 31},     {6, 2, 32},     {6, 3, 33},     {6, 4, 34},
8       {7, 0, 35},                                                     {7, 4, 39},
9       {8, 0, 40},                                                     {8, 4, 44},
10      {9, 0, 45},                                                     {9, 4, 49},
11      {10, 0, 50},    {10, 1, 51},    {10, 2, 52},    {10, 3, 53},    {10, 4, 54}
12  };
```

采用邻接矩阵存储铁路图顶点之间的邻接关系。由于铁路图中的每个顶点都只与其他 2 个或 3 个顶点相邻，因此可以采用常量数组 RailwayGraph[32][4]表示邻接矩阵。数组的第 k 行用于存储第 k 个顶点的邻接关系，其中，第 0 个元素表示与该顶点相邻接的顶点个数，其余元素记录与该顶点相邻接的各个顶点在铁路图中的编号。如果该顶点只有两个邻接顶点，则最后一个元素的值为-1。该数组初值如下：

```
1   const int RailwayGraph[32][4] = {
2       {2, 1, 5, -1},    {2, 0, 2, -1},    {2, 1, 3, -1},    {2, 2, 4, -1},    {2, 3, 6, -1},
3       {2, 0, 7, -1},                                                          {2, 4, 8, -1},
4       {2, 5, 9, -1},                                                          {2, 6, 10, -1},
5       {2, 7, 11, -1},                                                         {2, 8, 15, -1},
6       {3, 9, 12, 16},   {2, 11, 13, -1},  {3, 12, 14, 18},  {2, 13, 15, -1},  {3, 10, 14, 20},
7       {3, 11, 17, 21},  {2, 16, 18, -1},  {3, 13, 17, 19},  {2, 18, 20, -1},  {3, 15, 19, 22},
8       {2, 16, 23, -1},                                                        {2, 20, 24, -1},
9       {2, 21, 25, -1},                                                        {2, 22, 26, -1},
10      {2, 23, 27, -1},                                                        {2, 24, 31, -1},
11      {2, 25, 28, -1},  {2, 27, 29, -1},  {2, 28, 30, -1},  {2, 29, 31, -1},  {2, 26, 30, -1}
12  };
```

函数 MyEngineerMovesAlongRailway()采用深度搜索算法在铁路图中搜索我方某个工兵沿着铁路行棋的合法走法。参数 board 是当前局面；row 和 col 是我方工兵所在位置的行、列号；moves 存储所找到的工兵走法，一行存储一个走法终点的行、列号；MovesNum 返回找到的工兵走法数量。由于在没有阻挡的情况下，工兵可以沿着铁路移动到任意位置，所以一个工兵沿着铁路行棋最多可以有 31 种合法走法。

函数中，数组 visited[32]表示图的每个顶点是否被遍历过：0 表示未被遍历过，1 表示被遍历过的空位，2 表示被遍历过的对方棋子位置，-1 表示被遍历过的我方棋子位置。数组初值置为 0。

数组 VertexStack[32]表示一个栈，记录已经被访问到，但其邻居还未全部被访问到的顶点。变量 top 指示数组中栈顶的位置。具体代码如下：

```
1  void MyEngineerMovesAlongRailway( const char board[12][5], int row, int col, int moves[31][2], \
2                                   int * MovesNum )
3  {
4      int visited[32] = {0};
5      int VertexStack[32];          //栈，记录已经被访问到，但其邻居还未全部访问到的顶点
6      int top;                      //栈顶位置
7
8      int v = RailwayBoard[row][col]; //工兵位置对应的无向图的顶点
9      visited[v] = -1;              //记录遍历的起点
10     top = 0;                      //栈顶位置
11     VertexStack[top] = v;         //将起始顶点压入栈中
12
13     int neighbor;                 //与当前顶点相邻的顶点
14     int rindex, cindex;           //与当前顶点相邻的顶点的行号和列号
15     while ( top >= 0 )            //栈不为空
16     {
17         int i;                    //循环变量
18         int vertex = VertexStack[top];          //取出栈顶顶点
19         int neighnum = RailwayGraph[vertex][0]; //与栈顶顶点相邻接的顶点个数
20         for (i=1; i<=neighnum; i++)             //逐一考察与栈顶顶点相邻接的顶点
21         {
22             neighbor = RailwayGraph[vertex][i]; //与栈顶顶点相邻接的第 i 个顶点
23             if ( visited[neighbor] == 0 )       //该邻居未被访问过
24             {
25                 rindex = RailwayPositionIndex[neighbor][0];
26                 cindex = RailwayPositionIndex[neighbor][1];
27                 if ( board[rindex][cindex] == '0' )  //该邻居为空位
28                 {
29                     visited[neighbor] = 1;          //访问标记
30                     top++;
31                     VertexStack[top] = neighbor; //将该空位压入栈中
32                     break; //跳出当前的 for 循环，进入下一次 while 循环
33                 }
34                 if ( (board[rindex][cindex] >= 'a') && (board[rindex][cindex] <= 'l') )
35                 {
36                     visited[neighbor] = -1;         //访问标记，继续检查下一个邻居
37                 }
38                 else //该邻居为对方棋子
39                 {
40                     visited[neighbor] = 2;          //访问标记，继续检查下一个邻居
41                 }
42             }
43             if (i==neighnum)
44             {
45                 top--;
46             }
47         }
48     }
49     int k; //循环变量
50     int count = 0; //计数器
51     for (k=0; k<32; k++)   //考察铁路图中的每个位置是否是某个走法的终点
52     {
53         if (visited[k] > 0) //可以从工兵位置走到铁路图的第 k 个顶点，则该顶点为走法的终点
54         {
```

```
55            moves[count][0] = RailwayPositionIndex[k][0]; //顶点 k 在棋盘中的行号
56            moves[count][1] = RailwayPositionIndex[k][1]; //顶点 k 在棋盘中的列号
57            count++;
58        }
59    }
60    *MovesNum = count;
61    return;
62 }
```

8.5 MCTS 算法的实现

8.5.1 节点设计

在博弈过程中，轮到我方行棋时，采用蒙特卡洛树搜索最佳走法[32]。搜索树的节点结构设计如下：

```
1  typedef struct Node
2  {
3      char board[12][5];
4      int   move[4];
5      int   player;
6      int   GrindNum;
7      int   SimNum;
8      int   WinNum;
9      int   DrawNum;
10
11     int (* NextMoves) [4];
12     int MovesNum;
13     int ChildrenNum;
14
15     struct Node * parent;
16     struct Node * leftbrother;
17     struct Node * rightbrother;
18     struct Node * lastchild;
19 }NODE;
```

在 Node 中，board[12][5]是当前节点所对应的局面；move[4]中存放从父节点到当前节点的走法；player 表示在当前节点对应的局面下轮到哪一方行棋，player 为 1 表示轮到我方行棋，player 为-1 表示轮到对方行棋；GrindNum 是磨棋步数，即从上一次碰子到当前局面的行棋次数；SimNum、WinNum 和 DrawNum 分别表示在该节点进行的模拟次数、赢棋次数以及和棋次数；NextMoves 是一个指向二维数组的指针，数组中的一行表示当前局面下的一种走法，每行的 4 个值依次为走法起点的行、列号与终点的行、列号；MovesNum 记录在当前局面下所有合法走法的总数；ChildrenNum 记录当前节点已经扩展出来的子节点的个数，如果 ChildrenNum 不等于 MovesNum，则说明当前节点还未被完全扩展，依然可以从当前节点生出新的子节点；指针 parent、leftbrother、rightbrother 和 lastchild 分别指向当前节点的父节点、左侧兄弟节点、右侧兄弟节点和当前节点的最后一个(最新扩展出来的)子节点。

在构建搜索树时，需要判断某个节点是否是终端节点，即该节点所对应的局面是否为终局，已经分出胜负。

函数 IsFinalBoard()对 board 做出判断，如果已经分出胜负，则返回 true，否则返回 false。参数 result 返回胜负结果，如果我方胜，则 result 值为 1；如果我方败，则 result 值为-1；如果和棋，则 result 值为 0；若还未分出胜负，则 result 值为-2。

在判断是否为终局时，首先检查双方军旗是否存在。若对方失去军旗，则我方胜；若我方失去军旗，则对方胜。若双方军旗都存在，则需要判断到底是和棋还是未分胜负，这时需要检查大本营以外是否存在双方可移动的棋子。这里，借助两个 bool 型变量 MySide 和 TheOtherSide 记录是否已经找到我方及对方可移动的棋子。

注意，位于棋盘第 3~8 行中的某一方棋子，一定不会全部被另一方(所占据的行营)以及我方(地雷)堵死。所以，如果在第 3~8 行中，有某一方的棋子，就一定存在该方可以移动的棋子。因此，在双方军旗都存在的情况下，首先扫描第 3~8 行，判断双方是否可以行棋。

如果扫描完棋盘的第 3~8 行，还是无法判断是否为终局，则说明至少有一方在第 3~8 行之间不存在可移动的棋子。这时检查剩余的位置(第 0、1、2、9、10、11 行)上是否存在某一方可移动的棋子。

容易看出，如果在第 0、1、2 行非大本营位置有我方棋子，则我方一定可以行棋；同理，若在第 9、10、11 行中有对方棋子，则对方也一定可以行棋。因此，如果直到此时还无法判断是否为终局，则判断以下条件：

① 第 0、1、2 行中是否有我方非大本营棋子，第 9、10、11 行中的我方棋子是否可以移动。

② 第 9、10、11 行中是否有对方非大本营棋子，第 0、1、2 行中的对方棋子是否可以移动。

检查完所有位置之后，可能会出现如下 4 种情况：

① 双方均存在可以移动的棋子，则一定不是终局；

② 对方无棋可走，则我方胜；

③ 我方无棋可走，则对方胜；

④ 双方均无棋可走，则和棋。

判断是否为终局函数如下：

```
1   bool IsFinalBoard( const char board[12][5], int * result )
2   {
3       if ( board[0][1] != 'L' && board[0][3] != 'L' ) //对方失去军旗，此时我方胜
4       {
5           *result = 1;
6           return true;
7       }
8       if ( board[11][1] != 'l' && board[11][3] != 'l' ) //我方失去军旗，此时对方胜
9       {
10          *result = -1;
11          return true;
12      }
13      //若双方军旗都存在，则判断是否和棋，此时逐行扫描棋盘，检查大本营以外是否有棋子
14      bool MySide = false;        //是否存在我方可移动棋子
15      bool TheOtherSide = false; //是否存在对方可移动棋子
16      int i, j; //循环变量
17      for (i=3; i<=8; i++)
18      {
19          for(j=0; j<5; j++)
20          {
21              if ( (board[i][j] >= 'a') && (board[i][j] <= 'k') ) //该位置为我方棋子
22              {
23                  MySide = true;
24              }
```

```
25 	else if ( (board[i][j] >= 'A') && (board[i][j] <= 'K') ) //该位置为对方棋子
26 	{
27 		TheOtherSide = true;
28 	}
29 
30 	if ( MySide && TheOtherSide ) //如果双方均存在可移动的棋子，则行棋还未结束
31 	{
32 		*result = -2;
33 		return false;
34 	}
35 	}
36 	}
37 	……	//检查第 0、1、2、9、10、11 行中是否有对方可移动棋子
38 	……	//检查第 0、1、2、9、10、11 行中是否有我方可移动棋子
39 }
```

在扩展新的子节点以及进行模拟的过程中，需要根据双方行棋走法更新局面。函数UpdateBoard()实现了更新过程，参数 board 是原来的局面；r0、c0 分别是走法起点的行、列号，r1、c1 分别是走法终点的行、列号；newboard 返回更新之后的局面。

在更新局面时，只有走法起点和终点的棋子可能发生变化，其余位置保持不变。由于行棋之后，走法起点一定会变成空位，所以只需分析行棋之后走法终点棋子的变化情况即可。这里，依次考虑以下 4 种情况：

① 若终点是空位，则行棋之后，该位置被起点棋子占据；

② 若有一方是炸弹，则双方同归于尽，行棋之后起点和终点均变成空位；

③ 若终点是军旗，则行棋之后，军旗位置被起点棋子占据；

④ 若终点是地雷，则当起点棋子为工兵时，工兵胜，地雷位置被工兵占据；当为非工兵棋子时，地雷胜，终点棋子保持不变。

如果行棋时的情况不属于上述 4 种，则说明起点和终点不是空位，也不是地雷、军旗和炸弹，这时只要比较双方子力大小就可以了，共有以下三种情况：

① 若终点棋子子力较大，则终点保持不变；

② 若双方子力相同，则同归于尽，终点变成空位；

③ 若起点子力较大，则终点被起点棋子占据。

根据走法更新局面的函数如下：

```
1  void UpdateBoard( const char board[12][5], int r0, int c0, int r1, int c1, char newboard[12][5] )
2  {
3  	int i,j; //循环变量
4  	for (i=0; i<12; i++)	//先把原始棋盘复制过来
5  	{
6  		for (j=0; j<5; j++)
7  		{
8  			newboard[i][j] = board[i][j];
9  		}
10 	}
11 	newboard[r0][c0] = '0'; //行棋之后，走法的起点一定是空位
12 
13 	//终点是空位，则该位置被行棋方棋子占据
14 	if ( board[r1][c1] == '0' )
15 	{
16 		newboard[r1][c1] = board[r0][c0];
17 		return;
```

```
18 	}
19 	//有一方是炸弹，则同归于尽，终点变成空位
20 	if ( (board[r0][c0] == 'k') || (board[r0][c0] == 'K') || (board[r1][c1] == 'k') || (board[r1][c1] == 'K') )
21 	{
22 		newboard[r1][c1] = '0';
23 		return;
24 	}
25 	//终点是军旗，则军旗败，此时该位置被行棋方棋子占据
26 	if ( (board[r1][c1] == 'l') || (board[r1][c1] == 'L') )
27 	{
28 		newboard[r1][c1] = board[r0][c0];
29 		return;
30 	}
31 	//终点是地雷
32 	if ( (board[r1][c1] == 'j') || (board[r1][c1] == 'J') )
33 	{
34 		if ( (board[r0][c0] == 'i') || (board[r0][c0] == 'I') ) //起点是工兵，则地雷败
35 		{
36 			newboard[r1][c1] = board[r0][c0];
37 			return;
38 		}
39 		else //起点不是工兵，则行棋方败，终点不变
40 		{
41 			return;
42 		}
43 	}
44 	//比大小
45 	int start;   //军旗字符与起点棋子字符 board[r0][c0]的差值，表示起点子力大小
46 	int end;     //军旗字符与终点棋子字符 board[r1][c1]的差值，表示终点子力大小
47 	if ( (board[r0][c0] >= 'a') && (board[r0][c0] <= 'l') ) //我方行棋，终点为对方棋子
48 	{
49 		int start = 'l' - board[r0][c0];
50 		int end = 'L' - board[r1][c1];
51 	}
52 	else //对方行棋，终点为我方棋子
53 	{
54 		int start = 'L' - board[r0][c0];
55 		int end = 'l' - board[r1][c1];
56 	}
57 	//比大小
58 	if ( start > end ) //起点子力 > 终点子力，则终点被行棋方棋子占据
59 	{
60 		newboard[r1][c1] = board[r0][c0];
61 		return;
62 	}
63 	else if( start == end ) //起点子力 = 终点子力，同归于尽，终点变成空位
64 	{
65 		newboard[r1][c1] = '0';
66 		return;
67 	}
68 	else //起点子力 < 终点子力，则终点不变
69 	{
70 		return;
71 	}
72 }
```

8.5.2 选择与扩展

MCTS 算法中，每次迭代时均要从当前构建的搜索树中选择一个最优的节点进行扩展，函数 SelectionAndExpansion()实现了这一过程，参数 rootnode 是搜索树的根节点，coef 是 UCB 计算公式中的系数。

该函数从根节点开始逐层向下搜索，寻找最值得扩展的子节点。在每次迭代时，依次判断如下三种情况：

① 如果当前节点是终端节点，即相应的局面已经分出胜负，则直接返回当前节点；

② 如果当前节点还未被完全扩展，则从当前节点生出新的子节点，并将其加入搜索树中；

③ 如果当前节点已经被完全扩展，则计算当前节点所有子节点的 UCB 值，选择 UCB 值最大的子节点继续向下搜索。

在计算子节点的 UCB 值时，需要用到在该节点处进行模拟的胜率。由于节点中存储的都是模拟次数和我方获胜次数，因此如果在该节点处轮到我方行棋，则胜率为我方获胜次数与模拟次数的比值，如果轮到对方行棋，则需要从模拟次数中减去我方获胜次数与和棋次数，得到对方获胜次数，再计算对方胜率。

选择与扩展函数如下：

```
1    static NODE * SelectionAndExpansion( Node * rootnode, double coef )
2    {
3        NODE * node = rootnode;
4        int i; //循环变量
5        while (true)
6        {
7            int result;
8            if ( IsFinalBoard( node->board, &result ) ) //如果 node 是终端节点，则直接返回该节点
9            {
10               return node;
11           }
12           if ( node->ChildrenNum != node->MovesNum ) //当前节点未被完全扩展
13           {
14               NODE * newnode; //指向子节点的指针
15               newnode = (NODE *) malloc( sizeof(NODE) ); //分配子节点空间
16               newnode->move[0] = node->NextMoves[node->ChildrenNum][0];
17               newnode->move[1] = node->NextMoves[node->ChildrenNum][1];    //走法起点
18               newnode->move[2] = node->NextMoves[node->ChildrenNum][2];
19               newnode->move[3] = node->NextMoves[node->ChildrenNum][3];    //走法终点
20               UpdateBoard(node->board, newnode->move[0], newnode->move[1], \
21                           newnode->move[2], newnode->move[3], newnode->board );
22               newnode->player = node->player * (-1); //交换行棋方
23               if ( node->board[newnode->move[2]][newnode->move[3]] != '0' ) //发生碰子
24                   newnode->GrindNum = 0;
25               else                            //否则，磨棋步数+1
26                   newnode->GrindNum = node->GrindNum + 1;
27               newnode->SimNum = 0;     //在新节点处模拟的次数
28               newnode->WinNum = 0;     //在新节点处赢棋的次数
29               newnode->DrawNum = 0;    //在新节点处和棋的次数
30               int moves[233][4];              //在新节点局面下所有可能的走法(公路 98 种+铁路 135 种)
31               if (newnode->player == 1)   //我方行棋
32                   MyMoves( newnode->board, moves, &newnode->MovesNum );
33               else                            //对方行棋
34                   OpponentMoves( newnode->board, moves, &newnode->MovesNum );
35               newnode->NextMoves = ( int (*)[4] ) malloc( newnode->MovesNum * 4 * sizeof(int) );
```

```
36              for ( i=0; i < newnode->MovesNum; i++ ) //保存找到的走法
37              {
38                  newnode->NextMoves[i][0] = moves[i][0];
39                  newnode->NextMoves[i][1] = moves[i][1];
40                  newnode->NextMoves[i][2] = moves[i][2];
41                  newnode->NextMoves[i][3] = moves[i][3];
42              }
43              newnode->ChildrenNum = 0;                   //新节点已经扩展出来的子节点个数
44              newnode->parent = node;                     //新节点的父节点
45              newnode->leftbrother = node->lastchild;     //新节点左侧的兄弟节点
46              newnode->rightbrother = NULL;               //新节点暂时没有右侧的兄弟节点
47              newnode->lastchild    = NULL;               //新节点暂时没有子节点
48              //更新 newnode 的父节点和兄弟节点中的信息
49              if ( node->lastchild != NULL )              //如果父节点原来有子节点
50                  node->lastchild->rightbrother = newnode;
51              node->ChildrenNum = node->ChildrenNum + 1; //父节点的子节点个数+1
52              node->lastchild = newnode; //将父节点的最后一个子节点更新为新节点
53              return newnode;
54          }
55          else //当前节点已经被完全扩展，则选择 UCB 值最大的子节点继续向下搜索
56          {
57              NODE * currentchild = node->lastchild;
58              NODE * bestchild = currentchild;            //最值得探索的子节点
59              double MaxUCB; //最大的 UCB 值
60              if ( bestchild -> player == 1 ) //我方行棋
61              {
62                  MaxUCB = (double)bestchild->WinNum / bestchild->SimNum + coef * \
63                           sqrt( log( node->SimNum) / bestchild->SimNum ); //计算 UCB 值
64              }
65              else
66              {
67                  MaxUCB = ( 1 - (double) (bestchild->WinNum + bestchild->DrawNum) / \
68                             bestchild->SimNum ) + coef * sqrt( log( node->SimNum) / \
69                             bestchild->SimNum ); //计算 UCB 值
70              }
71              while ( currentchild->leftbrother != NULL ) //当前节点还有左侧兄弟节点
72              {
73                  currentchild = currentchild->leftbrother;
74                  double currentUCB;
75                  if ( currentchild -> player == 1 )
76                  {
77                      currentUCB = ((double)currentchild->WinNum) / currentchild->SimNum + \
78                               coef * sqrt( log( node->SimNum) / currentchild->SimNum ); //计算 UCB 值
79                  }
80                  else
81                  {
82                      currentUCB=(1- (double)(currentchild->WinNum + currentchild->DrawNum) / \
83                      currentchild->SimNum ) + coef * sqrt( log( node->SimNum) / \
84                      currentchild->SimNum );
85                  }
86                  if ( currentUCB > MaxUCB ) //比大小
87                  {
88                      MaxUCB = currentUCB;
89                      bestchild = currentchild;
90                  }
91              }
```

```
92              node = bestchild; //继续 while 循环，向下继续寻找最值得扩展的节点
93          }
94      }
95  }
```

8.5.3 模拟

在扩展得到新的子节点之后，需要在子节点对应的局面下模拟双方对弈直至终局。函数Simulation()实现了模拟过程，该函数采用随机行棋策略进行模拟，并返回终局时的胜负结果。

在我方或对方行棋之后，函数RefreshBoard()根据行棋走法更新局面。该函数与前面介绍的函数UpdateBoard()的功能完全相同，只不过RefreshBoard()直接修改原来的局面，而UpdateBoard()保持原来局面不变，在一个新的棋盘上返回更新之后的局面。

MCTS算法的模拟函数如下：

```
1   int Simulation( NODE * node )
2   {
3       int i,j; //循环变量
4       char board[12][5]; //当前局面
5       for (i=0; i<12; i++)
6       {
7           for(j=0; j<5; j++)
8           {
9               board[i][j] = node->board[i][j];   //从 node 节点中取出局面，存入 board 中
10          }
11      }
12
13      int player = node->player; //当前局面下轮到哪一方行棋，1 为我方，-1 为对方
14      int move[4];                  //走法，4 个元素依次为走法的起点行、列号；终点行、列号
15      while (true)                  //开始行棋，直至终局
16      {
17          int result;  //胜负结果
18          if ( IsFinalBoard( board, &result ) )          //如果可以分出胜负，则返回结果
19              return result;
20
21          //如果没有分出胜负，则快速走一步
22          if ( player == 1 )                              //我方行棋
23          {
24              MyRandomMove( board, move );          //随机走一步的走法，存放在 move 中
25          }
26          else //对方行棋
27          {
28              OpponentRandomMove( board, move ); //随机走一步的走法，存放在 move 中
29          }
30          RefreshBoard( board, move[0], move[1], move[2], move[3] ); //根据走法刷新局面
31          player = (-1) * player;                         //交换行棋方
32      }
33  }
34
```

我方随机行棋过程由函数MyRandomMove()实现，参数board是当前局面，此时轮到我方行棋，move返回我方随机行棋一步的走法(起点行、列号与终点行、列号)。

该函数首先生成一个0~59之间的随机整数index，然后从棋盘上编号为index的位置开始搜索，找到我方第一个可以移动的棋子后，以该棋子位置作为走法的起点。接下来依次搜索该棋子位置的8个邻居(左上、上、右上、左、右、左下、下、右下)，找到第一个空位或

被对方棋子占据的非行营位置，作为走法的终点。

函数中，利用常量数组 BoardLinks[60][8]存储整个棋盘上所有位置的连通性信息。数组 BoardLinks 与数组 RoadLinks 的含义相同，只不过 BoardLinks 存储的连通性信息包括公路和铁路，而 RoadLinks 只存储公路连通性信息。

对方随机行棋过程由函数 OpponentRandomMove()实现，其方法与 MyRandomMove()完全类似。我方随机下棋函数如下：

```
1  void MyRandomMove( const char board[12][5], int move[4] )
2  {
3      int i;      //循环变量
4      int r0, c0; //走法起点的行号、列号
5      int r1, c1; //走法终点的行号、列号
6
7      srand( (unsigned int) time ( NULL ) );
8      int index = rand()%60;   //生成 0~59 之间的随机数
9      while (true)
10     {
11         index = index % 60; //如果编号超出 59，则继续从编号为 0 的位置开始搜索
12
13         r0 = index / 5;     //位置 index 的行号
14         c0 = index % 5;   //位置 index 的列号
15         if( (board[r0][c0] == '0') || ( (board[r0][c0] >= 'A') && (board[r0][c0] <= 'L') ) || \
16            (board[r0][c0] == 'j') || (index==1) || (index==3) || (index==56) || (index==58) )
17         {
18             index += 1;
19             continue;
20         }
21
22         for (i=0; i<8; i++) //逐一搜索 index 的 8 个邻居
23         {
24             if( BoardLinks[index][i] == -1 ) //与第 i 个邻居之间不连通，或者没有第 i 个邻居
25             {
26                 continue;
27             }
28
29             r1 = BoardLinks[index][i] / 5;    //第 i 个邻居的行号
30             c1 = BoardLinks[index][i] % 5;   //第 i 个邻居的列号
31             if ( (board[r1][c1] >= 'a') && (board[r1][c1] <= 'l') ) //第 i 个邻居是我方棋子
32             {
33                 continue;
34             }
35
36             if( board[r1][c1] == '0' )              //如果第 i 个邻居为空，则可以行棋
37             {
38                 move[0] = r0; move[1] = c0; //走法起点
39                 move[2] = r1; move[3] = c1; //走法终点
40                 return;
41             }
42             //第 i 个邻居是对方棋子，且不是行营位置，则可以行棋
43             if ( (BoardLinks[index][i] != 11) && (BoardLinks[index][i] != 13) && \
44                 (BoardLinks[index][i] != 17) && (BoardLinks[index][i] != 21) && \
45                 (BoardLinks[index][i] != 23) && (BoardLinks[index][i] != 36) && \
46                 (BoardLinks[index][i] != 38) && (BoardLinks[index][i] != 42) && \
47                 (BoardLinks[index][i] != 46) && (BoardLinks[index][i] != 48) )
48             {
```

```
49                      move[0] = r0; move[1] = c0; //走法起点
50                      move[2] = r1; move[3] = c1; //走法终点
51                      return;
52                  }
53          }
54
55          index += 1;   //若当前位置棋子无法移动，则继续搜索下一个位置
56      }
    }
```

8.5.4 反向传播

在搜索树的某个子节点处对局面进行模拟之后，需要根据模拟所得的胜负结果从该子节点处进行反向传播，更新从该子节点到根节点的路径上每个节点的信息。

函数 BackPropagation()实现了反向传播过程，参数 node 指向反向传播过程的起始节点，也就是在本次蒙特卡洛搜索树迭代时扩展出的子节点，在该节点处进行了模拟，result 为模拟结果。反向传播时，沿着从该子节点到根节点的路径，将每个节点的模拟次数加 1；如果模拟结果为我方胜，则各个节点的获胜次数加 1；如果为平局，则平局次数加 1。

反向传播函数如下：

```
1   void BackPropagation( NODE * node, int result )
2   {
3       NODE * currentnode = node;              //当前正在更新信息的节点
4       while ( currentnode != NULL )           //自底向上反向传播
5       {
6           currentnode->SimNum += 1;           //当前节点模拟次数+1
7
8           if ( result > 0 ) //我方胜
9           {
10              currentnode->WinNum += 1;
11          }
12          else if ( result == 0 )//和棋
13          {
14              currentnode->DrawNum += 1; //当前节点和棋次数+1
15          }
16          currentnode = currentnode->parent; //转到父节点
17      }
18  }
```

8.5.5 删除树

在构建蒙特卡洛搜索树的过程中，每生成一个新的节点，都需要利用函数 malloc()分配内存，用来存放该节点以及该节点所对应局面下所有合法的走法。为避免内存资源被耗尽，在利用蒙特卡洛搜索树得到我方本次行棋的最佳走法之后，需要将该搜索树删除，释放分配的空间。

函数 DeleteTree()利用递归的方式逐一删除搜索树中的每个节点，参数 rootnode 指向搜索树的根节点。删除蒙特卡洛搜索树的代码如下：

```
1   void DeleteTree( NODE * rootnode )
2   {
3       if ( rootnode == NULL ) //如果树本身就是空的，则直接返回
4       {
5           return;
```

```
6	    }
7	
8	    NODE * currentnode;                  //当前要释放资源的节点
9	    if ( rootnode->lastchild == NULL ) //如果根节点没有子节点，则释放根节点
10	    {
11	        free( rootnode->NextMoves );
12	        free( rootnode );
13	        return;
14	    }
15	    else //如果根节点有子节点，则递归释放其最后一个子节点
16	    {
17	        currentnode = rootnode->lastchild;              //转移到最后一个子节点
18	        rootnode->lastchild = currentnode->leftbrother; //更新根节点的最后一个子节点
19	
20	        DeleteTree( currentnode );                      //递归释放当前子节点
21	    }
22	}
```

8.5.6 MCTS 算法主函数

函数 MonteCarloTreeSearch()是 MCTS 算法的主函数，参数 board 是当前局面，此时轮到我方行棋；GrindingSteps 是磨棋步数；BestMove 返回所找到的最佳走法(起点行、列号和终点行、列号)。

主函数首先依据当前局面 board 生成蒙特卡洛搜索树的根节点，然后找出当前局面下我方所有的合法走法。函数 MyMoves()调用 MyMovesAlongRoad()和 MyMovesAlongRailway()，找出我方沿着铁路和公路行棋的所有走法存放在数组 moves 中并返回，走法数量由参数 rootnode->MovesNum 返回。

我方沿着公路行棋的走法数量上限是 98 种，沿着铁路行棋的走法数量上限是 135 种，因此总的走法不超过 233 种。这种估计相当宽松，在实际博弈中，走法数量不会超过这个上限的一半。

由于中国大学生计算机博弈大赛军棋项目中规定，未碰子步数不能达到 31 步，所以如果从上一次碰子到现在已经行棋 30 步，则需要利用函数 MyAttackMoves()对走法进行过滤，只保留碰子走法。

生成根节点之后，依照选择、扩展、模拟、反向传播的次序，通过循环迭代的方式逐步扩建搜索树，在达到最大搜索次数之后，结束搜索树的构建。接下来，选择根节点下胜率最大的子节点作为最优子节点，从根节点到该子节点的走法即为我方行棋的最佳走法。

找到最佳走法之后，删除搜索树，释放内存空间。

MCTS 算法主函数如下：

```
1	void MonteCarloTreeSearch( char board[12][5], int GrindingSteps, char BestMove[4] )
2	{
3	    int MaxSearchNum =10000; //最大搜索次数
4	    NODE * rootnode; //指向根节点的指针
5	    rootnode = (NODE *) malloc( sizeof(NODE) ); //分配根节点空间
6	
7	    int i,j; //循环变量
8	    for (i=0; i<12; i++) //初始化根节点的局面
9	    {
10	        for (j=0; j<5; j++)
11	        {
```

```
12                  rootnode->board[i][j] = board[i][j];
13              }
14          }
15
16          rootnode->player = 1;                           //轮到我方行棋
17          rootnode->GrindNum = GrindingSteps; //磨棋步数
18          rootnode->SimNum = 0;                          //在根节点处模拟的次数
19          rootnode->WinNum = 0;                          //在根节点处赢棋的次数
20          rootnode->DrawNum = 0;                         //在根节点处和棋的次数
21
22          int moves[233][4];     //在根节点局面下我方所有可能的走法
23          MyMoves( rootnode->board, moves, &rootnode->MovesNum );
24
25          int filteredmoves[233][4]; //对找到的走法进行过滤，防止磨棋，保留更有前途的走法
26          int count = 0; //过滤之后的走法数量
27          if ( GrindingSteps == 30 ) //如果磨棋步数达到 30，则接下来只考虑碰子走法
28          {
29              count = MyAttackMoves( rootnode->board, moves, rootnode->MovesNum, filteredmoves);
30
31              if ( count > 0 )
32              {
33                  for (i = 0; i < count; i++ )
34                  {
35                      moves[i][0] = filteredmoves[i][0];      moves[i][1] = filteredmoves[i][1];
36                      moves[i][2] = filteredmoves[i][2];      moves[i][3] = filteredmoves[i][3];
37                  }
38                  rootnode->MovesNum = count;
39              }
40              else //如果我方不存在碰子走法，则行棋失败
41              {
42                  BestMove[0] = 0; BestMove[1] = 0; BestMove[2] = 0; BestMove[3] = 0;
43                  return;
44              }
45          }
46          rootnode->NextMoves = ( int (*)[4] ) malloc( rootnode->MovesNum * 4 * sizeof(int) ); //分配内存
47          for ( i=0; i < rootnode->MovesNum; i++ ) //保存找到的走法
48          {
49              rootnode->NextMoves[i][0] = moves[i][0];    rootnode->NextMoves[i][1] = moves[i][1];
50              rootnode->NextMoves[i][2] = moves[i][2];    rootnode->NextMoves[i][3] = moves[i][3];
51          }
52          rootnode->ChildrenNum = 0;         //当前节点已经扩展出来的子节点个数
53
54          rootnode->parent = NULL;            //指向父节点的指针
55          rootnode->leftbrother   = NULL;   //指向左侧兄弟节点的指针
56          rootnode->rightbrother = NULL;    //指向右侧兄弟节点的指针
57          rootnode->lastchild = NULL;        //指向最后一个子节点的指针
58
59          int k; //循环变量
60          for (k=0; k<MaxSearchNum; k++)
61          {
62              NODE * newnode = SelectionAndExpansion( rootnode, 2 ); //选择与扩展
63              int result    = Simulation( newnode );   //模拟
64              BackPropagation( newnode, result );   //反向传播
65          }
66
67          //找出最佳走法(这里，选择根节点下的胜率最大的子节点)
```

```
68      NODE * currentchild = rootnode->lastchild;
69      NODE * bestchild = currentchild;    //具有最大胜率的子节点
70      double MaxWinPer;                   //最大的胜率值
71      MaxWinPer = (double)bestchild->WinNum / bestchild->SimNum ;
72
73      while( currentchild->leftbrother != NULL )
74      {
75          currentchild = currentchild->leftbrother;
76          double currentWinPer = (double)currentchild->WinNum / currentchild->SimNum;
77
78          if ( currentWinPer > MaxWinPer ) //比大小
79          {
80              MaxWinPer = currentWinPer;
81              bestchild = currentchild;
82          }
83      }
84      //返回找到的胜率最大的子节点对应的走法
85      BestMove[0] = bestchild->move[0];       BestMove[1] = bestchild->move[1];
86      BestMove[2] = bestchild->move[2];       BestMove[3] = bestchild->move[3];
87
88      DeleteTree( rootnode );  //释放整棵树所有节点的内存
89      return;
90  }
```

8.6 军棋博弈平台接口

中国大学生计算机博弈大赛军棋项目使用指定的博弈平台，平台协议中约定：行编码从上至下依次为 A,B,C,…,K,L，列编码从左到右依次为 0,1,2,3,4。

博弈平台与选手程序之间通过协议指令进行通信，指令带有若干参数，指令名与参数之间以一个空格分隔。选手需要处理的协议指令有 3 个，分别介绍如下。

① GO 指令，语法格式为 GO move result flag。

GO 指令用于裁判告知选手对方行棋走法和行棋结果以及对方军旗的位置。指令中，move 为对方行棋走法，由 4 个字符组成，依次为起点行号、起点列号、终点行号和终点列号，其中行号应为大写英文字母，如果 move 为 0000 则表示通知先手行棋；result 为 0 表示对方行棋后被我方棋子吃掉，为 1 表示对方吃掉我方棋子，为 2 表示同归于尽，为 3 表示仅移动；flag 为对方军旗位置，由 2 个字符组成，分别为行号和列号，如果 flag 为 00 则表示对方司令尚存，军旗位置未知。

例如，GO F4G4 2 A3 表示对方将 F4 棋子行至 G4，双方同归于尽，对方军旗位置为 A3。

② BESTMOVE 指令，语法格式为 BESTMOVE move。

BESTMOVE 指令用于选手回复我方行棋走法。指令中：move 为我方行棋走法，由 4 个字符组成，依次为起点行号、起点列号、终点行号、终点列号。

例如，BESTMOVE G0F0 表示我方将 G0 棋子行至 F0。

③ RESULT 指令，语法格式为 RESULT result flag。

RESULT 指令用于裁判告知选手我方行棋结果和对方军旗位置。指令中，如果 result 为 0，则表示我方行棋后被对方棋子吃掉，为 1 表示吃掉对方棋子，为 2 表示同归于尽，为 3 表示仅移动；flag 为对方军旗位置的行号和列号，如果 flag 等于 00 则表示对方司令尚存，军旗位置未知。

例如，RESULT 0 00 表示我方本轮行棋的棋子被对方吃掉，对方军旗位置未知。

选手需要改进博弈平台中的信息函数 CulInfo()、布局函数 CulArray()、行棋函数 CulBestmove()以及刷新棋盘函数 FreshMap()，以便在博弈过程中与博弈平台进行有效交互。注意，这些函数的原型不能改变。

CulInfo()用于告知博弈平台参赛队伍的名称。该函数从参数 cInMessage 中接收平台发来的协议版本信息，并存入 cVer 中，此信息无须修改。选手将参赛队伍名称存入字符串 cOutMessage 中，并由该函数反馈给博弈平台即可。代码如下：

```
1   void CulInfo(char *cInMessage,char *cVer,char *cOutMessage)
2   {
3       strcpy(cVer,cInMessage+5);
4       strcpy(cOutMessage,"NAME Your Team Name"); //修改参赛队伍名称即可
5       printf("%s\n", cOutMessage);
6   }
```

CulArray()用于选手回复布局序列。该函数从参数 cInMessage 中接收平台发来的开局信息，将其中行棋的先后顺序信息存入 iFirst 中，iFirst 为 0 表示先手行棋，为 1 表示后手行棋；将每局时限(每局选手的可用时间)存入 iTime 中，单位为秒；将必攻步数存入 iStep 中，如果相互不碰子的步数持续达到 iStep 时，行棋方判负。以上信息选手无须修改。

此函数中，选手需要将我方布局信息存入参数 cOutMessage 中，反馈给博弈平台。布局字符串为选手布局棋子从上到下每行棋子的编号序列，棋子编号用小写字母 a~l 表示，依次表示从司令到军旗，中间不能有空格或换行的字符信息。代码如下：

```
1   void CulArray(char *cInMessage,int *iFirst,int *iTime,int *iStep,char *cOutMessage)
2   {
3       *iFirst=cInMessage[6]-'0';
4       *iTime=cInMessage[8]-'0';
5       *iTime=*iTime*10+(cInMessage[9]-'0');
6       *iTime=*iTime*10+(cInMessage[10]-'0');
7       *iTime=*iTime*10+(cInMessage[11]-'0');
8       *iStep=cInMessage[13]-'0';
9       *iStep=*iStep*10+(cInMessage[14]-'0');
10      if(*iFirst==0)      //先手
11          strcpy(cOutMessage,"ARRAY abccddeeffggghhhiiijjkklj"); //修改布局字符串即可
12      else                //后手
13          strcpy(cOutMessage,"ARRAY cbacddeeffggghhhiiijjkklj"); //修改布局字符串即可
14  }
```

选手需要重点改进的函数是 CulBestmove()，此函数用于将我方本次行棋的走法反馈给平台。该函数中，参数 cMap[12][5]是当前布局，cOutMessage 是上一轮我方行棋时发送给平台的 BESTMOVE 指令，cInMessage 是对方行棋之后，平台发送给我方的 GO 指令，这里的 cMap 就是根据 GO 指令刷新之后的布局。选手应从算法设计的实际情况出发，决定是否需要使用这两个指令信息。该函数中并未使用到上一轮的对方和我方行棋信息。接下来轮到我方行棋，CulBestmove()根据 cMap 中的布局以及选手所设计的搜索算法，计算出最佳走法，再存入参数 cOutMessage 中，反馈给博弈平台。代码如下：

```
1   void CulBestmove(char cMap[12][5],char *cInMessage,char *cOutMessage)
2   {
3       char BestMove[4]; //最佳走法
4       strcpy(cOutMessage,"BESTMOVE A0A0");
5   
6       SearchBestMove( cMap, GrindingSteps, BestMove );
```

```
7       cOutMessage[9]   = 'A' + BestMove[0];
8       cOutMessage[10] = '0' + BestMove[1];
9       cOutMessage[11] = 'A' + BestMove[2];
10      cOutMessage[12] = '0' + BestMove[3];
11      return;
12  }
```

在 CulBestMove()中，调用了需要自行设计的函数 SearchBestMove()，此函数用于搜索本次行棋的最佳走法。参数 board 是当前局面，GrindingSteps 是未碰子步数，BestMove 返回找到的最佳走法。代码如下：

```
1   void SearchBestMove( char board[12][5], int GrindingSteps, char BestMove[4] )
2   {
3       const int MaxSampleNum = 50;          //最大抽样次数
4       int moves[MaxSampleNum][4];           //一行是一次抽样之后采用 MCTS 算法找到的一种走法
5       int movetimes[MaxSampleNum] = {0};//movetimes[k]是 moves 第 k 行走法出现的次数
6       int count = 0;                        //count 是目前找到的走法的数量(不计重复的)
7
8       int i,k;                              //循环变量
9       char sampledboard[12][5];             //抽样棋盘
10      char SearchedMove[4];                 //对抽样棋盘采用 MCTS 算法搜索到的最佳走法
11      for ( k=0; k<MaxSampleNum; k++ )
12      {
13          BoardSampling( board, sampledboard ); //将抽样结果存入抽样棋盘中
14          MonteCarloTreeSearch( sampledboard, GrindingSteps, SearchedMove ); //MCTS 算法
15
16          if ( count == 0 ) //若是首次抽样、搜索走法，则直接记录找到的走法即可
17          {
18              moves[0][0] = SearchedMove[0]; moves[0][1] = SearchedMove[1];
19              moves[0][2] = SearchedMove[2]; moves[0][3] = SearchedMove[3];
20              movetimes[0] += 1;
21              count++;
22              continue;
23          }
24
25          for ( i=0; i<count; i++ ) //若不是首次抽样，则检查找到的走法此前是否出现过
26          {
27              //走法前面已经出现过
28              if ( (moves[i][0] == SearchedMove[0]) && (moves[i][1] == SearchedMove[1]) &&\
29                  (moves[i][2] == SearchedMove[2]) && (moves[i][3] == SearchedMove[3]) )
30              {
31                  movetimes[i] += 1;
32                  break;
33              }
34          }
35
36          if ( i==count ) //走法前面没有出现过
37          {
38          moves[count][0] = SearchedMove[0]; moves[count][1] = SearchedMove[1];
39          moves[count][2] = SearchedMove[2]; moves[count][3] = SearchedMove[3];
40          movetimes[count] += 1;
41          count++;
42          continue;
43          }
44      }
45
46      //找出出现次数最多的走法
```

```
47	int maxtimes = 0; //走法出现的次数
48	int index = 0;        //出现次数最多的走法在数组 moves 中的行号
49	for ( k=0; k<count; k++ )
50	{
51		if ( movetimes[k] > maxtimes )
52		{
53			maxtimes = movetimes[k];
54			index = k;
55		}
56	}
57	//返回最佳走法
58	BestMove[0] = moves[index][0];    BestMove[1] = moves[index][1];
59	BestMove[2] = moves[index][2];    BestMove[3] = moves[index][3];
60	return;
61	}
```

该函数中，通过迭代循环方式对当前非完备信息局面进行多次抽样及搜索。每次循环中，首先利用 BoardSampling()对当前局面进行抽样，然后调用 MonteCarloTreeSearch()采用 MCTS 算法在抽样得到的完备信息局面上搜索最佳走法。将每次搜索得到的最佳走法存入数组 moves 中，各个走法出现次数存入数组 movetimes 中。在达到最大抽样次数之后，遍历所有搜索到的走法，其中出现次数最多的走法即为最终的最佳走法。

在对方行棋之后，平台将给选手发送 GO 指令，告知对方行棋的结果。选手在调用 CulBestmove()回复我方走法之前，要先依据 GO 指令传递的信息刷新棋盘。

同样，在选手行棋之后，平台将给选手发送 RESULT 指令，告知我方此次行棋的结果。这时，也要依据 RESULT 指令传递的信息刷新棋盘。

刷新棋盘函数为 FreshMap()，参数 cMap[12][5]为布局，cInMessage 为来自平台的 GO 指令或 RESULT 指令，cOutMessage 为我方发送给平台的 BESTMOVE 指令。

函数中，首先依据 cInMessage 和 cOutMessage 中的行棋走法和行棋结果，更新走法起点和终点的棋子信息。然后，如果 cInMessage 中给出了对方军旗位置，则将军旗的列号记录在变量 armyflag 中。最后，依据行棋方的不同，调用相应的函数更新猜测概率表。

刷新棋盘函数如下：

```
1	void FreshMap(char cMap[12][5],char *cInMessage,char *cOutMessage)
2	{
3		char x1,y1;                          //起点
4		char x2,y2;                          //终点
5		char result=-1;                      //碰子结果
6		if(cInMessage[0]=='G') //GO 指令
7		{
8			if(cInMessage[3]>='A' && cInMessage[3]<='L')       //对方行棋
9			{
10				y1=cInMessage[3]-'A';                      //对方走法起点的行号
11				x1=cInMessage[4]-'0';                      //对方走法起点的列号
12				y2=cInMessage[5]-'A';                      //对方走法终点的行号
13				x2=cInMessage[6]-'0';                      //对方走法终点的列号
14				result=cInMessage[8]-'0';                  //行棋结果
15				int armyflag = 0; //军旗列号
16				if(cInMessage[10]>='A' && cInMessage[10]<='L') //军旗位置
17					armyflag = cInMessage[11]-'0';
18
19				//根据对方走法和行棋结果更新猜测概率表
20				UpdateProbTablebyOpponentMove( cMap, y1, x1, y2, x2, result, armyflag );
```

```
21
22                  switch(result)              //根据不同结果修改棋盘
23                  {
24                      case 0:                 //对方棋子被我方吃掉
25                          cMap[y1][x1]='0';
26                          break;
27                      case 1:                 //对方吃掉我方棋子
28                          cMap[y2][x2]=cMap[y1][x1];
29                          cMap[y1][x1]='0';
30                          break;
31                      case 2:                 //双方棋子同归于尽
32                          cMap[y1][x1]='0';
33                          cMap[y2][x2]='0';
34                          break;
35                      case 3:                 //对方移动棋子
36                          cMap[y2][x2]=cMap[y1][x1];
37                          cMap[y1][x1]='0';
38                          break;
39                  }
40
41                  if ( result == 3 )          //未碰子，磨棋步数+1
42                      GrindingSteps++;
43                  else                        //碰子，磨棋步数置 0
44                      GrindingSteps = 0;
45              }
46          }
47
48          if(cInMessage[0]=='R')              //RESULT 指令，我方行棋
49          {
50              y1=cOutMessage[9]-'A';          //我方走法的起点的行号
51              x1=cOutMessage[10]-'0';         //我方走法的起点的列号
52              y2=cOutMessage[11]-'A';         //我方走法的终点的行号
53              x2=cOutMessage[12]-'0';         //我方走法的终点的列号
54              result=cInMessage[7]-'0';       //行棋结果
55              int armyflag = 0;               //军旗列号
56              if(cInMessage[8]==' ' && cInMessage[9]>='A' && cInMessage[9]<='L') //军旗位置
57                  armyflag = cInMessage[10]-'0';
58
59              //根据我方走法和行棋结果更新猜测概率表
60              UpdateProbTablebyMyMove( cMap, y1, x1, y2, x2, result, armyflag );
61
62              switch(result)              //根据不同结果修改棋盘
63              {
64                  case 0:                 //我方棋子被对方吃掉
65                      cMap[y1][x1]='0';
66                      break;
67                  case 1:                 //我方吃掉对方棋子
68                      cMap[y2][x2]=cMap[y1][x1];
69                      cMap[y1][x1]='0';
70                      break;
71                  case 2:                 //双方棋子同归于尽
72                      cMap[y1][x1]='0';
73                      cMap[y2][x2]='0';
74                      break;
75                  case 3:                 //我方移动棋子
76                      cMap[y2][x2]=cMap[y1][x1];
```

```
77                  cMap[y1][x1]='0';
78                  break;
79          }
80
81          if ( result == 3 )          //未碰子，磨棋步数+1
82              GrindingSteps++;
83          else                        //碰子，磨棋步数置 0
84              GrindingSteps = 0;
85      }
86  }
```

8.7 程序优化分析

本章的军棋博弈程序中，只采用了最基本的 MCTS 算法寻找最佳走法，其中有若干细节值得进行进一步的讨论，以提升博弈程序的效率和胜率。

猜测概率表是对非完备信息局面进行抽样的基础，其准确程度直接决定了接下来搜索过程所找到走法的好坏。在军棋博弈中，有经验的棋手一般会在对弈中对对手的布局阵型有个大致的判断，例如，通常在司令、军长、师长等高阶棋子的周围，炸弹出现的可能性较大。这种判断往往有一定的可靠性，因此，可以利用此类先验知识构建与更新猜测概率表。更进一步地，依据棋子的拼杀结果不仅可以修正走法起点和终点棋子的猜测概率，也可以对起点和终点周围位置棋子的概率做适当调整，以改进猜测的准确性。

在依据当前局面生成走法时，程序返回了所有合法的走法，这会导致搜索树的规模较大且有可能将无意义的磨棋走法当成最佳走法。因此，在扩展搜索树之前，可以对走法进行过滤，只保留那些最有前途的走法，例如，碰子、进攻对方大本营、占据行营、保护我方军旗等，以提高算法的效率。

在 MCTS 算法中，通过选择与扩展生成一个新的节点之后，要在该节点处模拟博弈过程直至终局。模拟的目的在于对节点处的局面进行估值，本章的程序中通过随机行棋的方式进行模拟，并将胜负结果作为估值返回。事实上，可以采用多种不同的方式对局面进行估值，例如，设计局面估值函数、Q 学习算法、神经网络等，以提高局面评估的准确程度。

读者可依据上述讨论内容对本章的博弈程序进行优化。

附录A　中国大学生计算机博弈大赛部分项目的规则

A.1　苏拉卡尔塔棋规则

苏拉卡尔塔棋是一种两人玩的吃子类游戏，源自印尼爪哇岛的苏拉卡尔塔(Surakarta)。

棋盘：棋盘由6×6正方形网络与角落上的8个圆弧组成，如图A-1所示。

棋子：在游戏开始时，黑白双方各有12个棋子排成两行(见图A-1)。

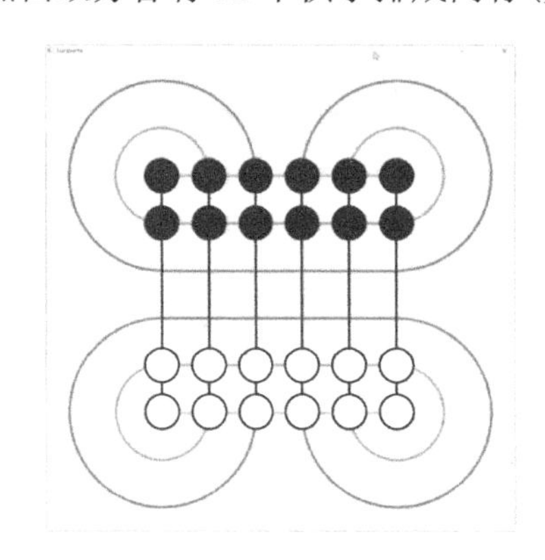

图A-1　苏拉卡尔塔棋游戏界面

棋规：

1)参赛者掷硬币决定由谁先开始，每次只能移动一个棋子，两人轮流行棋。

2)每个棋子可以向8个方向(上、下、左、右、左上、左下、右上、右下)移动一格(当所去的方向上无棋子时)。

3)若要吃掉对方棋子，必须经过至少一个完整的圆弧，并且移动路径中不可以有我方棋子阻挡。

4)黑子可以吃掉白子，同样白子沿同一路径的相反方向也可以吃掉黑子。

5)当一方棋子全部被吃掉时棋局结束，有剩余棋子的一方获胜。

6)当双方都不能再吃掉对方棋子时，剩余棋子多的一方获胜。

A.2　六子棋规则

其规则与传统的五子棋(这里指的是没有禁手的五子棋)非常相似，也非常简单，仅有以下三条。

玩家：如同五子棋及围棋一样，有黑白两方，各持黑子与白子，黑先。

玩法：除了第一次黑方下一子，之后白黑双方轮流每次各下两子，直的、横的、斜的连成6子(或以上)者获胜。若全部棋盘填满仍未分出胜负，则为和局。没有禁手，例如，长连仍算赢。

棋盘：因为公平性不是问题，所以在理论上，棋盘可以任意大，甚至无限大。然而为了让游戏可玩，目前棋盘采用围棋的十九路棋盘。棋盘如图A-2所示。

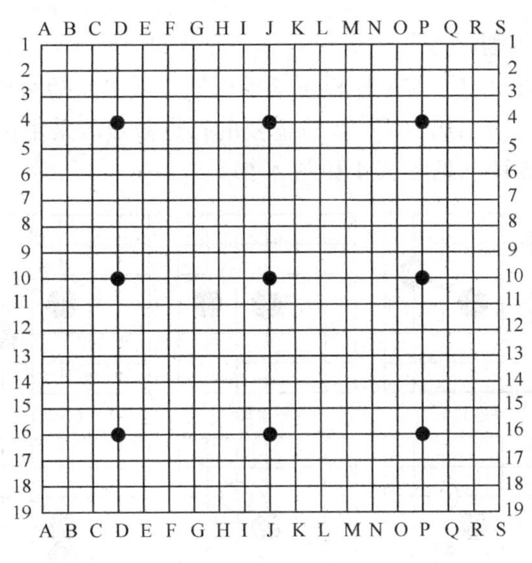

图 A-2　六子棋棋盘

A.3　五子棋规则

棋盘： 15×15 的围棋棋盘，如图 A-3 所示。

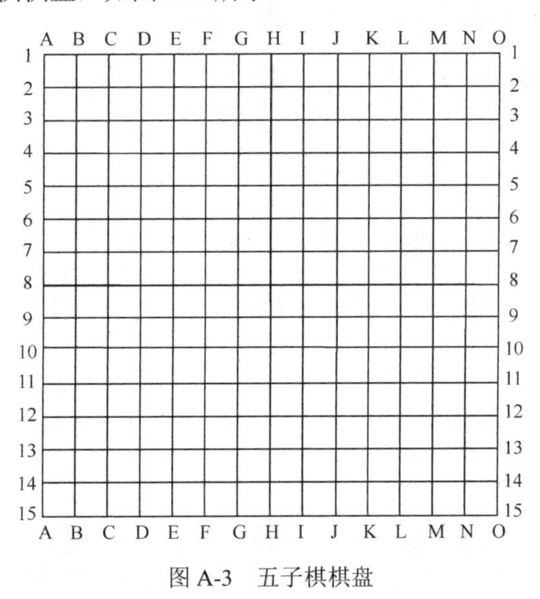

图 A-3　五子棋棋盘

棋子： 黑白两种围棋棋子。

棋规：

1) 先后手的确定：可由大赛组委会抽签决定或在对局前猜先。

2) 开局：包括指定开局、自由开局两种，中国大学生计算机博弈大赛拟采用指定开局模式。

3) 对局双方各执一色棋子，黑先、白后交替下在棋盘的交叉点上，棋子下定后，不得向其他点移动，不得从棋盘上拿起另落别处。每次只能下一子(指定开局、三手交换和五手 N 打、行使 pass 权除外)。

在采用指定开局时，黑方的第一枚棋子应下在天元上。同时在下面的对局中应执行三手交换和五手 N 打及禁手规则。

4)指定开局：指黑方决定了前三枚棋子落于何处，其中包括两枚黑子和一枚白子，一般由黑方完成。黑方应同时给出第五手(黑 5)需要的打点数量。采用指定开局模式的比赛均采用斜指或直指开局(共 26 种，见图 A-4 和图 A-5)。

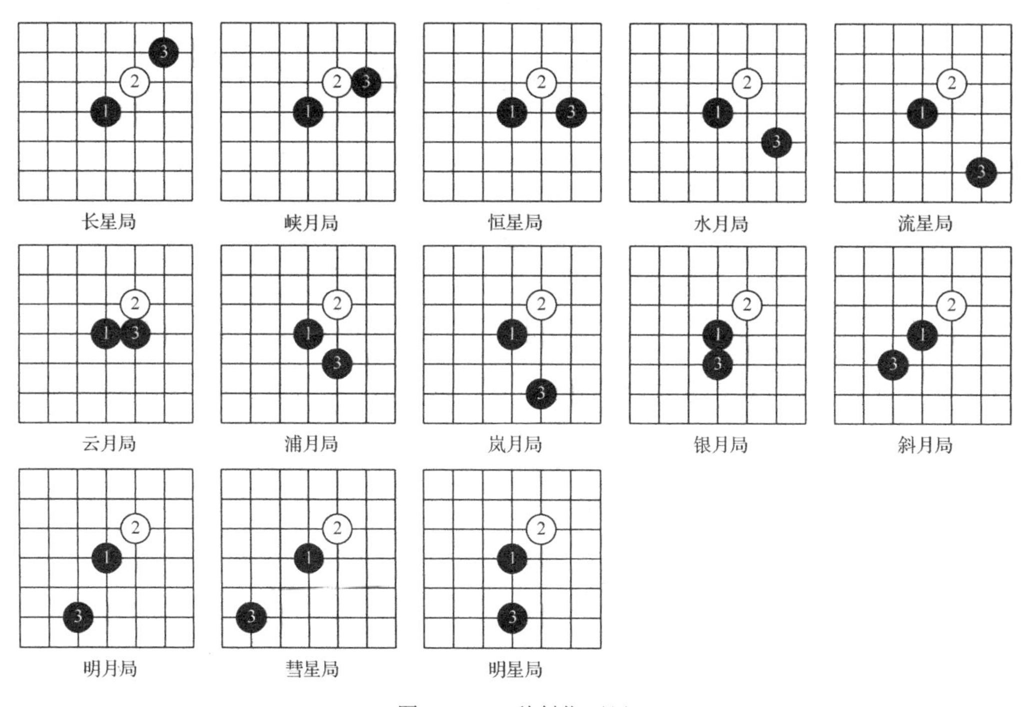

图 A-4　13 种斜指开局

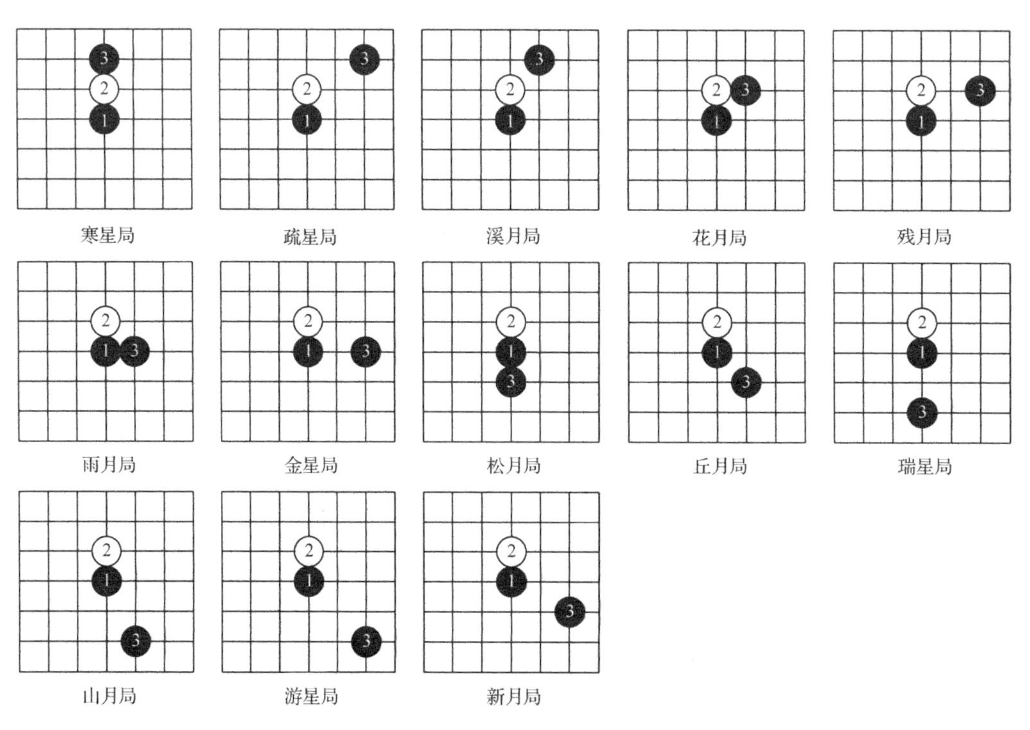

图 A-5　13 种直指开局

5)自由开局：由双方轮流行棋共同决定开局前三枚棋子落于何处，即黑方落第一子(黑1)、白方落第二子(白2)，黑方落第三子(黑3)。采用此种开局时，一般双方的对局数为偶数，或采用其他附加条款对黑方的先行优势进行限制，而不采用指定开局中使用的三手交换和五手N打，也可不执行禁手规则。

6)三手交换：在采用指定开局模式的对局中，在黑3之后，白方在应白4之前，可选择黑棋或白棋，每盘棋只有一次选择机会，若提出交换黑、白方，则黑方必须同意交换。

7)五手N打：黑方在指定开局的同时要给出本局盘面黑5时所需的打点数量，此后无论对局者谁执黑子，都需要在落第五手时按照要求的打点数量在盘面空白交叉点上放置相应数量且位置不同形的黑子，白方只能在这些黑子中留下一个黑子作为黑5。

8)禁手：对局中如果使用三三禁手、四四禁手、长连禁手，将被判负。

9)终局胜负的判定：

① 最先在棋盘上形成五连的一方为胜。白棋长连视同五连。

② 黑方出现禁手，则判白方胜。若白方在黑方出现禁手后，未立即指出而又落下一白子，则黑方禁手不再成立。

若黑方走出长连禁手，白方只要是在终局前指出此禁手，则判白方胜。

黑方五连与禁手同时形成，禁手失效，黑方胜。

③ 对局中，一方出现下列情况之一，被判负：比赛对局中移子或造成棋局散乱、超过规定时限、人为辅助计算、主动停止计时。

④ 对局中出现下列情况之一，判和棋：对局双方同一回合均放弃行棋权、全盘下满且无胜局出现、双方比赛同时超时。

A.4 幻影围棋规则

幻影围棋是一项欧洲的棋类游戏，因为下棋规则是基于围棋的，但又在围棋的基础上加入了信息不完全的限制，故名幻影围棋。

棋盘：9×9的围棋棋盘。采用国际标准，即行号为数字(1~9)，列号为大写英文字母(A~I)，如图A-6所示。

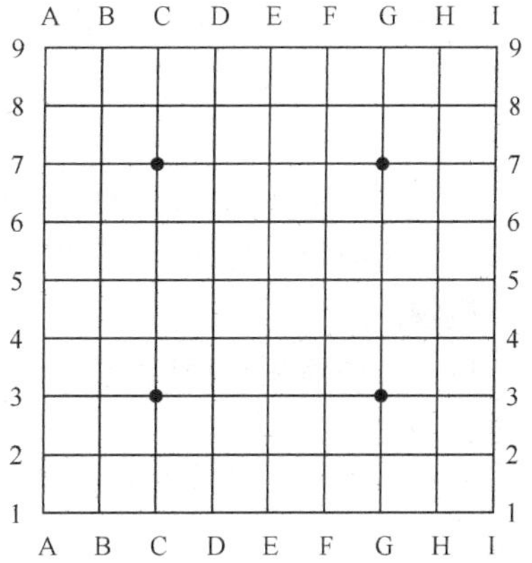

棋子：黑白两种围棋棋子。

棋规：

1)幻影围棋比赛时，双方都无法看到对方的落子位置，对弈双方棋盘均为非完备信息棋盘，只有裁判能看见双方落子，并且拥有完全信息的对弈棋盘，该棋盘由对弈双方的棋盘取并集而成。

2)比赛胜负采用数子方法决定胜负。

3)黑白双方轮流落子，落子基本规则与围棋一致，其中气、禁招等概念相同。

图A-6 幻影围棋棋盘

4)所有程序都不能出现人工干预。如果采用手动输入方式进行比赛，比赛前双方应告知对方自己输入的命令方式和参数的意义，比赛过程中一方不能记录或输入对方落子的任何相关信息(包括非法、合法等信息)，也不能由某方人工pass或者人工弃权，否则判定该方违规。如果在比赛过程中，某方选手自己操作失误，且无法复盘，则判该方此局为负，若该方能复盘(复盘时间不超过 3 分钟，复盘次数不超过 1 次，并在前面耗时基础上加罚 4 分钟该方的耗时)，则比赛继续进行。

5) 当某方落子后出现提子情况，裁判应根据完备信息棋盘向双方返回提子数目和位置信息，双方应同时更改盘面。

6) 裁判可以看到完备信息棋盘，当一方落子后，裁判应根据完备信息棋盘给予该落子为合法或者非法的信息。

7) 当一方所有落子都返回非法信息时判该方 pass，直至双方都无法再落子，即双方都返回 pass，本局结束，裁判应将死子做出标示。

8) 幻影围棋计时：需要两个计时器，分别记录双方的输入操作，程序运行及落子信息等总计消耗的时间(触发时间：从选手获得裁判允许开始计算本轮落子信息；结束时间：从选手获得裁判返回落子合法信息，包括本轮所有计算出来为非法落子或者 pass 的时间和裁决耗时)，提子计时计入被提子方(触发时间：裁判给出提子信息，结束时间：被提子方将所有被提子从我方棋盘上正确移除)。

9) 在比赛过程中如果出现裁判操作或判断失误，导致对局无法正常进行，则记录双方耗时并在 3 分钟内恢复局面，继续比赛，如果只有一方可恢复局面，另一方不能恢复局面，则判不能恢复局面的一方为负。如果双方都不能恢复局面，则本局重赛。

10) 双方都 pass 后，由裁判标出死子，判断双方做活的区域，剩下的公共区域为争议区域，争议区域由双方平分，如果出现平局，则判白方胜。

11) 从赛程效率角度考虑，裁判在根据完全信息棋盘判断双方无法改变局面时，为了节省比赛时间，可以建议双方停止行棋，由裁判标出死子后数子，如果有一方选手不同意停止行棋，则继续行棋。直到双方 pass 或一方超时为止。

A.5 点格棋规则

点格棋又称之为点点连格棋，也是国外的一种添子类游戏。

棋盘： $N \times N$ 的点格棋盘由 $N \times N$ 个等距点阵构成。中国大学生计算机博弈大赛采用 6×6 点格棋盘，如图 A-7 所示。

棋子：

1) 连接横竖相邻两点的短杆(火柴棍)，由双方公用。6×6 点格棋盘需要 60 个短杆。

2) 标示棋子，各 25 个，用以标示格子的占领方。

棋规：

1) 双方轮流用短杆(棋子)将横向或竖向邻近的两点连成一边——占边，不可越点，不可重边。

2) 当一个格子的 4 条边均被占满时，最后一个占边者占领这个格子。在格子中间放入一个标示棋子。

3) 当一方在占边时占领了格子，则该方继续占边。该轮添子结束的标志是占边后未占领格子。

4) 游戏结束的标志：所有的邻近点均被连成边，也就是说，所有的格子均被占领。

5) 占领格子较多的一方为获胜方。终局如图 A-8 所示，其中 D、E 分别标示了双方占领的格子，D 方获胜。

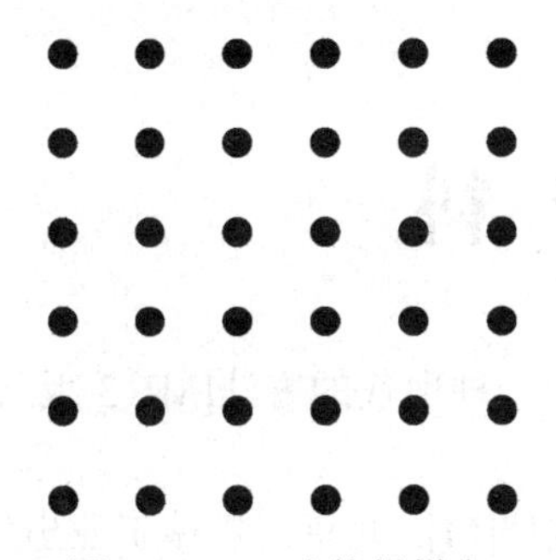

图 A-7　6×6 点格棋棋盘

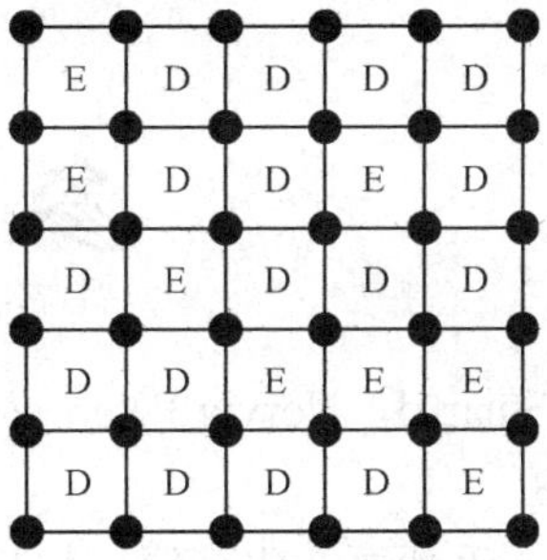

E	D	D	D	D
E	D	D	E	D
D	E	D	D	D
D	D	E	E	E
D	D	D	D	E

图 A-8　点格棋终局示例

参考资料

[1] Russel Stuart J，Norvig Peter. 人工智能——一种现代的方法[M]. 3 版. 北京：清华大学出版社，2018.

[2] 贲可荣，毛新军，张彦铎. 人工智能实践教程[M]. 北京：机械工业出版社，2016.

[3] International Computer Games Association[EB/OL]. [2021.9].

[4] 王静文. 计算机博弈算法与编程[M]. 北京：机械工业出版社，2021.

[5] 人工智能学会机器博弈分会. 中国大学生计算机博弈竞赛[EB/OL].

[6] 王静文. 全国大学生计算机博弈大赛培训教程[M]. 北京：清华大学出版社，2013.

[7] 象棋百科全书[EB/OL].

[8] 王晓华. 算法的乐趣[M]. 北京：人民邮电出版社，2015.

[9] Lieberum J. An evaluation function for the game of amazons[J]. Theoretical computer science，2005，349(2)：230-244.

[10] Snatzke R G. New results of exhaustive search in the game Amazons[J]. Theoretical computer science，2004，313(3)：499-509.

[11] 李卓轩，李媛，冉冠阳，等. 基于 PVS 搜索算法的亚马逊棋博弈系统的设计[J]. 智能计算机与应用，2018，8(05)：86-88.

[12] AVETISYAN H，LORENTZ R J. Selective search in an Amazons program: Lecture notes in computer science，Berlin，2003[C]. Springer，2003.

[13] Alpha-Beta 搜索的诸多变种[EB/OL].

[14] 光洋. 爱恩斯坦棋计算机博弈系统的研究与实现[D]. 安徽大学，2016.

[15] 李琴. 爱恩斯坦棋计算机博弈算法的研究与实施[D]. 重庆理工大学，2018.

[16] Xuejun L. An Offensive and Defensive Expect Minimax Algorithm in EinStein Wttrfelt Nicht!: 27th Chinese Control and Decision Conference(CCDC)，2015[C].

[17] Schäfer A. A Cross-Platform Engine for the Board Game “EinStein würfelt nicht”[R]. 2005.

[18] Lorentz R J. An MCTS Program to Play EinStein Würfelt Nicht[M].Springer，2012:52-59.

[19] 李淑琴，周文敏. 爱恩斯坦棋静态攻防策略的研究[J]. 电脑知识与技术，2014，10(5):1027-1031.

[20] 百度百科. 六贯棋[EB/OL].

[21] 张志礼，丁濛，段金龙，等. 基于电阻电路评估策略的分阶段海克斯棋博弈方法的研究[J]. 智能计算机与应用，2019，9(02):212-214.

[22] Arneson B，Hayward R B，Henderson P. Monte Carlo Tree Search in Hex[J]. IEEE transactions on computational intelligence and AI in games，2010，2(4):251-258.

[23] Gao C，Hayward R，Muller M. Move Prediction Using Deep Convolutional Neural Networks in Hex[J]. IEEE transactions on games，2018，10(4):336-343.

[24] Méhat J，Cazenave T. A Parallel General Game Player[Z]. Springer-Verlag，2011: 25，43-47.

[25] Tom D，Müller M. A Study of UCT and Its Enhancements in an Artificial Game[M]. Springer，2010:55-64.

[26] Hashimoto J，Kishimoto A，Yoshizoe K，et al. Accelerated UCT and Its Application to Two-Player Games[M]. Springer，2012:1-12.

[27] 郭倩宇，陈优广. 基于价值评估的不围棋递归算法[J]. 华东师范大学学报(自然科学版)，2019(01):58-65.

[28] 孙英龙. 非完美信息博弈算法研究与军棋博弈系统设计与实现[D]. 东北大学，2013.

[29] 马骁，王轩，王晓龙. 一类非完备信息博弈的信息模型[J]. 计算机研究与发展，2010，47(12):2100-2109.

[30] 张小川，王宛宛，彭丽蓉. 一种军棋机器博弈的多棋子协同博弈方法[J]. 智能系统学报，2020，15(02):399-404.

[31] 齐玉东. 军棋游戏中的工兵寻径算法的实现[J]. 电脑编程技巧与维护，2006(08):71-73.

[32] 王宛宛. 军棋机器人 UCT 算法及计算机博弈行为研究[D]. 重庆理工大学，2019.